"十四五"职业教育国家规划教材

应用型人才培养系列教材

教材+教案+授课资源+考试系统+题库+教学辅助案例

Photoshop
图像处理案例教程（第2版）

黑马程序员 / 编著

中国铁道出版社有限公司
CHINA RAILWAY PUBLISHING HOUSE CO., LTD.

内容简介

Photoshop是Adobe公司开发的图形图像处理软件，具备强大的图像处理功能，是平面设计师和图像处理爱好者必备的基本工具。

本书共分为11章，结合Photoshop的基本工具和操作，提供了19个精选综合案例、1个综合项目实践，以及AIGC应用方法。

本书的突出特点如下：①案例驱动教学：通过每节一个案例，将知识点细化，使抽象的概念通过实际案例传递给读者。②多重巩固机制：提供“练一练”环节，帮助读者检验对知识点的掌握情况。③系统全面讲解：用8章内容详细介绍Photoshop的基础工具，讲解细致全面。④案例涵盖广泛：涉及海报、图标、网页等方面，兼顾实用性和趣味性。⑤实用性强：用两章详细讲解三个设计实操案例和一个综合项目实践，为读者提供扎实的理论和实践基础。此外，书中包含教学课件、素材、习题，并提供在线答疑，帮助初学者更好地掌握内容。

本书适合作为高等院校相关专业的教材，也可作为Photoshop培训教材，对网页制作、广告宣传、多媒体制作和三维动画辅助制作等行业人员也非常有用。

图书在版编目（CIP）数据

Photoshop图像处理案例教程 / 黑马程序员编著.
2版. -- 北京：中国铁道出版社有限公司，2025. 2（2025. 7 重印）.
(应用型人才培养系列教材). -- ISBN 978-7-113-31753-9
Ⅰ. TP391.413
中国国家版本馆CIP数据核字第2024Q1S131号

书　　名：Photoshop图像处理案例教程
作　　者：黑马程序员

策　　划：翟玉峰　　　　编辑部电话：（010）51873135
责任编辑：翟玉峰　包　宁
封面设计：刘　颖
责任校对：刘　畅
责任印制：赵星辰

出版发行：中国铁道出版社有限公司（100054，北京市西城区右安门西街8号）
网　　址：https://www.tdpress.com/51eds
印　　刷：北京盛通印刷股份有限公司
版　　次：2020年5月第1版　2025年2月第2版　2025年7月第2次印刷
开　　本：787 mm × 1 092 mm　1/16　印张：17　字数：513千
书　　号：ISBN 978-7-113-31753-9
定　　价：59.80元

前　言

Photoshop 以其强大的图像处理功能，已然成为最受欢迎的图像处理软件之一，深受用户喜爱。尽管 Adobe 旗下拥有众多媒体和图像处理软件，但 Photoshop 始终保持着其主流产品的地位。无论是对于专业设计人员，还是图像处理爱好者，Photoshop 都是一款不可或缺的工具，并展现出广阔的发展前景。

修订思路

本书继续使用原教材的体系，采用了理论联系实际的“案例驱动”方式，通过案例教学，将基础知识点、工具的操作技巧融入每一个案例中，使读者在实现案例效果的同时，掌握 Photoshop 基础工具的操作，真正做到寓学于乐。

本书在改版过程中，深入调研了高校教师群体，根据教师们的反馈与建议，对教材内容进行了全面优化，旨在确保知识体系的难度与深度既契合职业教育的特色要求，又紧密跟随产业发展趋势，精准对接行业对人才的实际需求。同时，在案例的甄选与设计上，我们力求贴近实战，以提升学生的实践能力和职业素养为目标，为培养专业人才奠定坚实基础。

本书在第一版的基础上，共做了四大改善。首先，更新了软件版本，本书使用 Photoshop CC 2019 版本；其次，整合冗余知识点，优化了全书的知识架构，提升了案例质量；再次，每个案例后增加了“练一练”环节，便于读者巩固练习并检测对知识点的掌握情况；最后，增添了 AIGC 应用部分，帮助读者了解市场动态，紧跟潮流。

本书内容

本书共分 11 章，结合 Photoshop CC 2019 的基本工具和基础操作，提供了 19 个案例，以及 1 个项目实战案例，具体介绍如下：

◎ 第 1 章介绍了图像处理基础知识、Photoshop CC 2019 的工作界面及其基本操作等知识；

◎ 第 2 章介绍了图层与选区工具的基本操作，主要包括图层与选区的概念、常用的选区工具、变形操作等；

◎ 第 3 章介绍了形状工具、钢笔工具等矢量工具及文字工具的基本操作；

◎第 4 章介绍了图层样式与混合模式的使用方法；

◎第 5 章介绍了滤镜的相关知识；

◎第 6 章介绍了图像绘制和修饰，主要包括画笔工具、色相 / 饱和度、曲线等；

◎第 7 章介绍了蒙版的使用方法；

◎第 8 章介绍了时间轴和动作的相关知识；

◎第 9 章介绍了平面设计及 UI 设计中 DM、图标、网页等相关知识；

◎第 10 章为综合实例，结合前面学习的知识，带领读者设计一个真实的项目实战；

◎第 11 章为拓展篇，主要介绍了 AIGC 的相关知识，包括 Photoshop 中 AIGC 的应用以及 Midjourney 的应用。

在上面提到的 11 章中，第 2~8 章以每节一个案例的形式来呈现，按节细化知识点，用案例带动知识点的学习，在学习这些章节时，读者需要多上机实践，认真体会各种工具的操作技巧。第 9 章和第 10 章为真实项目，在学习时，读者需要仔细琢磨其中的设计思路、技巧和理念。第 11 章介绍了 AIGC 的应用。

在学习过程中，读者一定要亲自实践教材中的案例。如果在实践的过程中遇到一些难以实现的效果，读者也可以参阅相应的案例源文件，查看图层文件并仔细阅读教材的相关步骤。

配套服务

为了提升您的学习或教学体验，我们精心为本书配备了丰富的数字化资源和服务，包括在线答疑、教学大纲、教学设计、教学PPT、测试题、素材等。通过这些配套资源和服务，我们希望让您的学习或教学变得更加高效。请扫描右侧二维码获取本书配套资源和服务说明。

配套资源和服务说明

致谢

本教材的编写和整理工作由江苏传智播客教育科技股份有限公司完成，全体人员在这近一年的编写过程中付出了很多辛勤的汗水，除此之外还有很多试读人员参与了本书的试读工作并给出了宝贵的建议，在此一并表示衷心的感谢。

意见反馈

尽管我们尽了最大的努力，但书中难免会有不妥之处，欢迎各界专家和读者朋友们来信来函给予宝贵意见，我们将不胜感激。您在阅读本书时，如发现任何问题或有不认同之处可以通过电子邮件与我们取得联系。

请发送电子邮件至：itcast_book@vip.sina.com

黑马程序员

2024 年 8 月

目　录

第1章 概 述

学习目标

知识目标

◎ 了解位图与矢量图，能够说出位图与矢量图的区别；

◎ 了解常用的图像格式，能够说出不同格式的特点；

◎ 了解像素和分辨率的概念，能够描述像素和分辨率之间的关系；

◎ 了解图像的颜色，能够描述三原色、颜色属性、颜色模式等基础知识。

能力目标

◎ 掌握Photoshop工作界面，及其基本操作。

素质目标

◎ 培养创意设计能力，能够运用Photoshop的丰富工具和特效，将想法转化为具有视觉冲击力的图像作品；

◎ 增强文化自信，形成对中华优秀传统文化价值的深刻理解和认同；

◎ 增强对中华优秀传统文化传承的责任感和使命感，认识到中华优秀传统文化是民族精神的根与魂；

◎ 培养对中华优秀传统文化的深入了解与广泛认知。

Photoshop是Adobe公司旗下最知名的图像处理软件之一。它具有灵活便捷的图像制作工具和强大的像素编辑功能，在数码照片后期处理、平面设计、网页设计和UI设计等领域得到广泛应用。本章将介绍计算机世界的数字图像、图像的颜色以及图像处理软件——Photoshop等知识，为全书的学习打下坚实的基础。

1.1 计算机世界的数字图像

在使用Photoshop进行图像绘制和处理之前，了解与图像处理相关的知识是必要的，这样可以帮助我们快速准确地处理图像。本节将详细介绍位图与矢量图、常用的图像格式、像素、分辨率等图像处理基础知识。这些知识将为我们在Photoshop中进行工作提供重要的基础。

1.1.1 位图与矢量图

计算机图形主要分为两类，一类是位图，另一类是矢量图。Photoshop是典型的位图软件，但也包含一些矢量功能。

1. 位图

位图（bitmap）又称点阵图，是由许多点组成的，这些点称为像素。当许多不同颜色的点组合在一起后，就构成了一幅完整的图像。在1.1.3节中将介绍像素，这里不再赘述。

位图的优点在于能够记录每个点的数据信息，从而制作出色彩和色调变化丰富的图像，以及逼真地呈现各种实物。然而，位图的缺点也是显而易见的。首先，由于色彩丰富，占用的空间较大。简言之，颜色信息越多，占用空间越大，图像越清晰，占用空间越大。其次，由于位图由像素点构成，放大图像时像素点也会放大。由于每个像素点表示的颜色是单一的，当位图放大到一定程度时，图像会失真，边缘会出现锯齿效应，原图和放大到600%后的局部效果分别如图1-1和图1-2所示。

图1-1 位图原图

图1-2 位图放大到600%后的局部效果

2. 矢量图

矢量图又称向量式图形，它使用数学的矢量方式来记录图像内容，以线条和色块为主。矢量图像最大的优点是无论放大、缩小或旋转都不会失真；缺点是无法像位图那样表现丰富的颜色变化和细腻的色彩过渡。以图1-3所示的矢量图为例，将其放大至600%后，局部效果如图1-4所示。

图1-3 矢量图原图

图1-4 矢量图放大到600%后的局部效果

观察图1-4可以看到，放大后的矢量图像依然光滑、清晰。

1.1.2 常用的图像格式

在Photoshop中，有多种文档保存格式供选择，不同的图像格式各有其优缺点。Photoshop支持20多种图像格式，接下来详细介绍其中几种常用的图像格式。

1. PSD格式

PSD格式是Photoshop专用的默认格式，扩展名为.psd。PSD格式可以保存图像中的图层、通道、辅助线和路径等信息，修改起来较为方便。

2. JPEG格式

JPEG格式不支持透明，扩展名为.jpg或.jpeg。JPEG格式最大的特点是可以进行高倍率压缩，因而在注重文档大小的领域应用广泛。例如，网页中的横幅广告（banner）、商品图片、较大的插图等，都可以使用JPEG格式。

3. GIF格式

GIF格式最大的特点是支持动画，扩展名为.gif。GIF格式的文档通常不会占用太多的磁盘空间，非常适合网络传输。

4. PNG格式

PNG格式最大的特点是支持透明，扩展名为.png。当想保存背景为透明的图像时，如图标、logo等，都可以使用PNG格式进行保存。

5. AI格式

AI格式是Adobe Illustrator软件所特有的矢量图形存储格式。在Photoshop中可以将图像保存为AI格式，并且能够在Illustrator和CorelDRAW等矢量图形软件中直接打开并进行修改和编辑。

6. TIFF格式

TIFF格式也可以保存图像的图层、通道、辅助线和路径等信息，扩展名为.tif或.tiff。TIFF格式与PSD格式的区别是：TIFF格式的图像体积比PSD格式的图像体积略大，但TIFF格式比PSD格式的图像兼容性好，大多数软件都支持该格式。

1.1.3 像素

像素（pixel）的全称为图像元素，英文缩写为px，是用来计算位图的一种单位。若把位图放大数倍，会发现位图其实是由许多颜色相近的“点”所组成，这些“点”就是构成位图的最小单位，即像素。像素示例如图1-5所示。

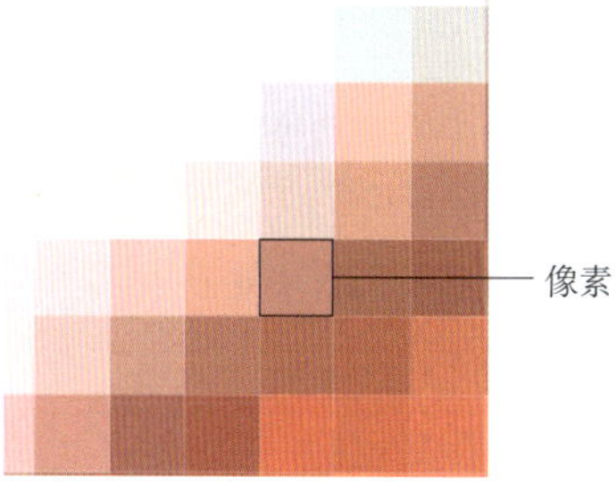

图1-5 像素示例

1.1.4 分辨率

分辨率决定了位图的细腻程度。通常情况下，分辨率可以分为显示分辨率和图像分辨率两类，下面对这两种分辨率进行介绍。

1. 显示分辨率

显示分辨率体现的是屏幕图像的精密度，是指屏幕所能显示的像素有多少。因为屏幕中的图像都是由像素组成的，所以屏幕显示的像素越多，图像就越细腻。由此可见，显示分辨率是显示设备非常重要的性能指标之一。

例如，华为某款手机的分辨率为2 720 × 1 260像素，即其屏幕由2 720行和1 260列的像素排列组成的。在相同屏幕尺寸中，如果像素很多，那么图像就会细腻；如果像素很少，那么图像就会粗糙。显示分辨率对比示例如图1-6所示。

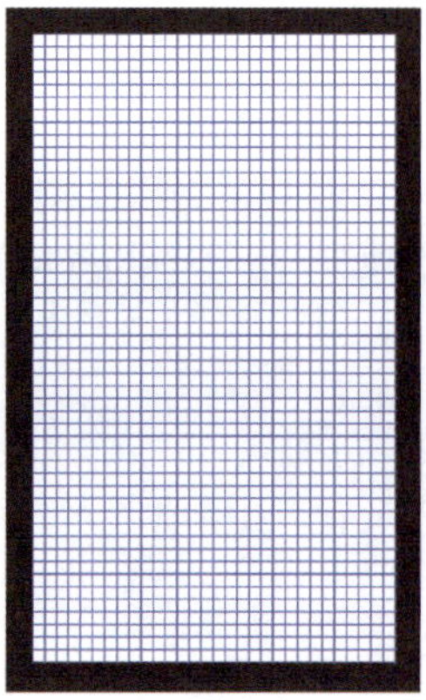

（a）像素多

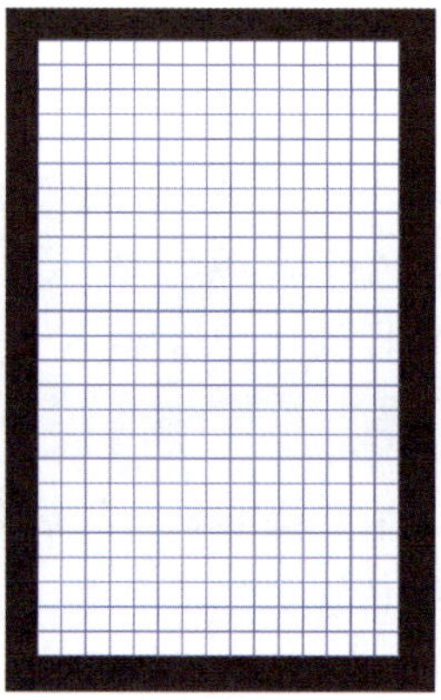

（b）像素少

图1-6　显示分辨率对比示例

2. 图像分辨率

图像分辨率是指图像中存储的信息量，即每英寸图像内包含的像素量，单位为像素每英寸（像素/英寸）。图像分辨率通常被应用在Photoshop中，用于定义图像的清晰度。图像分辨率越高，图像越清晰，但是图像分辨率过高会导致图像过大。因此，在软件中设置图像分辨率时，需要考虑图像的用途。通常情况下，制作电子屏幕中的图像时，可以将图像分辨率设置为72像素/英寸；制作彩色印刷的图像时，可以将图像分辨率设置为300像素/英寸。实际设计时，读者可以根据不同的需求，自行设置图像分辨率。在Photoshop中，默认的图像分辨率是72像素/英寸。

1.2　图像的颜色

在使用Photoshop绘制或处理图像时，不可避免地需要接触颜色。在日常生活中，人们对颜色是非常敏感的，通常在一幅图像中，最先吸引人们注意力的就是图像中的颜色。因此，了解颜色是非常重要的，下面将带领大家了解图像的颜色，包括三原色、颜色属性、颜色模式。

1.2.1　三原色

三原色是指色彩中不能再分解的三种基本颜色。根据不同的应用领域，通常将三原色分为色光三原色和印刷三原色两类，具体介绍如下。

1. 色光三原色

色光三原色通常被应用于电视机、手机、运动手表等电子产品中，是指红色（R）、绿色（G）和蓝色（B）。色光三原色示例如图1-7所示。

2. 印刷三原色

印刷三原色通常被应用于印刷品上，是指青色（C）、洋红色（M）和黄色（Y），但是由于打印油墨中或多或少地会存在杂质，导致这三种颜色的混合实际上只能混合出一种灰色，并不能混合出纯粹的黑色。正因如此，在彩色印刷中，除了使用的印刷三原色外，还要增加黑色（K）油墨，才能得出纯粹的黑色。印刷三原色示例如图1-8所示。

图1-7　色光三原色示例

图1-8　印刷三原色示例

1.2.2　颜色属性

颜色属性指的是色相、饱和度和明度，任何一种颜色均具备这三个属性，对颜色属性的介绍如下：

1. 色相

色相是颜色的首要特征，是区别各种颜色的标准。在不同波长的光的照射下，人眼会感觉到不同的颜色。例如，人眼会感觉到红色、橙色、黄色等。把颜色的外在表现特征称为色相。色相示例如图1-9所示。

图1-9　色相示例

2. 饱和度

饱和度又称“纯度”，是指颜色的鲜艳度。饱和度越高，颜色越鲜艳。饱和度越低，颜色越暗淡。饱和度降到最低就会失去色相，变为无彩色（黑、白、灰），饱和度的变化示例如图1-10所示。

图1-10　饱和度的变化示例

在图1-10所示的饱和度变化示例中，最左侧的红色饱和度高，最右侧的红色饱和度低，已经失去色相，变成了灰色。

3. 明度

明度指的是颜色明暗的程度，所有颜色都有不同程度的明暗。图1-11展示的是明度变化示例。

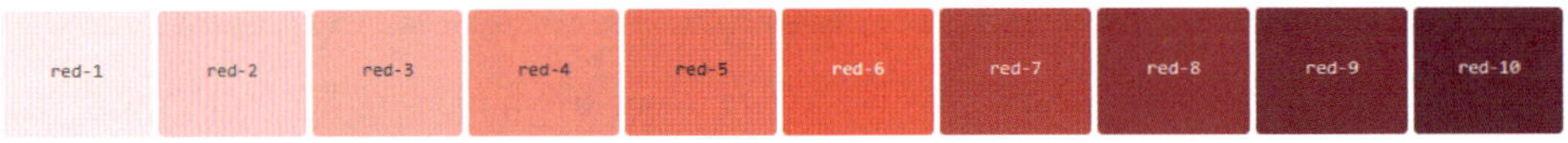

图1-11　明度变化示例

在图1-11所示的明度变化示例中，最左侧的红色明度高，最右侧的红色明度低。在无彩色中，明度最高的为白色，明度最低的为黑色。需要注意的是，明度的变化往往会影响到饱和度。例如，红色加入白色后，明度提高，饱和度却会降低。

1.2.3　颜色模式

图像的颜色模式决定了显示和打印图像颜色的方式。常用的颜色模式有RGB颜色模式、CMYK颜色模式、灰度模式、位图模式、索引颜色模式等。对常用的颜色模式讲解如下：

1. RGB颜色模式

RGB颜色模式是在电子产品图像中所使用的颜色模式，是Photoshop中默认使用的颜色模式，也是最常用的一种颜色模式。在RGB颜色模式中，包括红、绿、蓝三种颜色，每个颜色的取值均为0~255。在RGB颜色模式中，可以使用Photoshop中的所有选项。

2. CMYK颜色模式

CMYK颜色模式是一种印刷时所使用的颜色模式。在CMYK颜色模式中，包括青色、洋红色、黄色和黑色，每个颜色的取值均为0%~100%。

3. 灰度模式

灰度模式的图像是黑白图像，它使用256种无彩色的颜色值表示图像中的像素，这256种无彩色可以使图像过渡得更加平滑。在灰度模式下，只能调整图像的明度，不能调整图像的色相和饱和度。

4. 位图模式

位图模式的图像也是黑白图像，它用黑、白两种颜色值表示图像中的像素。位图模式与灰度模式的图像不同，在位图模式下，图像中只有白色和黑色两种颜色。

如果需要将一幅彩色图像（RGB颜色、CMYK颜色等模式的图像）转换成位图模式的黑白颜色图像，必须先将其转换成灰度模式，才能转换成位图模式。灰度模式的图像和位图模式的图像对比示例如图1-12所示。

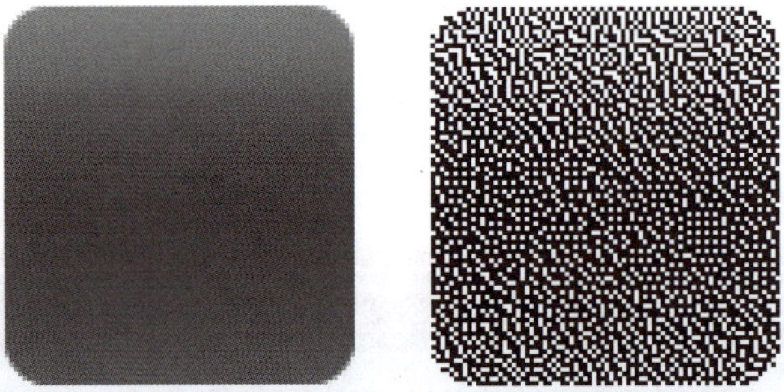

（a）灰度模式的图像　　（b）位图模式的图像

图1-12　灰度模式的图像和位图模式的图像对比示例

5. 索引颜色模式

索引颜色模式的图像中含有一个颜色表。将彩色图像转换为索引颜色的图像后，Photoshop会构建一个颜色表来存放索引图像中的颜色，但最多不超过256种。如果原图像中的某种颜色没有出现在颜色表中，则系统将选取颜色表中与该颜色最接近的一种颜色，模拟该颜色。在索引颜色模式下，只能进行有限的编辑，若要进一步编辑，可以临时将索引颜色模式转换为RGB颜色模式。

1.3 图像处理软件——Photoshop

随着人们对视觉的要求和品位日益增强，Photoshop的应用更是不断拓展，它几乎在每个领域都发挥着不可替代的作用。本节将为大家介绍Photoshop的应用领域、Photoshop CC 2019工作界面和Photoshop基础操作等知识。

1.3.1 Photoshop的应用领域

Photoshop被广泛应用于广告设计、Logo设计、网页设计、照片处理等领域。下面对Photoshop的应用领域进行简单介绍。

1. 广告设计

Photoshop在广告设计领域中的运用非常广泛。通过Photoshop，可以制作多种类型的广告，如促销传单、宣传海报等。使用Photoshop制作的广告如图1-13和图1-14所示。

图1-13 使用Photoshop制作的广告1

图1-14 使用Photoshop制作的广告2

2. Logo设计

Logo中文译为“标志”，是指具有象征意义的图形符号。通过Photoshop，可以快速地制作出不同风格的Logo，图1-15所示为百度的Logo。

图1-15 百度的Logo

3. 网页设计

网页设计是企业为了传递信息（包括产品、服务、理念、文化）而进行的页面设计美化工作。在网页设计领域中，通过Photoshop，可以制作不同类型的网站，如零食类网站、服饰类网站等。图1-16所示为某食品类网站首页截图。

图1-16　某食品类网站首页

4. 照片处理

照片处理是指对拍摄的照片进行修饰。Photoshop提供的一些调整选项和一些修饰工具，在照片处理领域中发挥着巨大作用，通过这些选项和修饰工具，可以快速调整照片的效果。例如，为人像美白、磨皮；为风景去雾、替换天空、调色等。图1-17所示为风景照片调整前后对比示例。

（a）调整前　　（b）调整后

图1-17　风景照片调整前后对比示例

1.3.2　Photoshop CC 2019工作界面

想要熟练操作Photoshop，要先熟悉Photoshop的工作界面中各个功能模块的作用。下面以Photoshop CC 2019为例，详细讲解Photoshop的工作界面构成。

安装完成Photoshop后，双击快捷图标，即可启动Photoshop。首先展示的是Photoshop的主页，如图1-18所示。

图1-18　Photoshop的主页

在Photoshop主页中，可以新建文档、打开文档。新建文档或打开文档后，会进入Photoshop的工作界面。若不是第一次使用Photoshop，主页内会显示最近使用项。若最近使用项中的文档没有被删除，那么单击最近使用项中某一个文档缩略图，会打开对应的文档。此时，也会进入Photoshop的工作界面。Photoshop的工作界面如图1-19所示。

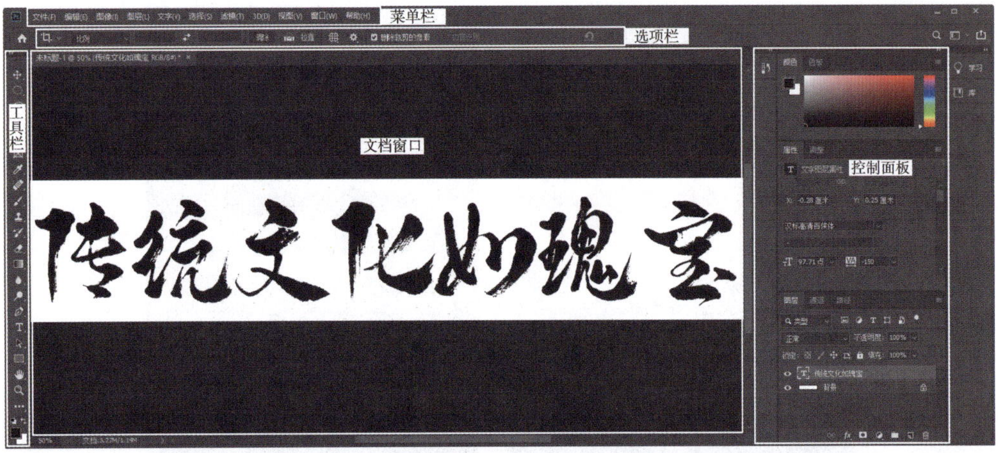

图1-19　Photoshop的工作界面

图1-19所示的Photoshop工作界面包括菜单栏、选项栏、工具栏、面板区域、文档窗口5个模块，对各模块的功能介绍如下：

1. 菜单栏

菜单栏包含了“文件”“编辑”“图像”“图层”“文字”“选择”“滤镜”“3D”“视图”“窗口”“帮助”11个菜单。这11个菜单中包含Photoshop的大部分命令。菜单栏如图1-20所示。

图1-20　菜单栏

对图1-20所示的菜单栏中各个菜单的说明如下：

① “文件”：包含各种操作文档的命令。

② “编辑”：包含各种编辑文档的命令。

③ “图像”：包含各种改变图像的大小、颜色的命令。

④ “图层”：包含各种编辑图层的命令。

⑤ “文字”：包含各种编辑文字的命令。

⑥ “选择”：包含各种编辑选区的命令。

⑦ “滤镜”：包含各种滤镜命令。

⑧ “3D”：包含各种与3D相关的命令。

⑨ “视图”：包含各种设置视图的命令。

⑩ “窗口”：包含各种面板命令。

⑪ “帮助”：包含各种帮助信息。

在图1-20所示的菜单栏中，单击每个菜单，都会展开对应的命令列表。选择带有▶标记的命令时，会展开对应的子命令列表。例如，选择“图像”→“调整”命令，会打开“调整”命令的子命令列表，如图1-21所示。

观察图1-21会发现，一些命令右侧显示“Ctrl+L”“Ctrl+M”等字母符号的组合，这些字母是命令的快捷键，若命令右侧有快捷键，那么按键盘上对应的快捷键可以快速选择该命令。例如，按【Ctrl+L】组合键，可快速选择“色阶”命令。

有些命令后存在“（C）”“（L）”等字母，这些字母也属于命令的快捷键，但若要通过快捷方式选择命令，需要执行以下操作：

①按【Alt】键，选中菜单栏。

②按菜单栏中菜单后的字母，选择菜单，展开命令列表。

③按命令列表中命令后的字母，选择命令。

若命令包含一些子命令，那么继续按子命令列表中命令后的字母，选择子命令即可。例如，依次按【Alt】→【J】→【C】键可选择“图像”→“调整”→“亮度/对比度”命令。

值得一提的是，有些命令后会存在“…”符号，该符号表示选择该命令时会弹出一个对话框，例如，选择“图像”→“调整”→“色阶”命令，弹出“色阶”对话框，如图1-22所示。

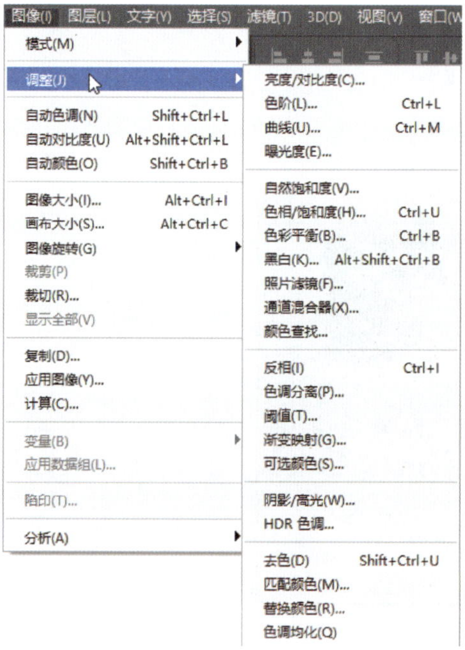

图1-21　“调整”命令的子命令列表

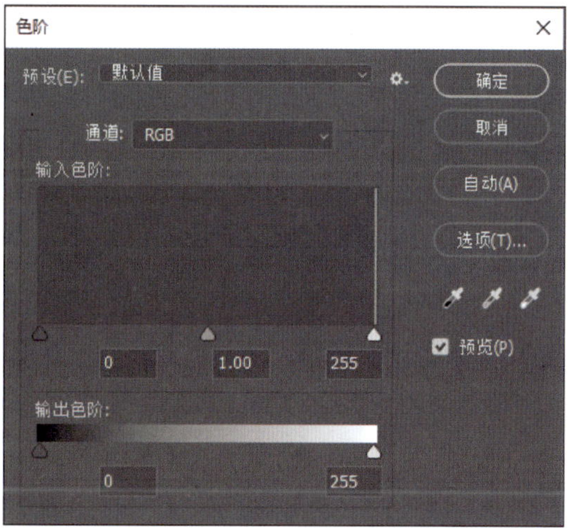

图1-22　“色阶”对话框

2. 工具栏

工具栏将Photoshop中的大多数功能以图标的形式聚集在一起。工具栏包括“移动工具”“套索工具”“裁剪工具”等一系列工具，Photoshop的工具栏如图1-23所示。

将鼠标指针悬停在工具图标上，会显示工具名称、快捷键和使用方法的动画示例，例如，将鼠标指针悬停在“移动工具”图标上，动画示例如图1-24所示。

单击工具图标时，可选中工具。在工具栏中，多数工具图标的右下角都有一个小三角符号，这说明在该工具中包含了一些隐藏工具。若想选择隐藏工具，可以右击工具图标，此时，会显示工具列表，在工具列表中，单击工具即可选择对应的隐藏工具。例如，右击“污点修复画笔工具”，会弹出“污点修复画笔工具”列表，如图1-25所示。

在图1-25所示的“污点修复画笔工具”列表中，单击其中一个工具，即可选择工具。

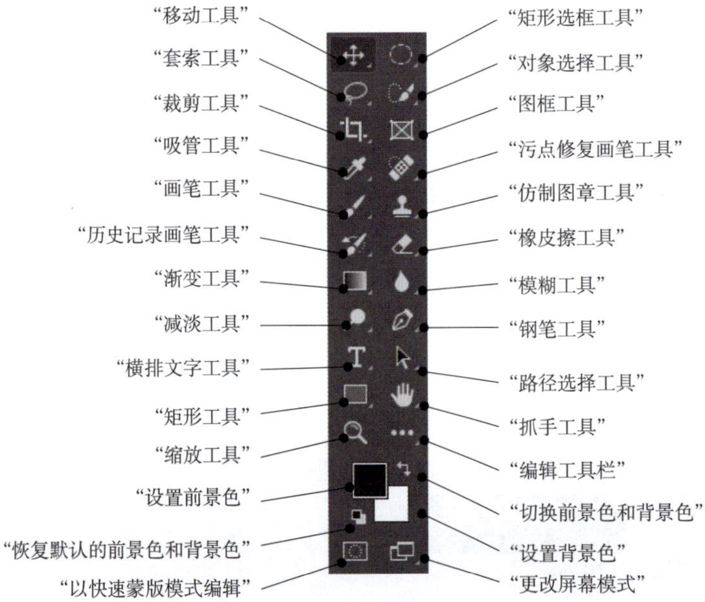

图1-23　Photoshop的工具栏

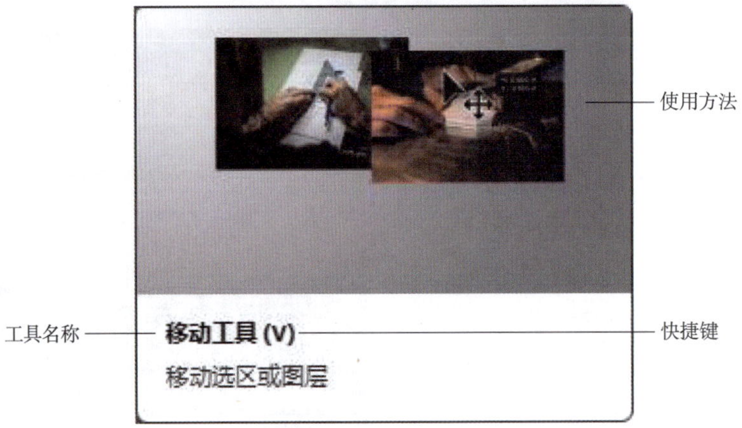

图1-24　动画示例

默认情况下，工具栏停放在窗口左侧。可以移动工具栏、隐藏工具栏和折叠工具栏，具体介绍如下：

①移动工具栏：将鼠标指针放在工具栏顶部，单击并向右拖动鼠标，可以将工具栏拖出，放在工作界面的任意位置。若想恢复工具栏的位置，可以再次单击并向左拖动鼠标，当左侧出现蓝色渐变条时，释放鼠标，即可恢复工具栏的位置。

②隐藏工具栏：在Photoshop中，工具栏是默认显示的。若想隐藏工具栏，则需要选择“窗口”→“工具”命令，此时，工具栏被隐藏，再次选择该命令，会显示工具栏。

③折叠工具栏：单击工具栏左上角的»按钮，会将工具栏折叠显示，折叠后的工具栏如图1-26所示。

由图1-26可知，折叠后的工具栏变成了两列。若想将工具栏默认单列显示，单击工具栏左上角的«按钮，即可使工具栏单列显示。

图1-25 “污点修复画笔工具”列表

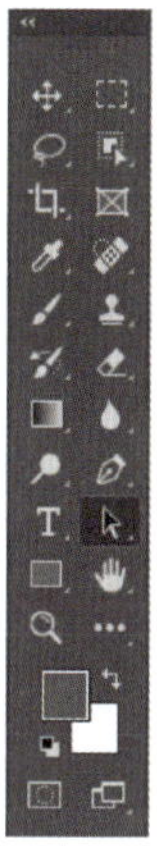

图1-26 折叠后的工具栏

3. 选项栏

选项栏是工具栏中各个工具的功能扩展，可以通过选项栏对工具进行进一步的设置。当选择某个工具后，Photoshop工作界面的上方将出现相应的工具选项栏。例如，选择“魔棒工具”时，其选项栏如图1-27所示，通过其中的各个选项可以对“魔棒工具”做进一步设置。

图1-27 “魔棒工具”选项栏

4. 控制面板

控制面板是Photoshop处理图像时不可或缺的部分，它可以完成对图像的处理操作和相关参数的设置，如显示信息、选择颜色、图层编辑等。Photoshop CC 2019为用户提供了多个控制面板组，分别放置在不同的面板窗口中，如图1-28和图1-29所示。下面针对与控制面板相关的操作进行具体讲解。

（1）选择面板

面板通常以选项卡的形式成组出现。在面板选项卡中，单击一个面板的名称，即可显示该面板。例如，单击“色板”选项卡时会显示“色板”面板，如图1-30所示。

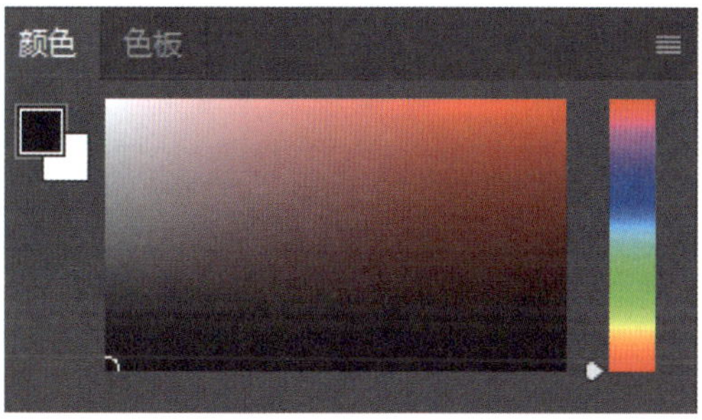

图1-28 “颜色”面板

图1-29 “调整”面板

（2）折叠/展开面板

面板是可以自由折叠和展开的。单击面板组右上角的折叠按钮，可以将面板进行折叠，折叠后的效果如图1-31所示。折叠后，单击折叠按钮 又可以展开该面板。例如，单击“颜色”选项卡，即可展开“颜色”面板，如图1-32所示。

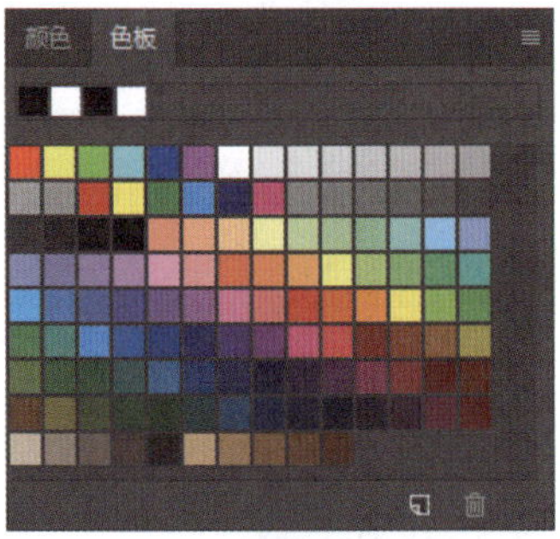

图1-30　选择面板

图1-31　折叠后的效果

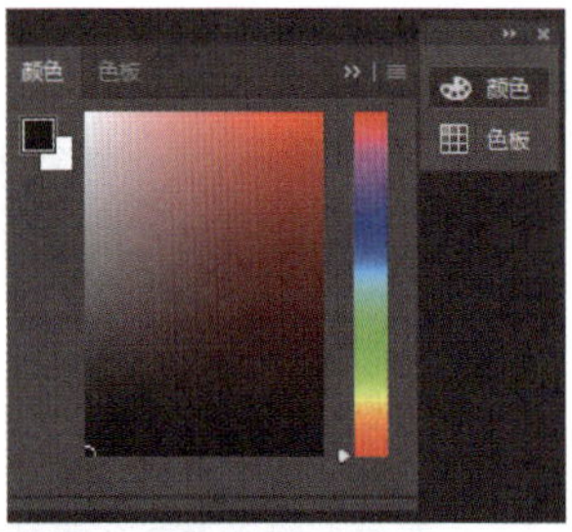

图1-32　展开“颜色”面板

（3）移动面板

面板在工作界面中的位置是可以移动的。将鼠标指针放在面板的名称上，单击并向外拖动到窗口的空白处，如图1-33所示，即可将其从面板组中分离出来，从而独立成为一个浮动面板，如图1-34所示。

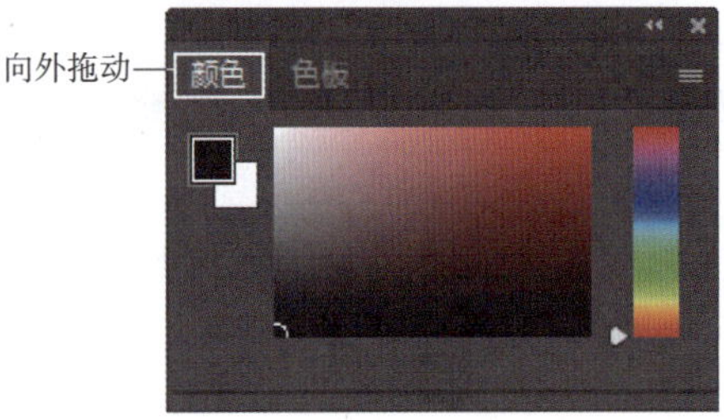

图1-33　移动面板

图1-34　浮动面板

拖动浮动面板的名称，可以将它放在窗口中的任意位置。

（4）打开面板菜单

面板菜单中包含了与当前面板有关的各种选项。单击面板右上角的面板菜单按钮 ，可以打开面板菜单，如图1-35所示。

（5）关闭面板

在一个面板的标题栏上右击，弹出的快捷菜单如图1-36所示。

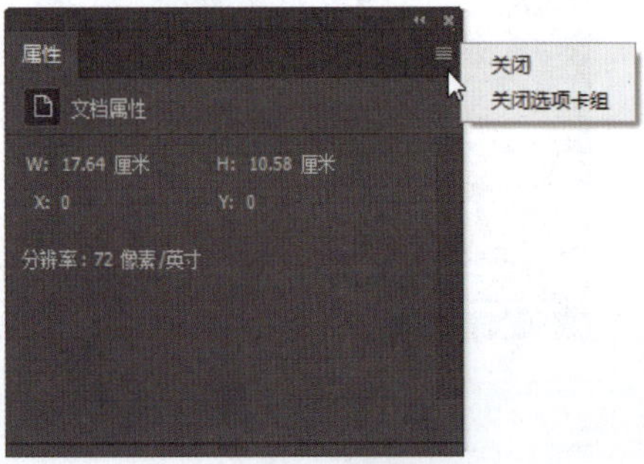

图1-35　面板菜单

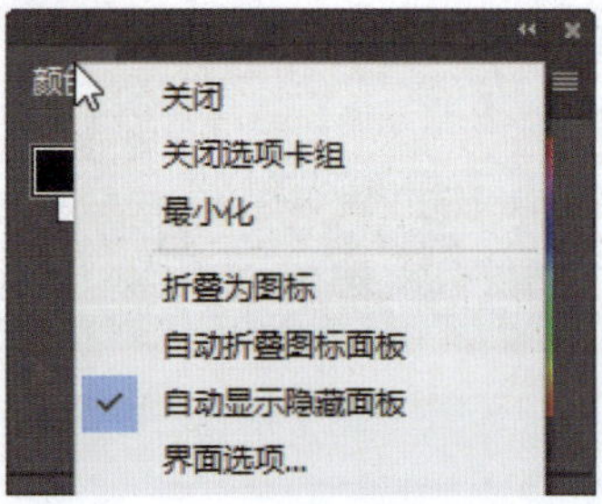

图1-36　面板快捷菜单

选择“关闭”命令，可以关闭该面板。选择“关闭选项卡组”命令，可以关闭该面板组。对于浮动面板，单击右上角的“关闭”按钮即可将其关闭。

5. 文档窗口

在Photoshop中打开一个图像，会自动创建一个文档。如果打开了多个图像，则它们会停放到选项卡中，文档窗口如图1-37所示。

图1-37　文档窗口

文档窗口由文档信息、画布和不可见区域三部分组成，具体介绍如下：

①文档信息：包含了文档名称、文档格式、文档显示的百分比，以及颜色模式等信息。

②画布：用于显示文档中的图像内容。

③不可见区域：默认情况下，不可见区域内的图像不可见。

单击一个文档的名称，即可将其设置为当前操作的窗口。另外，按【Ctrl+Tab】组合键，可以按照前后顺序切换窗口；按【Ctrl+Shift+Tab】组合键，可以按照相反的顺序切换窗口。

单击一个窗口的标题栏并将其从选项卡中拖出，它便成为可以任意移动位置的浮动窗口，如图1-38所示。

拖动浮动窗口的一角，可以调整窗口的大小，如图1-39所示。

另外，将一个浮动窗口的标题栏拖动到选项卡中，当图像编辑区出现蓝色方框时释放鼠标，可以将窗口重新放置到选项卡中。

图1-38　浮动窗口

图1-39　调整窗口大小

1.3.3　Photoshop基础操作

熟悉软件的基础操作，能够提高工作效率，减少不必要的错误和重复劳动。Photoshop的基础操作包括新建文档、打开文档、保存文档等，下面详细介绍Photoshop的基础操作。

1. 新建文档

在Photoshop中，除了编辑现有的图像外，还可以创建空白文档，并在其上进行设计和绘画。要新建空白文档，可以选择“文档”→“新建”命令（或按【Ctrl+N】组合键），弹出“新建文档”对话框，如图1-40所示。

在图1-40所示的“新建文档”对话框中，共包含文档预设、最近使用项和参数设置三个区域，具体介绍如下：

①文档预设区域：提供了多种文档的预设选项，如照片、打印、图稿和插图等。可以

根据需要进行选择。

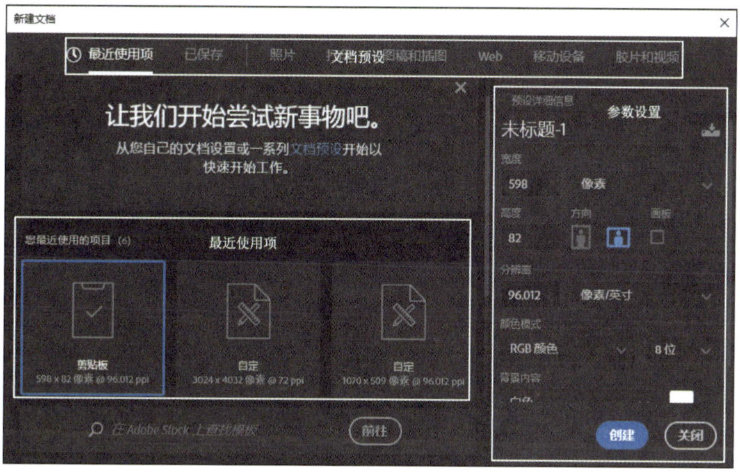

图1-40 “新建文档”对话框

②最近使用项区域：包含了历史空白文档，可以通过单击某个文档，快速新建与历史空白文档等大的空白文档。

③参数设置区域：提供了多个用于设置画布的选项，如“预设详细信息”“宽度”“高度”“分辨率”等。对这些选项的说明如下：

- “预设详细信息”：用于设置文档的名称，新建文档后，文档的名称会显示在文档窗口中。保存文档时，文档名会自动显示在存储文档的对话框内。
- “宽度”和“高度”：用于设置文档的大小，在对应的文本框中输入数值即可。另外，还可以在“宽度”的右侧设置文档的显示单位，如“像素”“英寸”“厘米”等。
- “分辨率”：用于设置文档的分辨率和分辨率的单位，如“像素/英寸”“像素/厘米”等。通常情况下，使用“像素/英寸”这一单位。
- “颜色模式”：用于设置文档的颜色模式，如“位图”“灰度”“RGB颜色”“CMYK颜色”等。
- “背景内容”：用于设置文档的背景颜色，如“白色”“黑色”“背景色”“透明”等。

2. 打开文档

若要在Photoshop中编辑文档，需要先使用Photoshop打开文档。打开文档的方法有多种，包括命令法、拖动法和双击法。下面介绍打开文档的方法。

（1）命令法

选择“文件”→“打开”命令（或按【Ctrl+O】组合键），弹出“打开”对话框，如图1-41所示。

在图1-41所示的“打开”对话框中，选择一个文档，单击“打开”按钮，即可打开文档。如果要同时打开多个文档，可以按住【Ctrl】键单击想要打开的文档，或进行框选，然后单击“打开”按钮，打开多个文档。

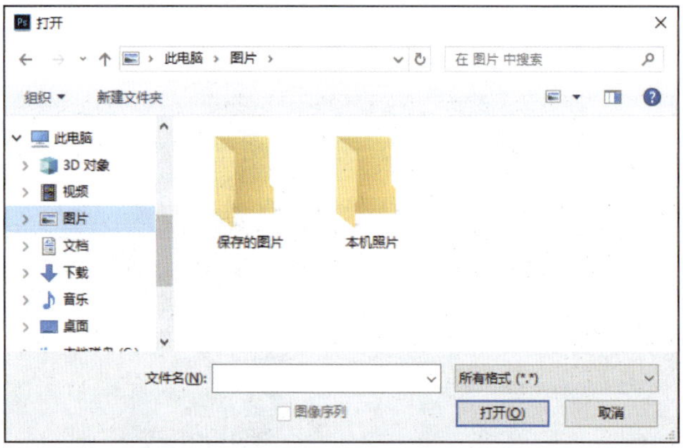

图1-41 “打开”对话框

（2）拖动法

使用拖动法打开文档时，有以下几种方式，具体分析如下：

①如果Photoshop中不存在其他文档，将文档拖动至Photoshop中，软件会打开文档。

②如果Photoshop中存在其他文档，将文档拖动至文档信息所在的选项卡上，可打开文档；将文档拖动至Photoshop的文档窗口中，可置入文档。

③将文档拖动至Photoshop的启动图标上，当启动图标变为选中状态时，释放鼠标可打开文档。

（3）双击法

当文档为PSD格式时，双击文档即可直接用Photoshop打开该文档。

3. 保存文档

对文档进行编辑之后，应及时对文档进行保存，Photoshop提供了几个用于保存文档的选项，下面对保存文档的选项进行介绍。

（1）存储

在Photoshop中，选择“文件”→“存储”命令（或按【Ctrl+S】组合键），文档会按照原始名称，以软件默认的格式进行存储。如果是第一次存储，会弹出“另存为”对话框，如图1-42所示。

在图1-42所示的“另存为”对话框中，为文档指定存储位置、设置文档名称和格式等，单击“确定”按钮即可完成文档的存储。

（2）存储为

若想将文档存储为新名称或其他格式，可以选择“文件”→“存储为”命令（或按【Shift+Ctrl+S】组合键），此时会弹出“另存为”对话框（同图1-42）。在“另存为”对话框中可以设置文档的名称、文档的格式等参数，单击“保存”按钮即可完成存储。

（3）存储为Web所用格式

将文档存储为Web所用格式可以减小文档的体积，选择“文件”→“导出”→“存储为Web所用格式（旧版）”命令（或按【Alt+Shift+Ctrl+S】组合键），弹出“存储为Web所用格式”对话框，如图1-43所示。

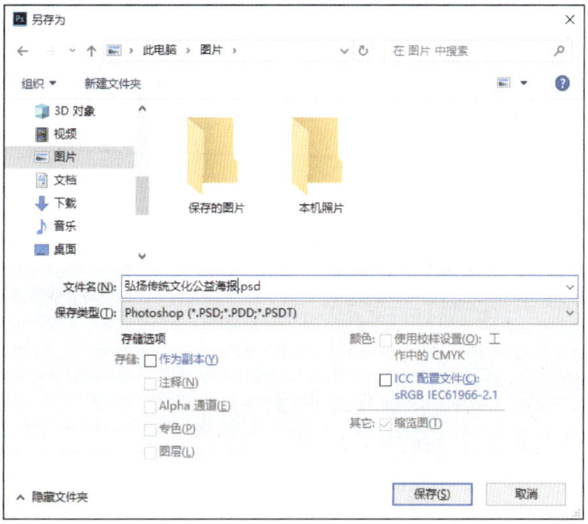

图1-42 “另存为”对话框

在图1-43所示的“存储为Web所用格式”对话框中，可以设置文档格式，如“GIF”“JPEG”“PNG-8”“PNG-24”“WBMP”，格式选项如图1-44所示。

图1-43 “存储为Web所用格式”对话框

当设置的文档格式为“GIF”“PNG-8”“PNG-24”时，勾选“存储为Web所用格式”对话框中的“透明度”复选框，可以将文档中的透明信息进行存储。

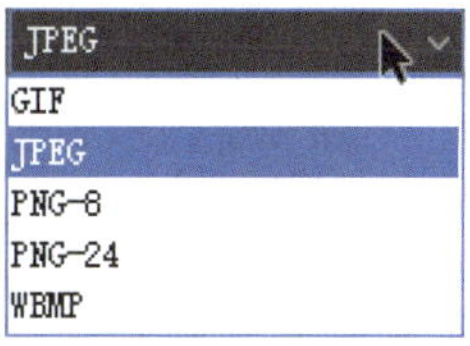

图1-44 格式选项

(4) 导出为

“导出为”命令可以将文档快速导出为JPEG、PNG等格式的图像，选择“文件”→“导出”→“导出为”命令（或按【Alt+Shift+Ctrl+W】组合键），弹出“导出为”对话框，如图1-45所示。

在“导出为”对话框中可以设置文档的格式、大小等选项，读者可以根据需求进行设置。

图1-45 “导出为”对话框

4. 设置文档大小

文档的用途不同，对文档大小的要求也不同。可以根据实际情况对文档大小进行设置。设置文档大小包括修改图像大小和修改画布大小，下面对设置文档大小进行讲解。

（1）修改图像大小

通常情况下，图像尺寸越大，所占用的磁盘空间就越大。选择“图像”→“图像大小”命令（或按【Alt+Ctrl+I】组合键），弹出“图像大小”对话框，如图1-46所示。

在图1-46所示的“图像大小”对话框中，能够调整图像的宽度、高度和分辨率。在修改图像尺寸时，画布的尺寸也会随之改变。

（2）修改画布大小

修改画布大小能够更改画布的尺寸。选择“图像”→“画布大小”命令（或按【Alt+Ctrl+C】组合键），弹出“画布大小”对话框，如图1-47所示。

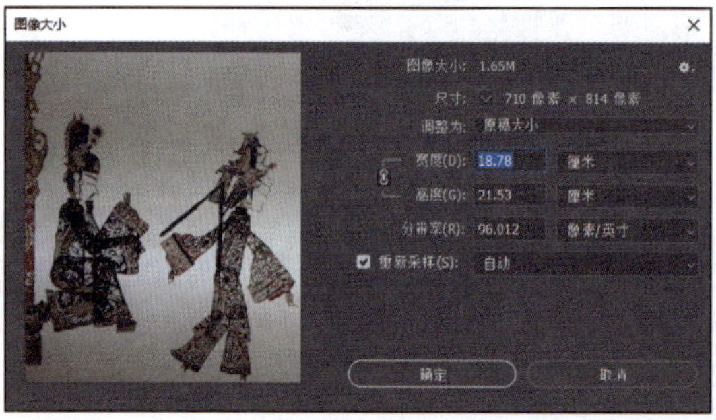

图1-46 “图像大小”对话框

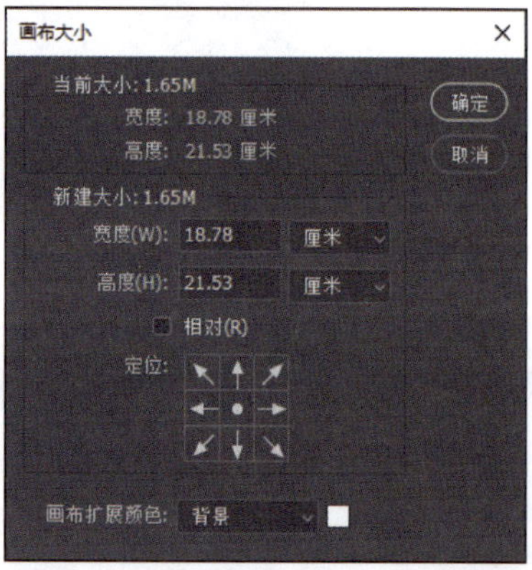

图1-47 “画布大小”对话框

在图1-47所示的“画布大小”对话框中，修改“宽度”和“高度”等数值，更改整个画布的大小，单击“确定”按钮完成画布的修改。需要注意的是，若在“画布大小”对话框中勾选“相对”复选框，那么“宽度”和“高度”选项中的数值不再是整个画布的大小，而是实际增加或减少的大小。

另外，使用“裁剪工具”能够对画布的尺寸直接进行修剪。选择“裁剪工具”（或按【C】键），画布的四周会出现裁剪框，裁剪框示例如图1-48所示。

将鼠标指针放在裁剪框的四周，当鼠标指针变成样式时，按住鼠标左键向内拖动可缩小画布；向外拖动可增大画布，增大的区域会被填充为背景色。缩小画布和增大画布的对比示例如图1-49和图1-50所示。

图1-48 裁剪框示例

图1-49 缩小画布

图1-50 增大画布

除了直接使用“裁剪工具”拖动裁剪框外，还可以在“裁剪工具”的选项栏中设置裁剪的相关参数，图1-51所示为“裁剪工具”选项栏。

图1-51 “裁剪工具”选项栏

在图1-51所示的“裁剪工具”选项栏中，包括裁剪方式、拉直、网格等选项，对这些选项的说明如下：

①裁剪方式：包括“比例”“宽×高×分辨率”“原始比例”“1∶1（方形）”等选项，可以自行定义裁剪的宽度、高度或比例。

②拉直：用于拉直图像并自动对其进行裁剪，常用于校正倾斜的图像。

③网格：用于选择裁剪参考线的样式和叠加方式。

④删除裁剪的像素：用于设置是否删除裁剪掉的部分。勾选该复选框时，系统会删除裁剪掉的部分；不勾选该复选框时，系统会将裁剪掉的部分保留并隐藏，可以随时还原。

⑤内容识别：勾选该复选框后，系统能够根据图像中的像素对空白的区域进行智能填充，勾选“内容识别”复选框前后裁剪示例分别如图1-52和图1-53所示。

图1-52 勾选“内容识别”复选框前裁剪示例

图1-53 勾选“内容识别”复选框后裁剪示例

5. Photoshop初始化设置

为了使初学者更好地使用Photoshop，需要对Photoshop进行初始化设置，具体介绍如下：

（1）工作区布局设置

Photoshop工具的工作布局主要分为“基本功能（默认）”“3D”“图形和Web”等类别。其中“基本功能（默认）”是Photoshop默认的工作区布局，大多数Photoshop的使用者可以直接使用这一工作布局。如果需要更改布局，可以选择“窗口”→“工作区”命令，会弹出图1-54所示的菜单。

选择其中的命令，即可完成工作区布局的更改。并且在工作区布局菜单中还可以对工作区进行复位、新建、删除等操作。

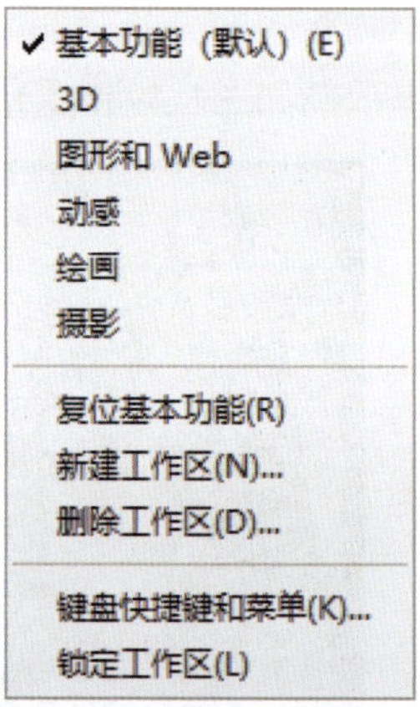

图1-54 工作区布局菜单

（2）单位设置

在Photoshop中，默认的单位是厘米，也就是说我们在Photoshop中使用的图片，其宽度、高度都是以厘米为单位的，图像单位如图1-55所示。

在进行一些数码图像制作时，通常需要使用“像素”作为单位。特别是在UI设计等领域，需要将默认的单位厘米设置为像素。选择“编辑”→“首选项”→“单位与标尺”命令，弹出“首选项”对话框，将标尺单位设置为“像素”，如图1-56所示。

图1-55 图像单位

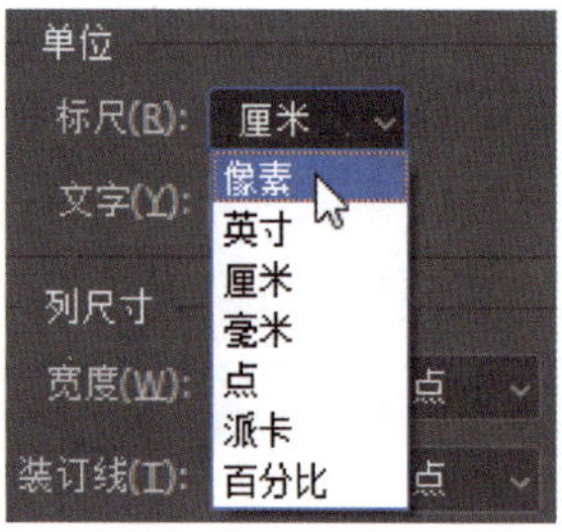

图1-56 设置标尺单位

小　结

本章首先介绍了图像处理的基础知识，包括位图与矢量图、像素、分辨率等概念；接着，探讨了Photoshop CC 2019的功能，包括其应用领域、工作界面及基础操作。通过本章的学习，希望读者能够掌握图像处理的基本原理，并能够熟练操作Photoshop CC 2019，如创建和打开文档等基本操作。

第2章 图层与选区工具

学习目标

知识目标

◎ 了解图层，能够说出图层的概念与分类；

◎ 了解选区，能够说出选区的作用。

能力目标

◎ 掌握图层的操作，能够完成图层的新建、删除、复制等；

◎ 掌握选区工具的使用，能够绘制矩形、椭圆及不规则形状的选区；

◎ 掌握选区的布尔运算，能够对选区进行加、减及交叉运算。

素质目标

◎ 提高问题解决能力，面对复杂的图像处理任务时，能够迅速分析问题，找到合适的解决方案；

◎ 激发创新思维，提出新颖、有创意的科技解决方案。

通过对第1章的学习，相信读者对Photoshop已经有了一个基本的了解。在Photoshop中，图层和选区工具作为最基础的功能，经常被用于图形图像的制作。但是为什么要应用图层？又该如何使用选区工具呢？本章将通过案例的形式对图层和选区工具进行详细讲解。

2.1 【案例2-1】超级电视

我国在过去几十年的科技领域取得了巨大的进步和发展，涵盖了信息技术、人工智能、高科技制造、航天技术和生物技术等重要领域。本节利用Photoshop的相关知识，制作一款超级电视。在Photoshop中，最基础的选区工具之一是“矩形选框工具”，它常被用来绘制规则形状的选区。通过学习该案例，读者可以掌握图层操作、矩形选框工具的应用技巧，以及基本的自由变换技巧。超级电视效果如图2-1所示。

图2-1　超级电视效果

2.1.1　知识点讲解

1. 认识图层

图层就像透明纸张，可以在其中放置不同的元素。当将这些透明纸张叠加在一起时，就形成了完整的图像。在Photoshop中，一幅图像通常由多个不同的图层组成，这些图层可以分别编辑、调整和组合，从而创建出美观的设计作品。多个图层组成的图像如图2-2所示。

图2-2　多个图层组成的图像

使用图层的最大好处是：在处理某一个图层时，不会影响其他图层。例如，可以随意移动图2-2中的“宇航员”图层，而其他图层不会被移动。

仔细观察图2-2，能够看出各个图层的图层缩览图显示状态不同。例如“探索科技”图层的图层缩览图显示状态为 T ，“矩形2”图层的图层缩览图显示状态为 ▢ 。在Photoshop中，包括多种类型的图层，常见的图层类型包括背景图层、普通图层、文字图层和形状图层。不同类型的图层，其显示状态和功能各不相同，对图层类型的具体介绍如下：

（1）背景图层

当创建一个非透明文档时，系统会自动生成背景图层。默认情况下，背景图层位于所有图层之下，为锁定状态。在Photoshop中，不能调整背景图层的顺序，也不能为背景图层设置图层样式及混合模式等。双击背景图层，可将背景图层转换为普通图层。

（2）普通图层

普通图层是用于存放位图图像的图层，可以通过创建普通图层的方式获取普通图层。在普通图层中，可以进行任何操作。

（3）文字图层

文字图层是用于存放文字的图层，在Photoshop中，文字以矢量的方式存在，通过文字工具可以创建文字图层。在Photoshop中，文字图层的图层缩览图显示状态为T。

（4）形状图层

形状图层是用于存放形状的图层，通过形状工具和钢笔工具可以创建形状图层，在Photoshop中，形状图层的图层缩览图显示状态为。

2. 图层的基本操作

在Photoshop中处理图像时，都是围绕图层进行处理的。在正式使用图层前，需要学习图层的一些基本操作，图层的基本操作包括创建普通图层、选择图层、删除图层、锁定图层、显示与隐藏图层、复制图层、重命名图层和设置图层不透明度。下面对图层的基本操作进行讲解：

（1）创建普通图层

通常情况下，创建普通图层的方法有三种，具体介绍如下：

①单击“图层”面板下方的“创建新图层”按钮，可创建一个普通图层，创建普通图层示例如图2-3所示。

②选择“图层”→“新建”→“图层”命令（或按【Shift+Ctrl+N】组合键），弹出“新建图层”对话框，在对话框中可以设置图层的名称、颜色等，单击“确定”按钮，可完成普通图层的创建。“新建图层”对话框如图2-4所示。

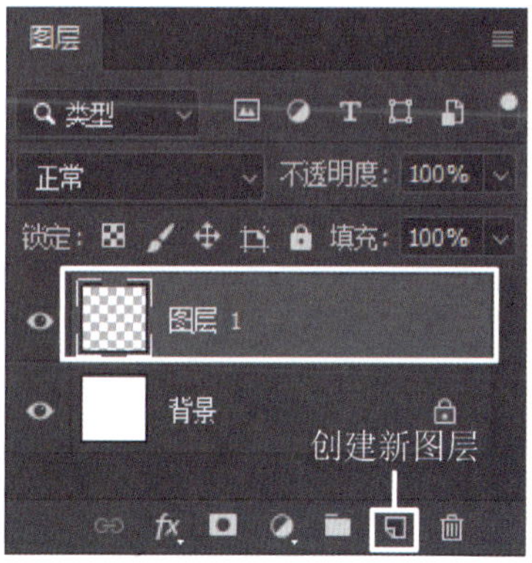

图2-3　创建普通图层示例

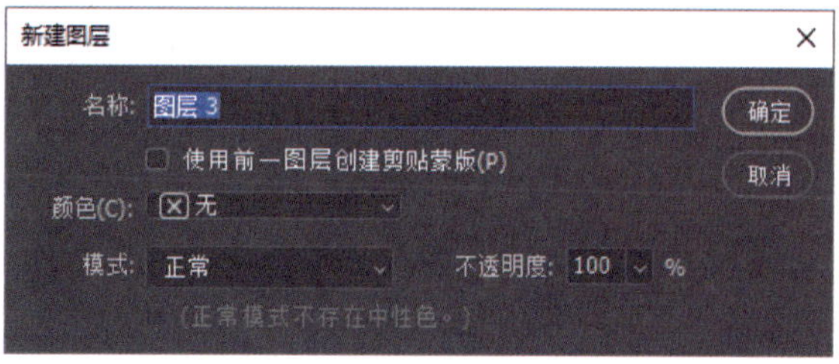

图2-4　“新建图层”对话框

③按【Alt+Shift+Ctrl+N】组合键可快速创建普通图层，按该组合键时不会弹出“新建图层”对话框。

（2）选择图层

在Photoshop中处理图像时，需要先选择图像所在的图层。选择图层的方法有多种，具体介绍如下：

①选择一个图层：在“图层”面板中单击某图层，可选择该图层。

②选择多个连续图层：选择第一个图层，然后按住【Shift】键的同时选择最后一个图层，可选择第一个图层、最后一个图层以及两个图层之间的所有图层。

③选择多个不连续图层：按住【Ctrl】键的同时单击图层。

在选择图层时，如果意外选中了多余的图层，可以按住【Ctrl】键并单击已选中的图层来取消选择该图层；或者在“图层”面板的底部空白处单击，以取消选择所有图层，空白区域示例如图2-5所示。

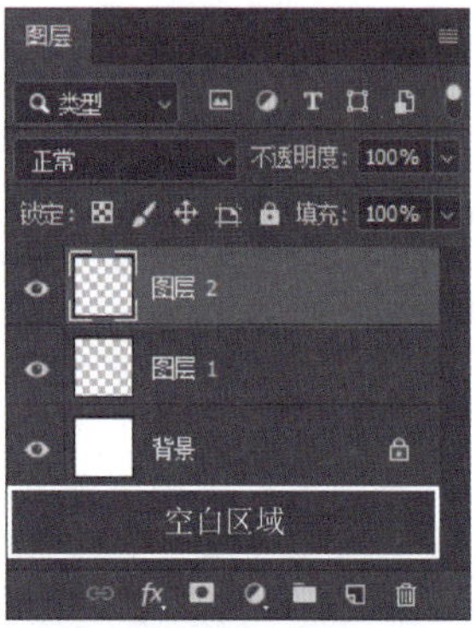

图2-5　空白区域示例

注意：在利用【Ctrl】键选择图层时，要单击图层缩览图以外的区域。如果按住【Ctrl】键的并单击图层缩览图，则会将图层中的图像载入选区。

（3）删除图层

为了尽可能地减小图像体积，对于一些不需要的图层可以将其删除，删除图层的方法如下：

①选择图层，单击“图层”面板下方的“删除图层”按钮🗑，此时弹出提示框，如图2-6所示。

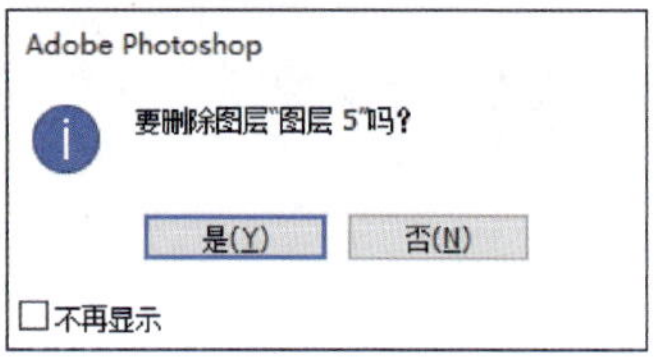

图2-6　提示框

单击图2-6所示提示框中的“是”按钮，即可完成图层的删除。若删除图层组，那么可以选择只删除图层组，还是删除图层组和图层组中的内容。

②选择图层，按【Delete】或【Backspace】键，可以快速删除被选择的图层。

③选择“文件”→“脚本”→“删除所有空图层”命令，可以删除所有空图层。

（4）锁定图层

在Photoshop中，可以对图层进行锁定，如锁定透明像素、锁定图像像素、锁定位置等，这些功能都以按钮的形式放置在“图层”面板中。锁定图层按钮示例如图2-7所示。

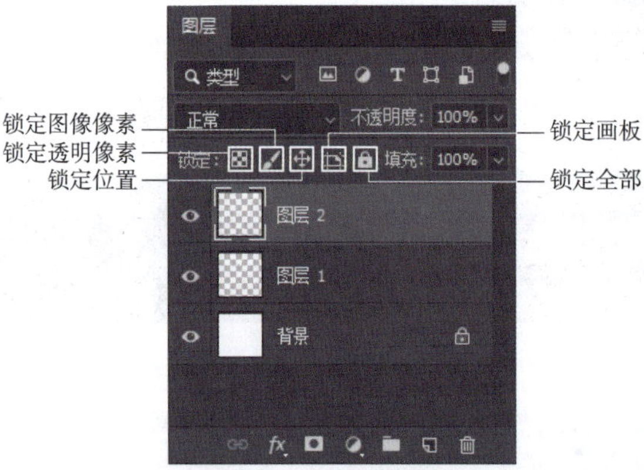

图2-7　锁定图层按钮示例

对锁定图层按钮的具体介绍如下：

①锁定透明像素：是指将普通图层中的透明像素锁定，使之无法被绘画工具（如画笔、填充等）编辑。例如，打开一幅带有透明像素的图像，将图层填充为粉色，此时，整个图层都会被填充为粉色；将透明像素锁定后，再填充图像，透明区域不会被填充，图2-8所示为锁定透明像素前后的填充效果示例。

（a）原图像　（b）锁定透明像素前的填充效果　（c）锁定透明像素后的填充效果

图2-8　锁定透明像素前后的填充效果示例

②锁定图像像素：是指将普通图层进行锁定，使之无法被绘画工具编辑。

③锁定位置：是指将图层的位置和大小进行锁定，即不能改变图层的位置及大小。

④锁定画板：是指将图层与画板的嵌套关系进行锁定。

⑤锁定全部：是指将图层中的全部进行锁定，包括透明像素、图像像素、位置，以及图层与画板的嵌套关系。

（5）显示与隐藏图层

单击图层缩览图前的“切换图层可见性”按钮，可以隐藏或显示该图层。显示和隐藏图层示例如图2-9所示。

图2-9　显示和隐藏图层示例

另外，若想隐藏除选中图层之外的其他图层，按住【Alt】键的同时单击“切换图层可见性”按钮，再次单击可显示其他图层。

（6）复制图层

在Photoshop中处理图像时，一幅完整的图像中经常会包含多个相同的元素，若想得到多个相同的元素，可以复制元素所在的图层。复制图层的方法有多种，具体介绍如下：

①在“图层”面板中，将图层拖动至“创建新图层”按钮上，可复制该图层。

②选中图层，按【Ctrl+J】组合键，可复制该图层。

③在选中“移动工具”的状态下，按住【Alt】键不放，按住鼠标左键拖动图层或画布中的图像，可复制该图层。

④在“图层”面板中，右击图层，在弹出的快捷菜单中选择“复制图层”命令，弹出“复制图层”对话框，如图2-10所示。

在图2-10所示的“复制图层”对话框中，可以设置新图层的名称，以及目标文档。

（7）重命名图层

在Photoshop中创建图层时，图层的默认名称为“图层1”“图层2”“形状1”“形状2”等。为了方便管理图层，可以对图层进行重命名。

选中目标图层，选择“图层”→“重命名图层”命令，图层名称会进入编辑状态。图层名称的编辑状态示例如图2-11所示。

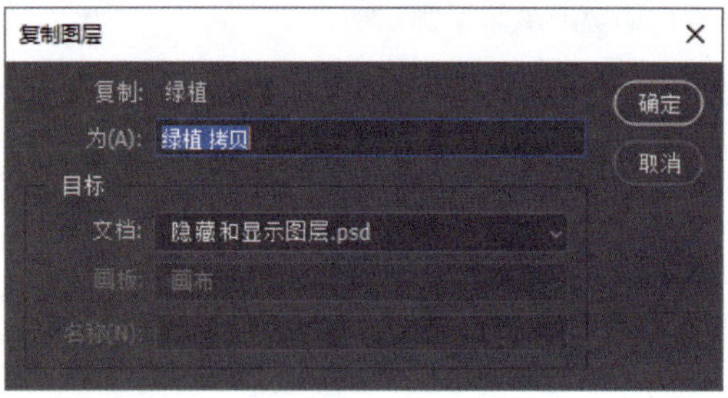

图2-10 “复制图层”对话框

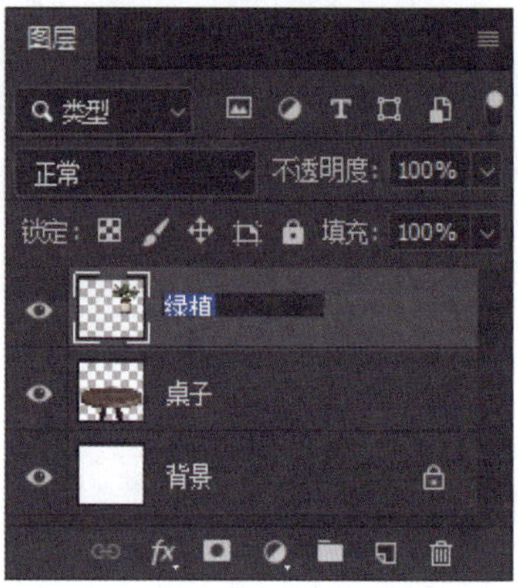

图2-11 图层名称的编辑状态示例

图层名称进入编辑状态后，输入新名称，按【Enter】键即可完成图层的重命名。此外，在“图层”面板中，直接双击图层名称，也可以对图层进行重命名。

（8）设置图层不透明度

“不透明度”用于控制图层的透明程度。通过“图层”面板右上角的“不透明度”选项可以对当前图层的透明程度进行调整，图层不透明度的范围是0%~100%。

例如，图2-12所示的篮球素材，在“图层”面板中选中“篮球”图层，将其“不透明度”设置为50%，这时“篮球”图层将变为半透明状态，会半透明显示其下面的图层，如图2-13所示。

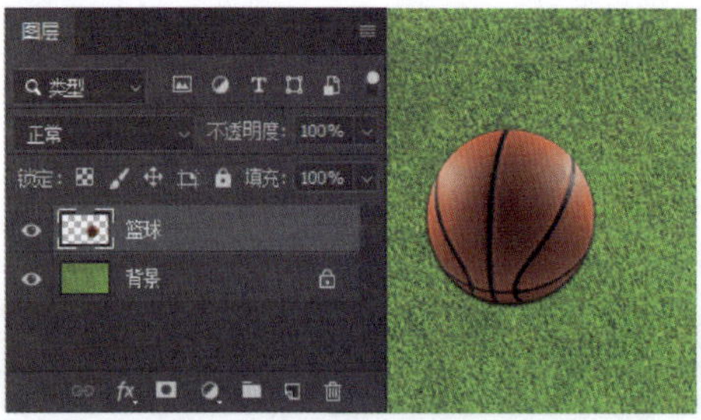

图2-12 不透明度为100%

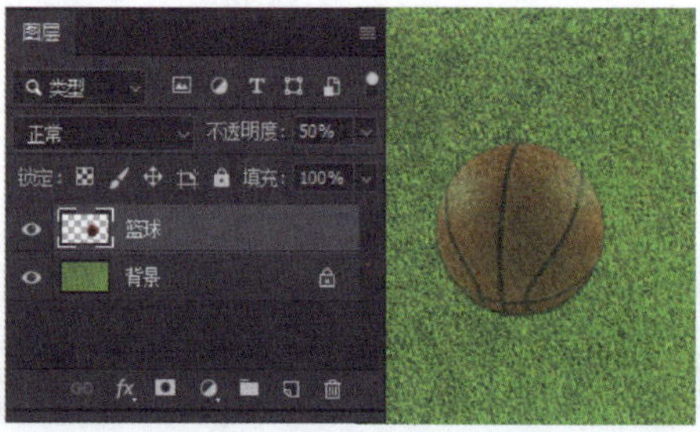

图2-13 不透明度为50%

值得一提的是，在使用绘画工具和修饰工具以外的其他工具时，按键盘中的数字键可以快速调整图层的不透明度。例如，按3时，“不透明度”会变为30%；按33时，“不透明度”会变为33%；按0时，“不透明度”会恢复为100%。

3. 移动工具

“移动工具”主要用于选择、移动图像，是调整图像位置的重要工具。使用“移动工具”（或按【V】键）单击图像，即可选中图像所在的图层。选中图层后，再次使用“移动工具”，按住鼠标左键不放，拖动鼠标，即可将该图层移动到画布中的任何位置，如图2-14所示。

图2-14　移动到画布中的任何位置

使用“移动工具”时，有一些实用的小技巧，具体如下：

- 按住【Shift】键的同时移动图像，可使图像沿水平、垂直或45°的方向移动。
- 若想选择图层中图像的一个部分进行移动操作，可先建立选区再使用移动工具。
- 在“背景”图层建立选区并移动，选区将被当前的背景色自动填充。
- 使用“移动工具”时，每按一下【→、←、↑或↓】键，便可以将选中的图像移动1像素的距离；如果按住【Shift】键的同时再按方向键，则图像每次可以移动10像素的距离。

4. 认识选区

在Photoshop中，选区是为处理局部而自行定义的一个区域，定义选区时，选区周围会显示虚线边框。通过选区，可以处理图像的局部，即定义区域后，处理时会处理区域内的图像，而区域外的图像不会被处理。

例如，打开图2-15所示的“枫叶.png”素材，调整其色相（后面章节会进行详细讲解）调整图像色相示例如图2-16所示。

如图2-16所示，在未绘制选区的情况下，对图像的色相进行调整，会改变整个图像的色相。绘制选区，再进行调整，则可以针对选定范围内进行调整，绘制选区后调整图像色相示例如图2-17所示。

5. 矩形选框工具

“矩形选框工具”常用来绘制一些形状规则的矩形选区。选择“矩形选框工具”（或按【M】键），按住鼠标左键在画布中的任意位置拖动，即可绘制一个矩形选区，绘制矩形选区示例如图2-18所示。

由图2-18可知，在绘制矩形选区时，会显示矩形选区的宽度和高度。使用“矩形选框工具”绘制选区时，有一些实用的小技巧，具体如下：

图2-15 “枫叶.png”素材

图2-16 调整图像色相示例

图2-17 绘制选区后调整图像色相示例

- 按住【Shift】键的同时拖动，可绘制一个正方形选区。
- 按住【Alt】键的同时拖动，可绘制一个以单击点为中心的矩形选区。
- 按住【Alt+Shift】组合键的同时拖动，可以绘制一个以单击点为中心的正方形选区。
- 选择“选择”→“取消选择”命令（或按【Ctrl+D】组合键），可取消当前选区（适用于所有选区工具绘制的选区）。

图2-18 绘制矩形选区示例

值得一提的是，选择“矩形选框工具”后，单击其选项栏中的“样式”下拉按钮，在“样式”下拉列表框中可以选择控制选框尺寸和比例的方式，“样式”下拉列表框如图2-19所示。

图2-19 “样式”下拉列表框

在图2-19所示的“样式”下拉列表框中，包含“正常”“固定比例”“固定大小”三个选项，具体介绍如下：

- “正常”：选择该选项时，拖动鼠标可以绘制任意大小的矩形选区。
- “固定比例”：选择该选项后，在后面的“宽度”和“高度”文本框中输入具体的宽高比例。绘制选区时，选区尺寸将自动符合该宽高比例。
- “固定大小”：选择该选项后，可以在后面的“宽度”和“高度”文本框中输入具体的宽高数值。绘制选区时，选区尺寸将自动符合该宽高值。

6. 图层的进阶操作

图层的进阶操作是基于两个及两个以上图层进行操作的，包括合并图层、排列图层、对齐图层、分布图层、链接图层、组合图层，下面对图层的进阶操作进行讲解。

（1）合并图层

合并图层不仅可以节约磁盘空间、提高操作速度，还可以更方便地管理图层。合并图层主要包括合并选中图层、合并可见图层、盖印选中图层和盖印可见图层，对合并图层的讲解如下：

①合并选中图层：选中需要合并的图层，选择“图层”→“合并图层”命令（或按【Ctrl+E】组合键），即可将选中的图层合并，成为一个图层。合并选中图层示例如图2-20所示。

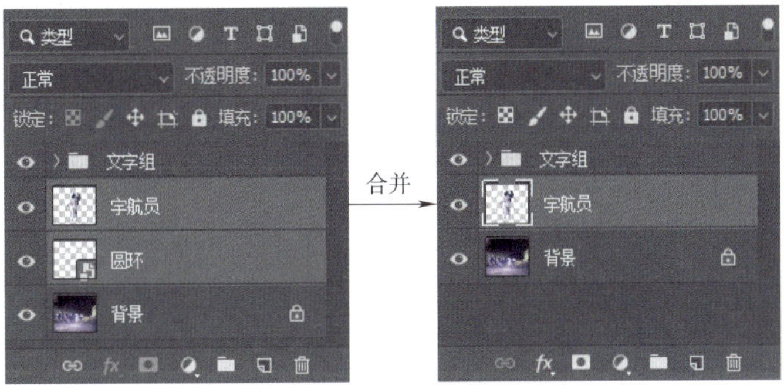

图2-20　合并选中图层示例

②合并可见图层：合并可见图层是指合并所有显示的图层。选中其中一个显示的图层，选择“图层”→“合并可见图层”命令（或按【Shift+Ctrl+E】组合键），可以将所有显示的图层合并，成为一个图层。合并可见图层示例如图2-21所示。

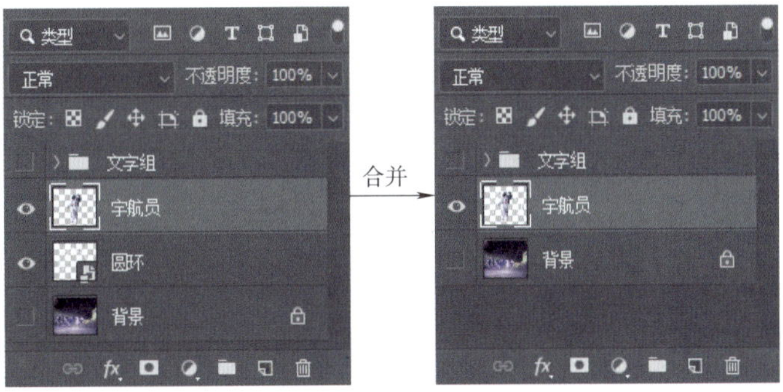

图2-21　合并可见图层示例

③盖印选中图层：盖印选中图层可以将选中图层复制并进行合并。选择需要合并的图层，按【Alt+Ctrl+E】组合键，可以盖印选中图层，盖印选中图层示例如图2-22所示。

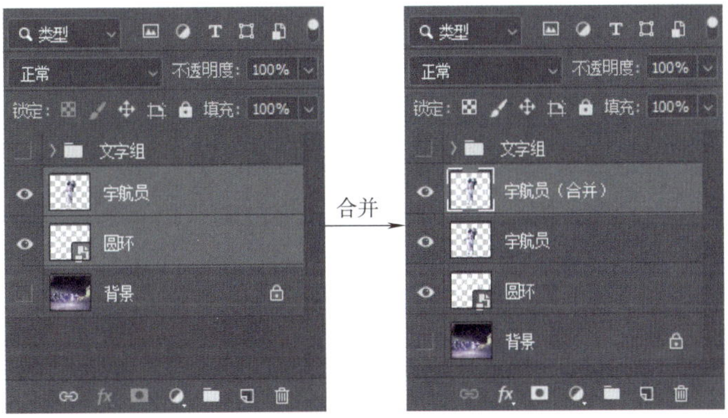

图2-22　盖印选中图层示例

④盖印可见图层：盖印可见图层可以将显示的图层复制并进行合并。按【Shift+Alt+Ctrl+E】组合键可以盖印所有显示的图层。盖印可见图层示例如图2-23所示。

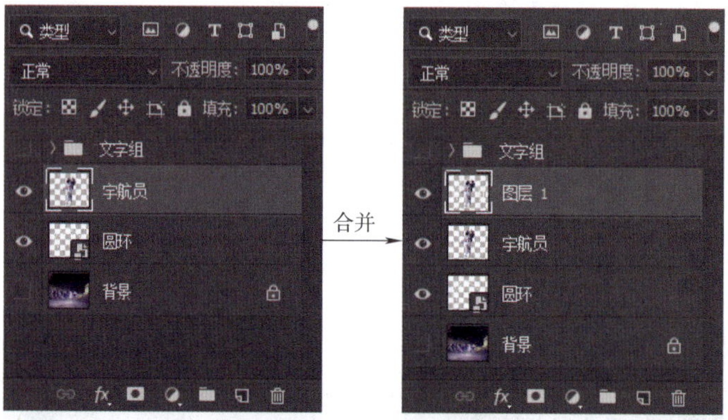

图2-23　盖印可见图层示例

（2）排列图层

在“图层”面板中，图层是按照创建的先后顺序进行排列的，位于上面的图层会遮盖位于下面的图层。当拖动一个图层至另外一个图层的上面（或下面）时，会改变图层的排列顺序。改变图层的排列顺序会影响图层的显示效果。图2-24所示为“吸管”图层在“椰汁”图层上面和下面的不同效果。

（a）“吸管”图层在“椰汁”图层上面　（b）“吸管”图层在“椰汁”图层下面

图2-24　“吸管”图层在“椰汁”图层上面和下面的不同效果

除了使用拖动方法排列图层外，Photoshop还提供了多个排列图层的命令。选择“图层”→“排列”命令，会弹出“排列”命令的子命令，如图2-25所示。

在图2-25所示的“排列”命令的子命令中，包括“置为顶层”“前移一层”“后移一层”“置为底层”“反向”五个命令，具体介绍如下：

①“置为顶层”：将选中图层调整到最顶层，快捷键是【Shift+Ctrl+]】。

②“前移一层”：将选中图层向上移动一层，快捷键是【Ctrl+]】。

③“后移一层”：将选中图层向下移动一层，快捷键是【Ctrl+[】。

④“置为底层”：将选中图层调整到底层，快捷键是【Shift+Ctrl+[】。

⑤“反向”：将选中的两个或两个以上的图层反向排列。

（3）对齐图层

选择两个及两个以上需要对齐的图层，选择“图层”→“对齐”命令，可弹出“对齐”命令的子命令，如图2-26所示。

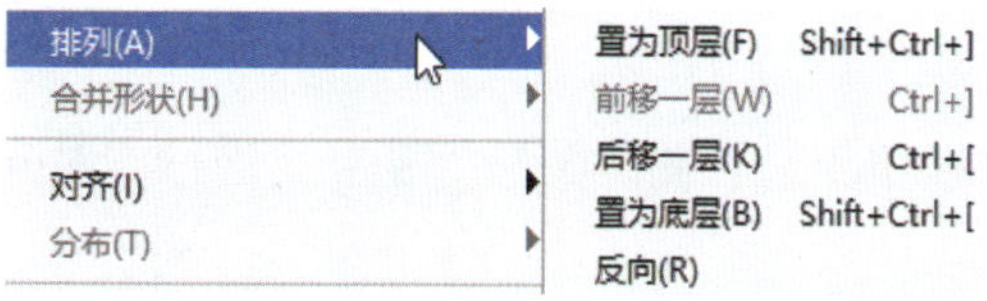

图2-25 “排列”命令的子命令

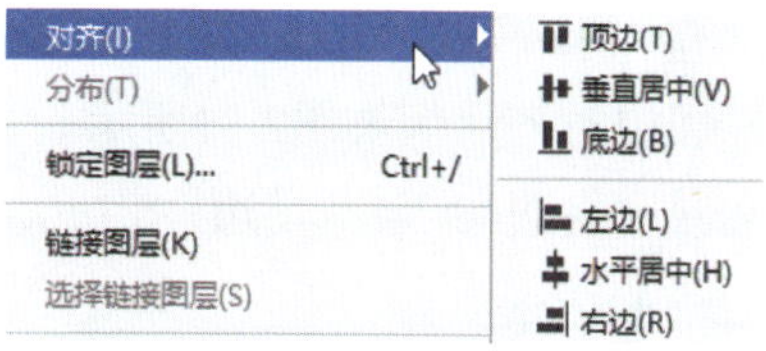

图2-26 “对齐”命令的子命令

在图2-26所示的“对齐”命令的子命令中，包括“顶边”“垂直居中”“底边”“左边”“水平居中”“右边”六个命令，具体解释如下：

①“顶边”：将每个图层以位于最顶部的图层为基准，进行顶部对齐。顶部对齐示例如图2-27所示。

图2-27 顶部对齐示例

②“垂直居中”：将每个图层垂直方向的中心线（见图2-28中的红线），进行居中对齐，垂直居中示例如图2-28所示。

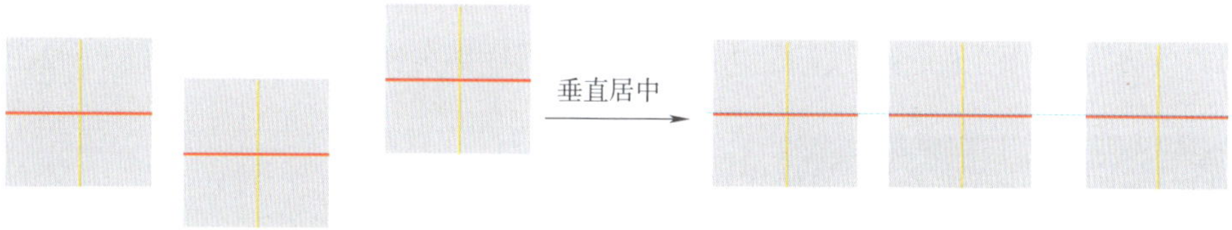

图2-28 垂直居中示例

③“底边”：将每个图层以位于底部的图层为基准，进行底部对齐。底部对齐示例如图2-29所示。

图2-29 底部对齐示例

④“左边”：将每个图层以位于最左侧的图层为基准，进行左对齐。左对齐示例如图2-30所示。

图2-30 左对齐示例

⑤“水平居中”：将每个图层水平方向的中心线（图2-31中的黄线），进行居中对齐。水平居中对齐示例如图2-31所示。

⑥“右边”：与“左边”相反，将每个图层以位于最右侧的图层为基准，进行右对齐。

（4）分布图层

分布是以两端图层的位置为基准进行分布。选择三个或三个以上图层，选择“图层”→“分布”命令，弹出“分布”命令的子命令，如图2-32所示。

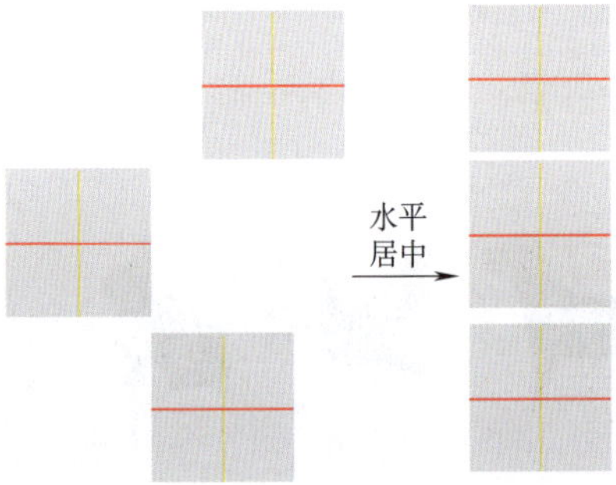

图2-31 水平居中对齐示例

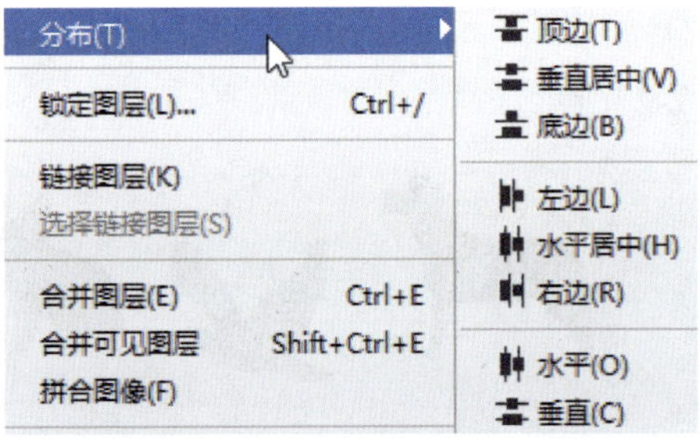

图2-32 “分布”命令的子命令

在图2-32所示的“分布”命令的子命令中，包括“顶边”“垂直居中”“底边”“左边”“水平居中”“右边”“水平”“垂直”八个命令，具体解释如下：

①“顶边”：以每个图层最顶端的边缘为基准，等距离分布。顶边分布示例如图2-33所示。

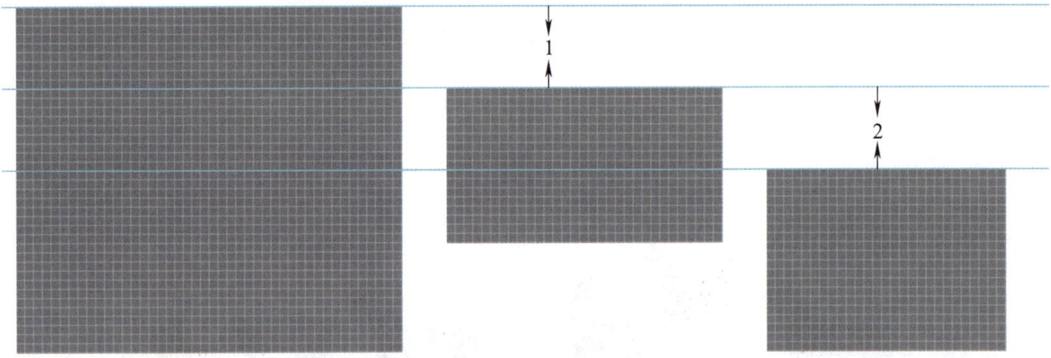

图2-33 顶边分布示例

在图2-33中，各个图层顶端边缘的距离是一致的，即1和2的数值相等。

②“垂直居中”：以每个图层垂直方向的中心线为基准，等距离分布。垂直居中分布示例如图2-34所示。

在图2-34中，各个图层垂直方向的中心线的距离一致，即1和2之间的距离是相等的。

③“底边”：与“顶边”相反，是以每个图层底端的边缘为基准，等距离分布。

④“左边”：以图层最左侧的边缘为基准，等距离分布，左边分布示例如图2-35所示。

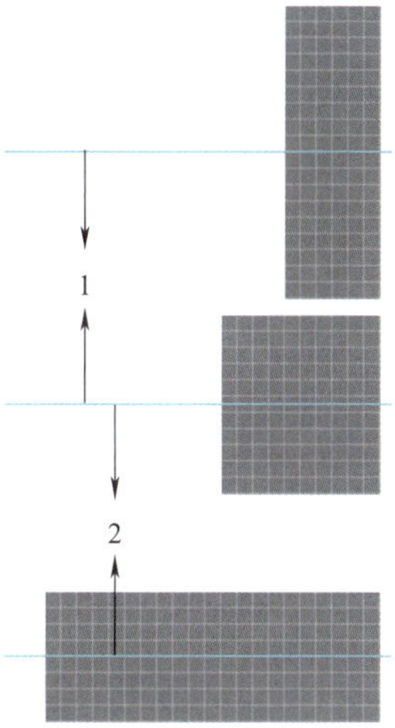

图2-34　垂直居中分布示例

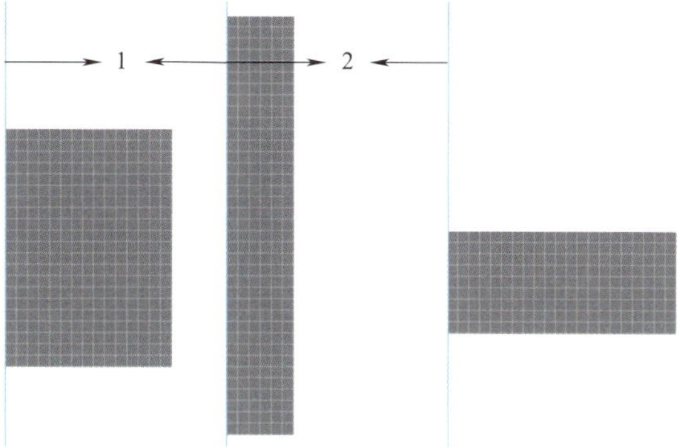

图2-35　左边分布示例

在图2-35中，各个图层最左侧边缘之间的距离一致，即1和2之间的距离是相等的。

⑤“水平居中”：以图层水平方向的中心线为基准，等距离分布，水平居中示例如图2-36所示。

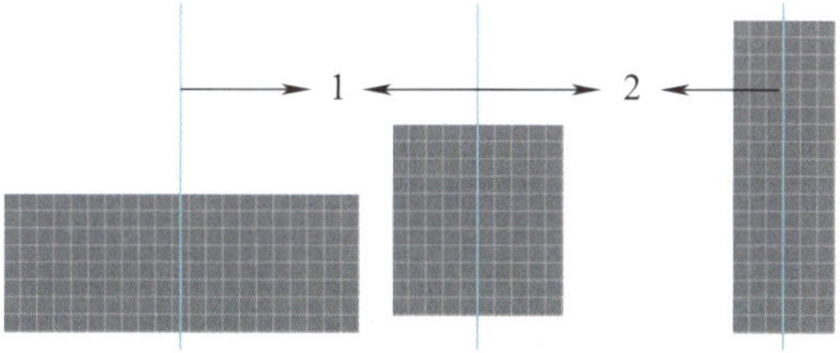

图2-36　水平居中示例

在图2-36中，各个图层水平方向的中心线之间的距离一致，即1和2之间的距离是相等的。

⑥“右边”：与“左边”相反，是以图层最右侧的边缘为基准，等距离分布。

⑦“水平”：以图层水平间距为基准，水平平均分布，水平分布示例如图2-37所示。

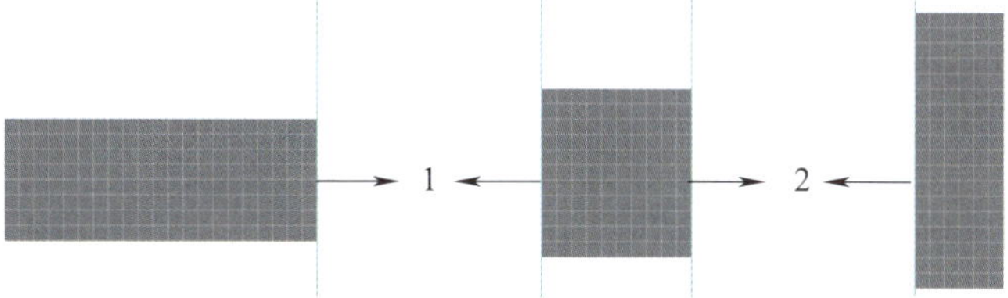

图2-37　水平分布示例

在图2-37中，1和2的距离相等。

⑧“垂直”：以图层垂直间距为基准，垂直平均分布。垂直分布示例如图2-38所示。

在图2-38中，1和2的距离相等。

值得一提的是，在Photoshop中选择多个图层后，“移动工具”选项栏中会显示“对齐”和“分布”选项，单击对应的按钮，也可以对图层进行对齐和分布。

（5）链接图层

链接图层是指将图层进行关联。无论图层顺序是否相邻，都可以将图层进行关联。链接图层后，拖动其中一个图层时，关联图层也会随之移动。链接图层的步骤如下：

①选中需要链接的图层。

②单击“图层”面板下方的“链接图层”按钮，链接图层。

若想取消图层的链接，可选择以下操作：

- 选择一个链接的图层，单击“链接图层”按钮，可以取消该图层与其他图层的链接。
- 按住【Shift】键，单击图层右侧的链接图标，可以临时停用该图层与其他图层的链接，此时，链接图标上会出现。

若想启用链接，再次按住【Shift】键单击链接图标即可。

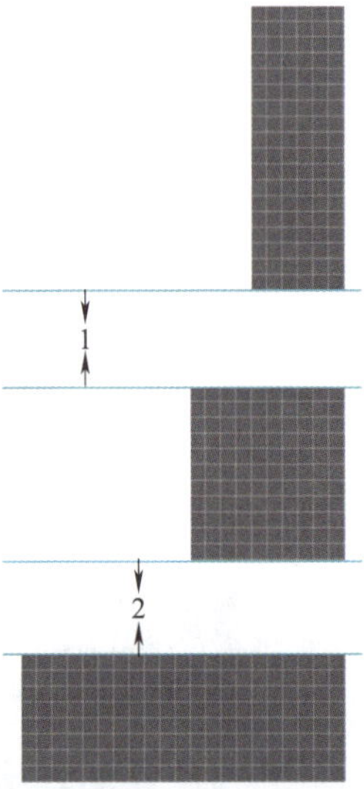

图2-38　垂直分布示例

（6）组合图层

组合图层能够使“图层”面板整洁有序。在“图层”面板中选择多个图层，选择“图层”→“图层编组”命令（或按【Ctrl+G】组合键），可以将选中图层进行组合，组合后的图层会以图层组的形式存放在“图层”面板中。若想取消组合图层，可以选择“图层”→“取消图层编组”命令（或按【Shift+Ctrl+G】组合键）。

另外，在Photoshop中，还可以将“图层”面板中的其他图层或图层组添加到同一图层组内，具体方法如下：

①拖动图层或图层组到图层组内。

②选择“图层”面板中的图层组，单击“创建新图层”按钮，可以将新图层添加到图层组内。

7. 前景色和背景色

在Photoshop工具栏的底部有一组设置前景色和背景色的图标，如图2-39所示。

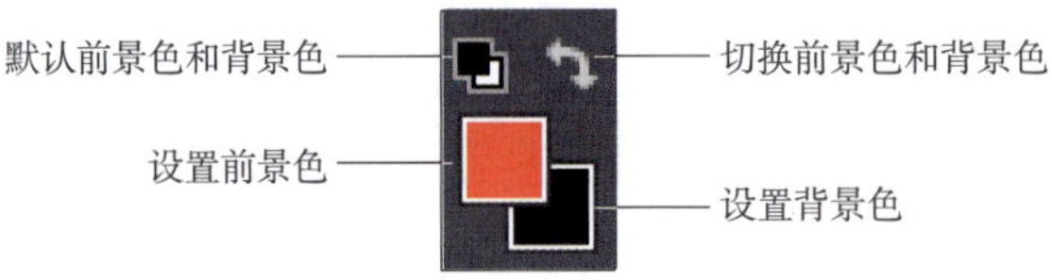

图2-39　设置前景色和背景色的图标

该图标组可用于设置前景色和背景色，进而进行填充等相关操作。通过图2-39可以看出，该图标组由四部分组成，分别为“默认前景色和背景色”“切换前景色和背景色”“设置前景色”“设置背景色”。下面对这四部分进行介绍：

（1）默认前景色和背景色

单击该图标（或按【D】键），可恢复默认的前景色和背景色，即前景色为黑色，背景色为白色。

（2）切换前景色和背景色

单击该图标（或按【X】键），可将前景色和背景色互换。

（3）设置前景色

“设置前景色”中所显示的颜色是当前所使用的前景色。单击该图标，将弹出图2-40所示的“拾色器（前景色）”对话框。

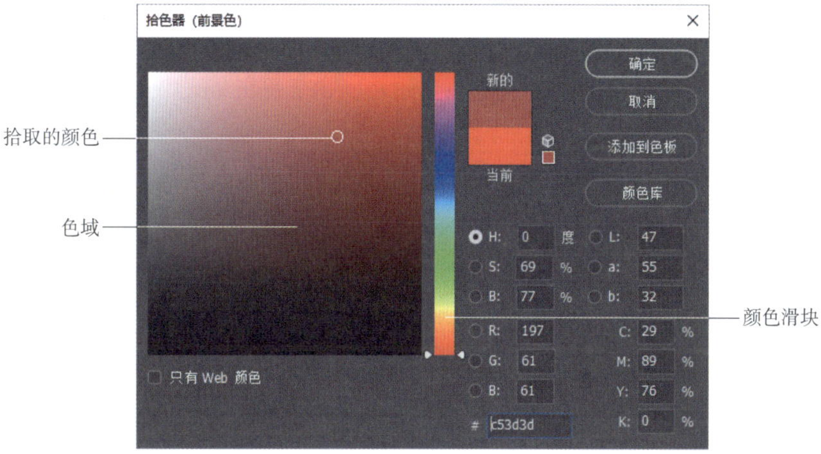

图2-40　“拾色器（前景色）”对话框

在“色域”中拖动鼠标可以改变当前拾取的颜色；拖动“颜色滑块”可以调整颜色范围。按【Alt+Delete】组合键可直接填充前景色。

（4）设置背景色

“设置背景色”中所显示的颜色是当前所使用的背景色。单击该图标，将弹出“拾色器（背景色）”对话框，设置方法与设置前景色一致，按【Ctrl+Delete】组合键可直接填充背景色。

8. 自由变换的基本操作

在Photoshop中对图像处理时，常常需要调整图层的大小、角度，这时，可以对图层进行变换，选中需要变换的图层，选择“编辑”→“自由变换”命令（或按【Ctrl+T】组合键），系统会调出定界框。此时可以直接对图层进行基础变换，定界框是一种围绕在图像、形状或文字周围的矩形边框，可以通过拖动定界框对其中的内容进行缩放、旋转等操作。定界框示例如图2-41所示。

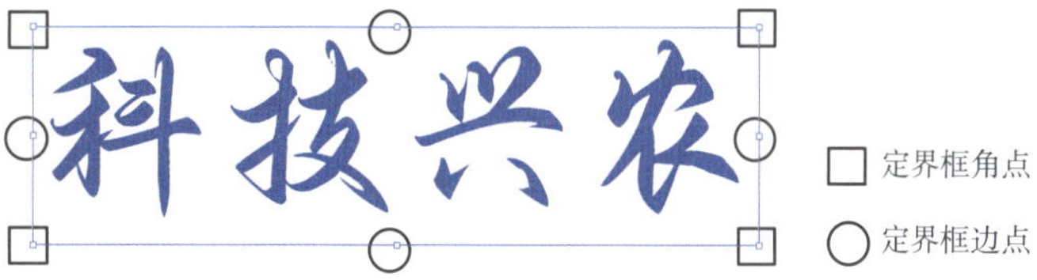

图2-41　定界框示例

图2-41所示的定界框中，包括4个定界框角点和4个定界框边点，在变换图层时，可以通过定界框角点或边点进行变换。图层的基础变换包括缩放、旋转、翻转。下面对图层的基础变换进行具体讲解。

（1）缩放

缩放可以改变图层的大小，将鼠标指针移动至定界框角点或定界框边点处，按住鼠标左键进行拖动，可以对图层进行缩放。缩放图层的方法如下：

①自由缩放：按住【Shift】键的同时，拖动定界框角点或定界框边点，可以自由缩放图层。

②等比例缩放：直接拖动定界框角点或定界框边点，可以等比例缩放图层。

③以定界框中心点为中心自由缩放：按住【Alt+Shift】组合键的同时，拖动定界框角点或定界框边点，可以以定界框中心点为中心自由缩放图层。

④以定界框中心点为中心等比例缩放：按住【Alt】键的同时，拖动定界框角点或定界框边点，可以以定界框中心点为中心等比例缩放图层。

（2）旋转

旋转变换可以改变图层的旋转角度。将鼠标指针移动至定界框外侧，按住鼠标左键不放，拖动鼠标即可旋转图层，旋转图层示例如图2-42所示。

图2-42 旋转图层示例

值得一提的是，旋转变换是以定界框的中心点为中心进行旋转的，可以通过移动定界框的中心点，改变图层旋转的样式。以定界框的中心点为中心旋转变换示例如图2-43所示。

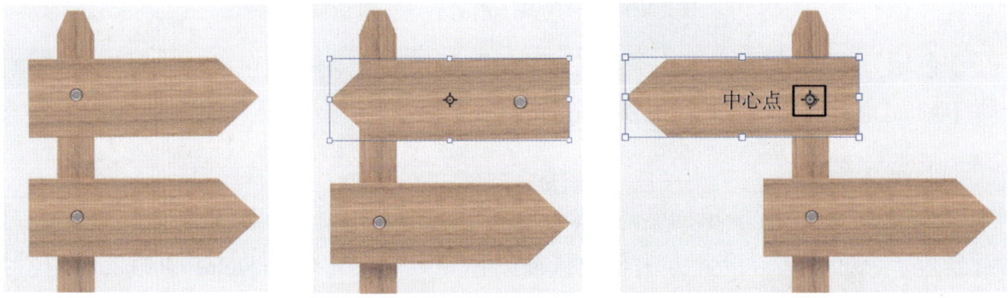

（a）原图　（b）移动中心点前旋转　（c）移动中心点后旋转

图2-43 以定界框的中心点为中心旋转变换示例

默认情况下，Photoshop会隐藏定界框的中心点，选择“编辑”→“首选项”→“工具”命令，弹出“首选项”对话框，勾选“在使用‘变换’时显示参考点”复选框，单击“确定”按钮后，会显示定界框的中心点。“首选项”对话框如图2-44所示。

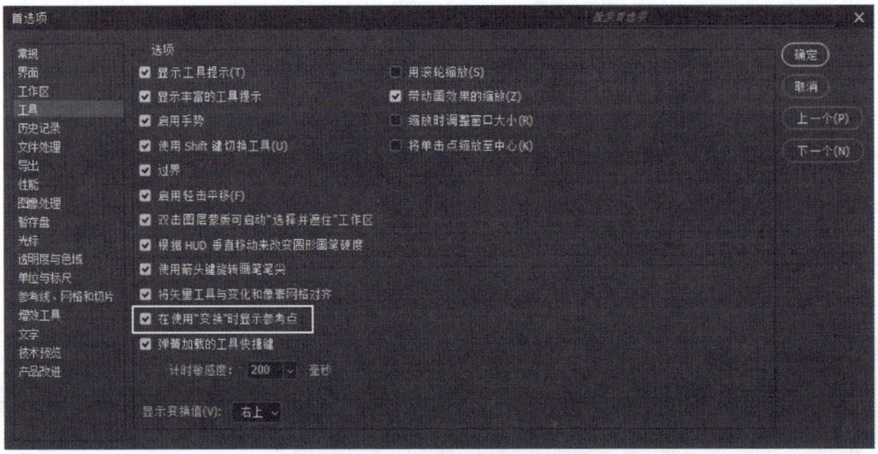

图2-44 “首选项”对话框

（3）翻转

翻转包括水平翻转和垂直翻转。右击定界框，在弹出的快捷菜单中选择“水平翻转”或“垂直翻转”命令，可以对图层进行水平翻转或垂直翻转。水平翻转和垂直翻转示例如图2-45所示。

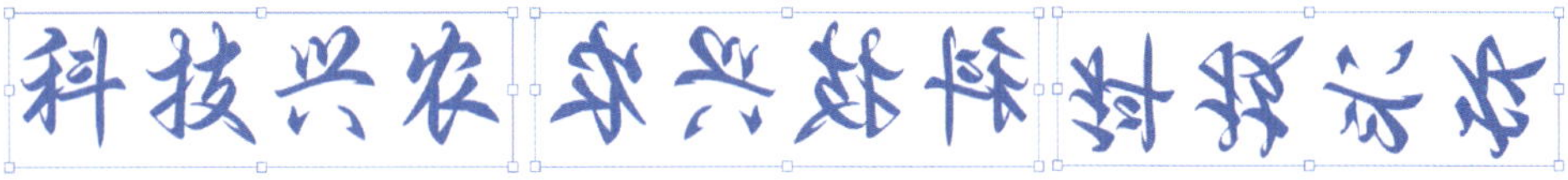

（a）原图　　（b）水平翻转　　（c）垂直翻转

图2-45　水平翻转和垂直翻转示例

多学一招：复制元素并再次变换

对图层中的元素进行变换后，按【Alt+Shift+Ctrl+T】组合键可以复制当前元素，并对其选择最近一次的变换操作。例如，将一个花瓣形状的图案旋转60°，确认变换。多次按【Alt+Shift+Ctrl+T】组合键可得到对应的图像，复制变换的流程如图2-46所示。

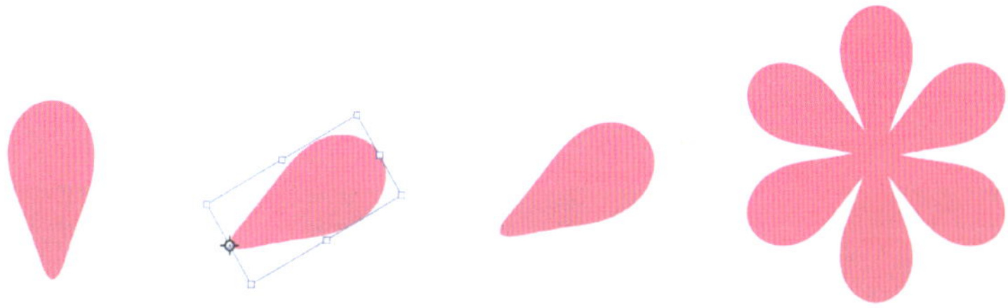

（a）原图像　　（b）旋转变换60°　　（c）确认变换　　（d）复制变换

图2-46　复制变换的流程

在复制变换时，旋转的角度、移动的位置不一样，得到的效果也不一样，读者可以自行尝试。

9. 撤销操作

在绘制和编辑图像的过程中，经常会出现操作失误或对创作效果不满意的情况，这时可以使用一系列撤销操作。在Photoshop中，撤销操作主要包含“还原”“重做”“切换最终状态”。菜单栏的“编辑”菜单中包含一些撤销操作命令，如图2-47所示。

图2-47　撤销操作命令

对文档进行操作后，“还原”和“重做”后会显示上一步操作的步骤名称。例如，进行了再次变换，“还原”命令会显示为“还原再次变换”命令，下面对撤销操作进行讲解。

（1）还原

选择“编辑”→“还原”命令（或按【Ctrl+Z】组合键），可将操作还原至上一步，多次选择该命令可还原多步。

（2）重做

选择“编辑”→“重做”命令（或按【Shift+Ctrl+Z】组合键），可以撤销还原操作，多次选择该命令可撤销多个还原操作。

（3）切换最终状态

选择“编辑”→“切换最终状态”命令（或按【Alt+Ctrl+Z】组合键），既可以还原，又可以撤销还原，但只能针对最后一步进行操作。

值得一提的是，在Photoshop中还可以通过“历史记录”面板，将图像撤销到操作过程中的任意步骤。选择“窗口”→“历史记录”命令，弹出“历史记录”面板，如图2-48所示。

在图2-48所示的“历史记录”面板中可以看到一系列历史操作，单击选择“历史记录”面板中任一步操作，图像即可恢复到该操作时的状态。

“历史记录”面板下方有三个按钮，分别是“从当前状态创建新文档”按钮、“创建新快照”按钮和“删除当前状态”按钮，对它们的具体解释如下：

（1）从当前状态创建新文档

单击“从当前状态创建新文档”按钮，系统会创建新文档，并将当前的图像状态复制到新的文档中作为源图像，从当前状态创建新文档如图2-49所示。

（2）创建新快照

单击“创建新快照”按钮，系统会复制当前的图像状态作为快照。单击快照即可快速恢复到快照中的图像状态，创建新快照如图2-50所示。

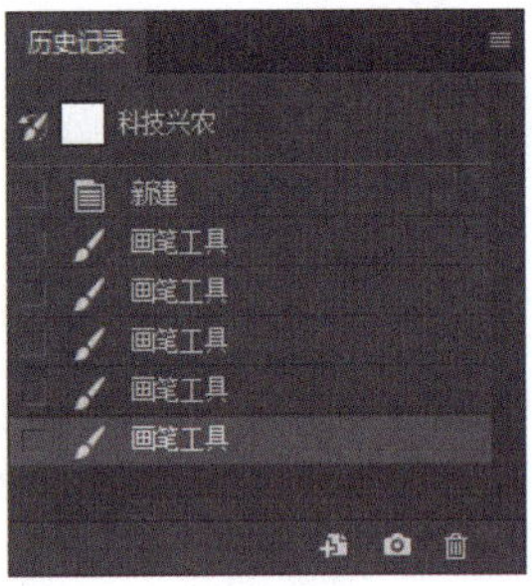

图2-48 “历史记录”面板

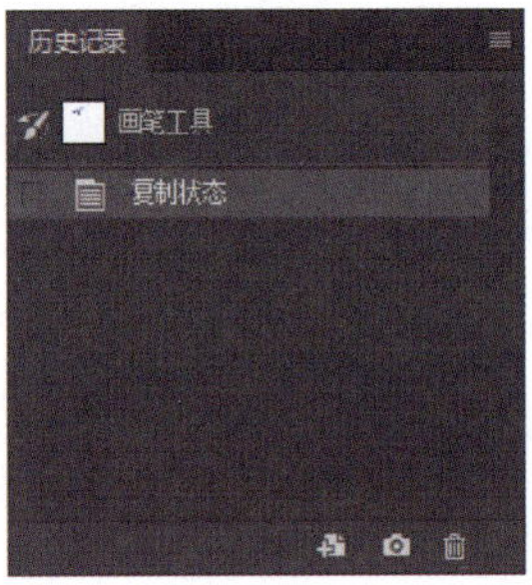

图2-49 从当前状态创建新文档

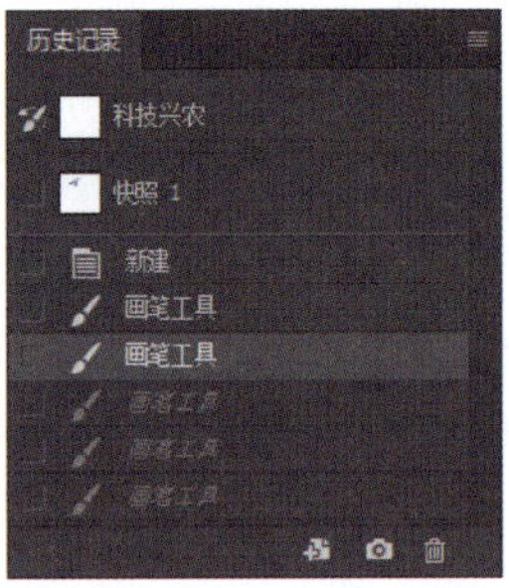

图2-50 创建新快照

（3）删除当前状态

单击“删除当前状态”按钮，可删除选中步骤及其后面的一系列步骤。

2.1.2 实现步骤

1. 绘制超级电视外壳

Step 01 选择“文件”→“新建”命令（或按【Ctrl+N】组合键），弹出“新建文档”对话框，如图2-51所示。

Step 02 在“新建文档”对话框中设置“宽度”为800像素、“高度”为600像素、“分辨率”为72像素/英寸，“颜色模式”为RGB颜色、“背景内容”为白色，单击“创建”按钮，完成画布的创建。

Step 03 选择“文件”→“存储为”命令（或按【Shift+Ctrl+S】组合键），在弹出的对话框中以名称“【案例2-1】超级电视.psd”保存文档。

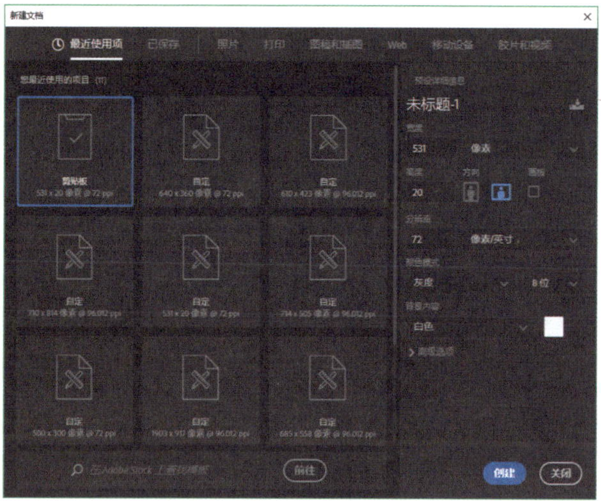

图2-51　“新建文档”对话框

Step 04 单击“图层”面板下方的“创建新图层”按钮（或按【Alt+Shift+Ctrl+N】组合键）创建一个新图层。这时“图层”面板中会出现名称为“图层1”的透明图层，如图2-52所示。

Step 05 选择“矩形选框工具”（或按【M】键），在画布中绘制图2-53所示的矩形选区。

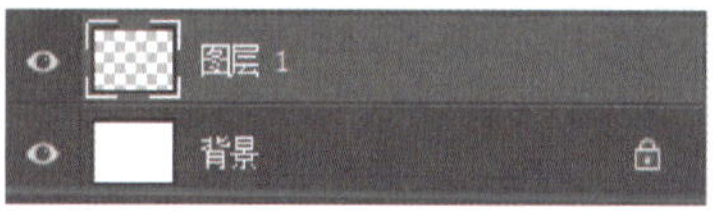

图2-52　创建新图层

图2-53　矩形选区

Step 06 设置前景色为黑色，按【Alt+Delete】组合键将选区填充为黑色，效果如图2-54所示。

Step 07 选择“选择”→“取消选择”命令（或按【Ctrl+D】组合键）取消选区，得到超级电视外壳，如图2-55所示。

图2-54　将选区填充为黑色

图2-55　超级电视外壳

2. 绘制超级电视屏幕

Step 01 按【Alt+Shift+Ctrl+N】组合键新建“图层2”。

Step 02 在合适的位置，绘制一个比超级电视外壳略小的矩形选区，如图2-56所示。

Step 03 将前景色设置为灰色，按【Alt+Delete】组合键填充灰色，接着按【Ctrl+D】组合键取消选区，灰色矩形如图2-57所示。

图2-56 绘制略小的矩形选区

图2-57 灰色矩形

3. 绘制超级电视支架、底座、开关

Step 01 单击工具栏中的“默认前景色和背景色”按钮（或按【D】键），重置前景色和背景色。

Step 02 新建“图层3”，绘制一个大小合适的矩形选区，按【Alt+Delete】组合键填充黑色，按【Ctrl+D】组合键取消选区，将图层重命名为支架。

Step 03 新建“图层4”，绘制一个稍长的矩形选区，按【Alt+Delete】组合键填充黑色前景色，按【Ctrl+D】组合键取消选区，将图层重命名为底座。

Step 04 新建“图层5”，绘制一个较小的矩形选区，将其填充为红色（RGB：193、0、0），将图层重命名为电视开关。支架、底座和开关如图2-58所示。

Step 05 分别选中“开关”“支架”“底座”所在的图层，使用“移动工具”将它们移动至合适的位置，如图2-59所示。

图2-58 支架、底座和开关

图2-59 移动开关、支架和底座

Step 06 选中所有图层，选择“图层”→“对齐”→“水平居中”命令，使画布中的元素水平居中排列，效果如图2-60所示。

图2-60　移动和对齐图层

4. 制作超级电视画面

Step 01 在Photoshop中打开素材“科技屏幕.jpg”。选择“移动工具”，将素材拖动至“超级电视”画布上，得到“图层6”，如图2-61所示。

Step 02 按【Ctrl+T】组合键调出定界框，如图2-62所示。

图2-61　图层6

图2-62　调出定界框

Step 03 用鼠标分别拖动定界框的4个角点，将素材缩放到合适的大小，如图2-63所示。

Step 04 按【Enter】键，确认自由变换。

Step 05 单击“图层”面板中的“指示图层可见性”按钮，隐藏“图层6”。选择“矩形选框工具”，沿灰色屏幕边缘绘制矩形选区，如图2-64所示。

图2-63　缩放素材

图2-64　绘制矩形选区

Step 06 再次单击“指示图层可见性”按钮，显示“图层6”，选中“图层6”图层，按【Delete】键删除选区中的元素。

Step 07 重复运用Step05和Step06中的方法裁切超出电视屏幕的素材部分。

至此，超级电视效果制作完成。

练一练：果蔬自行车

根据本节所讲知识，制作图2-65所示的果蔬自行车。

图2-65 果蔬自行车

2.2 【案例2-2】太空探秘

我国已经成为继美国和俄罗斯之后第三个能够独立进行载人航天任务的国家。目前，我国已成功进行多次载人航天飞行，包括神舟系列飞船的发射和空间实验室的建设。本节将利用Photoshop制作一款太空探秘的效果。在前面的案例中，读者已经学习了选区的创建及基本操作，接下来将介绍选区的进阶操作和布尔运算。通过这个案例，读者将学习如何进行选区变换和利用布尔运算，进一步提升图像处理的技能。太空探秘效果如图2-66所示。

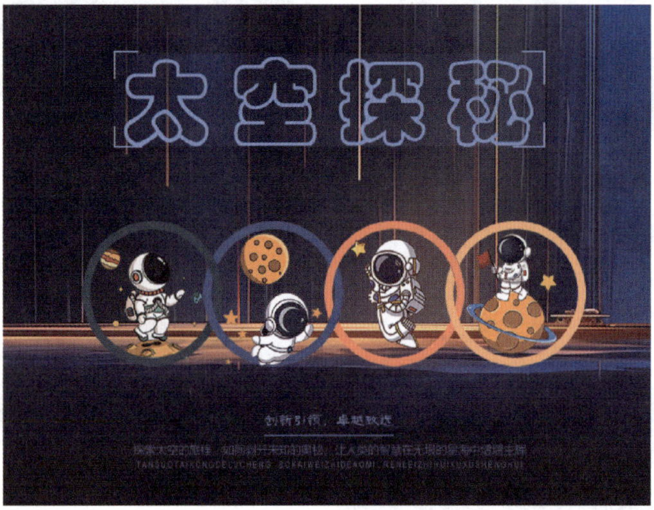

图2-66 太空探秘效果

2.2.1 知识点讲解

1. 椭圆选框工具

“椭圆选框工具”能够绘制椭圆选区。将鼠标指针定位在“矩形选框工具”上并右击，会弹出选框工具组，在工具组中选择“椭圆选框工具”，如图2-67所示。

选择“椭圆选框工具”后，按住鼠标左键在画布中任意位置拖动，即可绘制一个椭圆选区。绘制椭圆选区示例如图2-68所示。

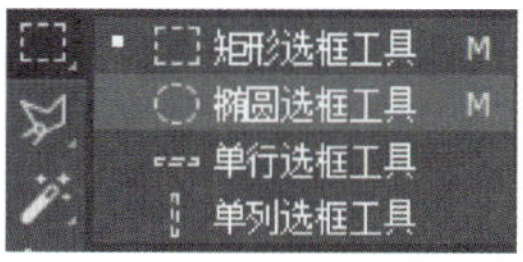

图2-67　选择“椭圆选框工具”

图2-68　绘制椭圆选区示例

使用“椭圆选框工具”绘制选区时，也有一些小技巧，和绘制矩形时的小技巧相同，此处不再赘述。但需要注意的是，在绘制椭圆选区时，往往需要勾选“椭圆选框工具”选项栏中的“消除锯齿”复选框，这是因为：像素是矩形的，是组成图像的最小元素，在绘制圆形、多边形等不规则选区时，便容易产生锯齿。勾选“消除锯齿”复选框后，Photoshop会在选区边缘1像素的范围内添加与周围图像相近的颜色，使选区看上去光滑。消除锯齿前后对比示例如图2-69所示。

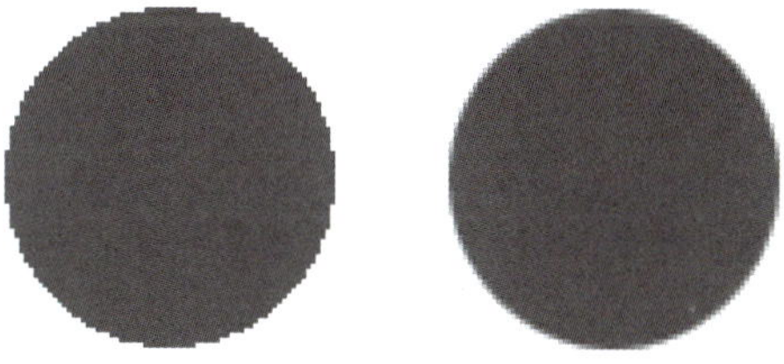

（a）消除锯齿前　（b）消除锯齿后

图2-69　消除锯齿前后对比示例

2. 魔棒工具

“魔棒工具”是基于色调和颜色差异来构建选区的工具，它可以快速选择色彩变化不大，且色调相近的区域。选择“魔棒工具”（或按【W】键），在图像中单击，如图2-70所示，则与单击点颜色相近的区域都会被选中，如图2-71所示。

图2-70　魔棒工具单击图像

图2-71　选中的区域

在使用“魔棒工具”时，可以在“魔棒工具”的选项栏中设置“容差”和“连续”两个选项，“魔棒工具”选项栏如图2-72所示。

图2-72　“魔棒工具”选项栏

接下来，对“容差”和“连续”两个选项进行讲解。

- “容差”：是指容许差别的程度。在选择相似的颜色区域时，容差值的大小决定了选择范围的大小，容差值越大则选择的范围越大，如图2-73和图2-74所示。

图2-73　容差值为20

图2-74　容差值为80

- “连续”：勾选此复选框时，只选择颜色连接的区域，如图2-75所示。取消勾选时，可以选择与鼠标单击点颜色相近的所有区域，包括没有连接的区域，如图2-76所示。

图2-75　勾选“连续”复选框时的效果

图2-76　未勾选“连续”复选框时的效果

3. 套索工具

“套索工具”用于创建自由选区。选择“套索工具”（或按【L】键），在图像中按住鼠标左键不放并拖动，释放鼠标后，选区即创建完成，如图2-77和图2-78所示。

图2-77　创建选区

图2-78　创建选区后的效果

使用“套索工具”创建选区时，若鼠标指针没有回到起始位置，释放鼠标后，终点和起点之间会自动生成一条直线来闭合选区。未释放鼠标之前按【Esc】键，可以取消选定。

4. 多边形套索工具

“多边形套索工具”用于创建不规则的多边形选区。右击“套索工具”，会弹出套索工具组，如图2-79所示。

图2-79　套索工具组

在套索工具组中选择“多边形套索工具”，鼠标指针会变成形状，在画布中单击确定起始点。接着，拖动鼠标指针至目标方向处依次单击，可创建新的节点，形成折线，如图2-80所示。然后，拖动鼠标指针至起始点位置，当终点与起点重合时，鼠标指针状态变为时，再次单击，即可创建一个闭合选区，如图2-81所示。

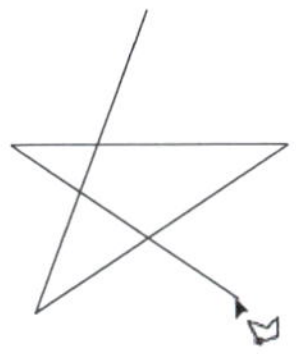

图2-80　绘制多边形选区

图2-81　闭合多边形选区

使用“多边形套索工具”创建选区时，有一些实用的小技巧，具体如下：

- 未闭合选择区的情况下，按【Delete】键可删除当前节点，按【Esc】键可删除所有节点。
- 按住【Shift】键不放，可以沿水平、垂直或45°方向创建节点。

打开素材“城市天空.jpg”，如图2-82所示。选择“多边形套索工具”，在高楼的任一楼顶处单击创建起点，拖动鼠标指针在每一个转折处依次单击创建节点，待终点与起点重合时，即可形成天空选区，如图2-83所示。

图2-82　素材“城市天空.jpg”

图2-83　天空选区

5. 智能对象

智能对象能够保留图像的原始特性。通过智能对象，能够对图像进行非破坏性编辑，即对图像进行缩放、旋转等操作时，不会丢失图像的原始数据信息。例如，对智能对象反复缩放时，智能对象的品质不会降低。但对普通图像反复缩放时，普通图像会失真。

图2-84　系统报错示例

虽然智能对象有很多优势，但是在某些情况下却无法直接对智能对象进行编辑。例如，删除智能对象中选区的内容时，系统会报错，系统报错示例如图2-84所示。

当置入外部图像至当前处理的文档窗口时，外部图像会作为智能对象被存放在“图层”面板中。

当然，除了外部置入图像获得智能对象外，还可以将图层转换为智能对象。具体操作步骤如下：

- 在“图层”面板中选择一个或多个图层。
- 右击选中图层，在弹出的快捷菜单中选择“转换为智能对象”命令，将图层转换为智能对象。

将两个图层转换为智能对象示例如图2-85所示。

（a）原图层

（b）转换为智能对象

图2-85　将两个图层转换为智能对象示例

由图2-85可知，智能对象所在图层的缩览图中会显示智能对象图标。值得一提的是，为智能对象应用滤镜以及调色选项时，均会作为智能选项显示在图层下方，不会破坏智能对象。

6. 选区的基本操作

在Photoshop中处理局部图像时，若要指定编辑操作的有效区域，就需要创建选区。如果没有创建选区，则会对整张图像进行处理。下面对选区的基本操作进行讲解。

（1）全选

选择“选择”→“全部”命令（或按【Ctrl+A】组合键），可以选择当前文档边界内的全部图像，如图2-86所示。

如果需要复制整个图像，可以选择该选项，再按【Ctrl+C】组合键。如果文档中包含多个图层，则可按【Shift+Ctrl+C】组合键进行合并复制。

（2）反向

创建选区之后，选择“选择”→“反向”命令（或按【Shift+Ctrl+I】组合键），可以反转选区。如果图像的背景比较简单，则可以先用魔棒等工具选择背景，如图2-87所示，再按【Shift+Ctrl+I】组合键反转选区，将图像选中，如图2-88所示。

图2-86　选择当前文档边界内的全部图像

图2-87　选择背景

图2-88　反转选区

（3）取消选区

选择“选择”→“取消选择”命令（或按【Ctrl+D】组合键）可取消当前选区。

（4）移动选区

移动选区是指在不移动选区内容的前提下移动选区。移动选区的方法如下：

- 使用选框工具创建选区时，在释放鼠标左键前，按住空格键拖动鼠标，即可移动选区。
- 创建选区后，选项栏中的“新选区”按钮▢为选中状态下，使用选框工具时，只要指针在选区内，单击并拖动鼠标即可移动选区，也可以按键盘中的方向键进行小幅度移动。

（5）隐藏与显示选区

选区虽然重要，但其动态性有时会像蚂蚁爬行一样，影响对图像处理效果的判断。这时，选择“视图”→“显示”→“选区边缘”命令即可隐藏选区。选择“视图”→“显示额外内容”命令（或按【Ctrl+H】组合键）也可将选区边缘隐藏。

隐藏选区后，选区虽然不见了，但它仍然存在限定操作的有效区域，如图2-89所示。

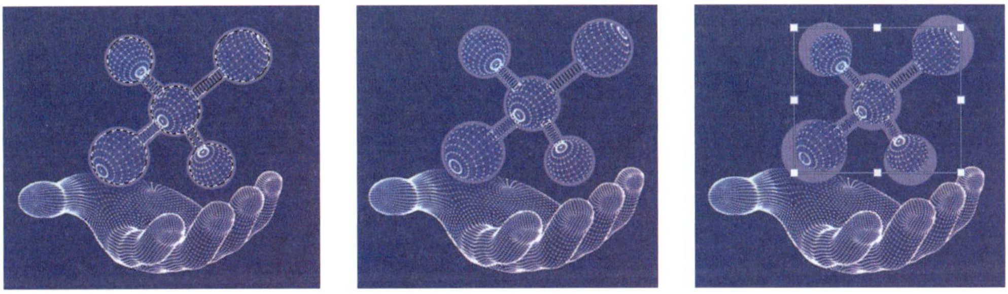

（a）原选区　（b）隐藏选区　（c）隐藏选区后自由变换

图2-89　仍然存在限定操作的有效区域

若需重新显示选区，可再次选择“视图”→“显示”→“选区边缘”命令，或按【Ctrl+H】组合键。

脚下留心：“反向”和“反相”的区别

在Photoshop中，存在“反向”和“反相”两个作用不同的同音词。前者是针对选区的反向选择；后者是用于反转图像的颜色和色调，可以将一张正片黑白图像转换为负片，产生类似照片底片的效果。打开素材，如图2-90所示。选择“图像”→“调整”→“反相”命令（或按【Ctrl+I】组合键），将对图像进行“反相”操作，效果如图2-91所示。

图2-90　原图像

图2-91　“反相”效果

7. 选区的修改

在Photoshop中，可以选择“选择”→“修改”命令，对选区进行各种修改，主要包括“边界”“平滑”“扩展”“收缩”“羽化”。对它们的具体讲解如下：

（1）边界

在图像中创建选区，如图2-92所示，选择“选择”→“修改”→“边界”命令，可以将选区的边界向内部和外部扩展。在“边界选区”对话框中，“宽度”用于设置选区扩展的像素值，例如，将“宽度”设置为30像素时，原选区会分别向外和向内扩展15像素，如图2-93所示。

（2）平滑

创建选区后，选择“选择”→“修改”→“平滑”命令，弹出“平滑选区”对话框，在“取样半径”文本框中设置数值，可以让选区变得更加平滑，平滑选区示例如图2-93所示。

（a）原选区　（b）创建边界选区

图2-92　创建边界选区效果

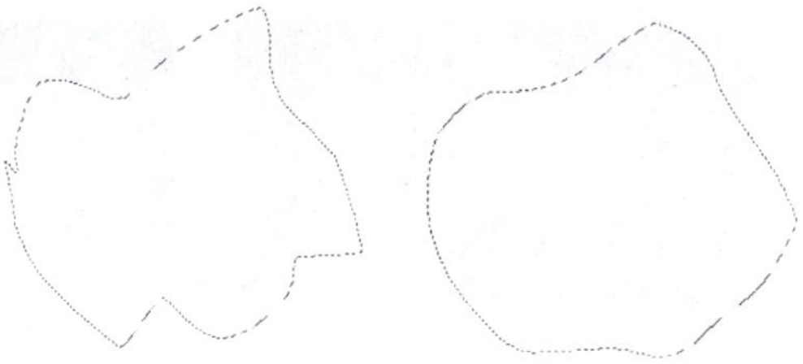

（a）原选区　（b）平滑选区

图2-93　平滑选区示例

（3）变换

在Photoshop中，通常需要将选区的大小及形态进行变换，在载入选区后，选择“选择”→“变换选区”命令，即可弹出定界框，此时拖动定界框的边点或角点即可对选区进行操作，如图2-94所示。

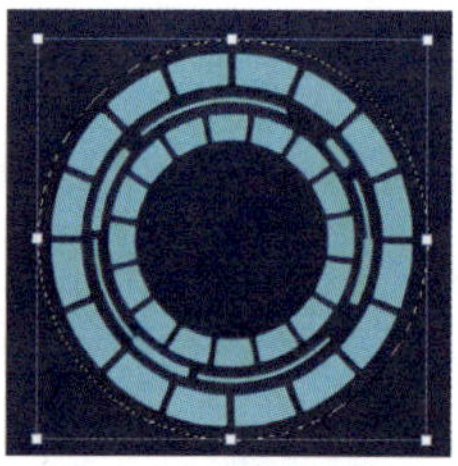

图2-94　变换选区

（4）扩展与收缩

扩展选区可以将现有的选区向外扩展。在Photoshop中创建选区，如图2-95所示。然后选择“选择”→“修改”→“扩展”命令，弹出“扩展选区”对话框，如图2-96所示。在“扩展选区”对话框中输入“扩展量”可以扩展选区范围，扩展选区效果如图2-97所示。

图2-95　创建选区

图2-96　“扩展选区”对话框

图2-97　扩展选区效果

收缩选区可以将现有的选区向内扩展。依旧以图2-95所示的选区为例，选择“选择”→“修改”→“收缩”命令，弹出“收缩选区”对话框，如图2-98所示。在“收缩选区”对话框中设置“收缩量”，则可以收缩选区范围。收缩选区效果如图2-99所示。

图2-98　“收缩选区”对话框

图2-99　收缩选区效果

（5）羽化

羽化是通过建立选区和选区周围像素之间的转换边界来模糊边缘的，这种模糊方式会丢失选区边缘的一些图像细节。羽化选区共有两种方式，第一种是在选项栏中设置羽化；第二种是在菜单栏中设置羽化，具体介绍如下：

①在选项栏中设置羽化：绘制选区之前，在“选框工具”选项栏中输入羽化的数值，即可模糊选区边缘，未羽化和羽化的对比效果如图2-100所示。

（a）未羽化　　（b）羽化

图2-100　未羽化和羽化的对比图

值得注意的是，通过选项栏设置羽化时，必须在绘制选区之前，若在绘制选区后设置羽化，则不会产生羽化效果。

②通过菜单栏设置羽化：绘制选区，如图2-101所示，选择“选择”→“修改”→“羽化”命令（或按【Shift+F6】组合键），弹出“羽化选区”对话框，如图2-102所示，然后按【Ctrl+J】组合键复制图像，隐藏“背景”图层，查看复制的图像，效果如图2-103所示。

图2-101　绘制选区

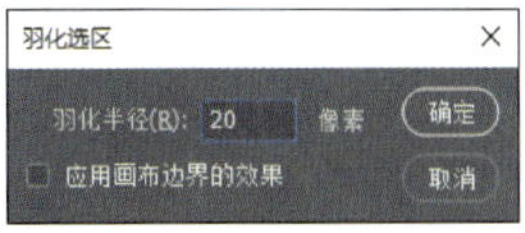

图2-102　“羽化选区”对话框

图2-103　复制的图像

脚下留心：

如果选区较小而羽化半径设置得较大时，会弹出一个羽化警告框，如图2-104所示。

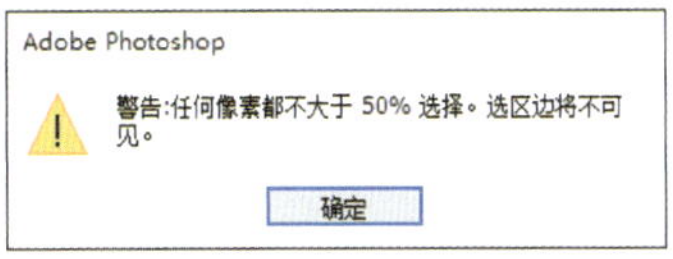

图2-104　羽化警告框

单击“确定”按钮，表示确认当前设置的羽化半径，这时选区可能变得非常模糊，以至于在画面中看不到，但是选区仍然存在。如果不想出现该警告，应减少羽化半径或增大选区的范围。

8. 选区的布尔运算

在数学中，可以通过加减乘除进行数字的运算。同样，选区中也存在类似的运算，称为“布尔运算”。布尔运算是在画布中存在选区的情况下，使用选框、套索或者魔棒等工具创建选区时，新选区与现有选区之间的运算。通过布尔运算，使选区与选区之间进行相加、相减或相交，从而形成新的选区。

布尔运算有两种方式：一种是通过选项栏进行，另一种是通过对话框进行。具体介绍如下。

（1）通过选项栏进行运算

通过选项栏进行运算的方式适用于在同一个图层中进行选区的布尔运算。在图层上绘制选区后，可以在选框工具的选项栏中看到布尔运算的按钮，如图2-105所示。

单击选项栏中的按钮，即可对原选区进行操作。在Photoshop中，选区工具的选项栏包含四个按钮，从左到右依次为：新选区、添加到选区、从选区减去、与选区交叉。

- 新选区：“新选区”是所有选区工具的默认状态。单击“新选区”按钮后，如果画布中没有选区，则可以创建一个新的选区。但是，如果画布中存在选区，则新创建的选区会替换原有的选区。
- 添加到选区：“添加到选区”可以在现有选区的基础上新增选区。单击“添加到选区”按钮（或按住【Shift】键），绘制一个选区后，再绘制另一个选区，则两个选区同时保留，如图2-106所示。若两个选区存在交叉区域，则形成叠加的选区效果，如图2-107所示。

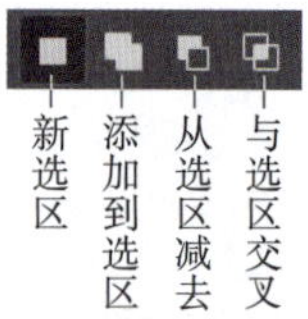

图2-105　布尔运算的按钮

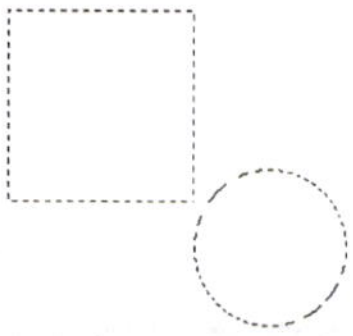

图2-106　两个选区同时保留

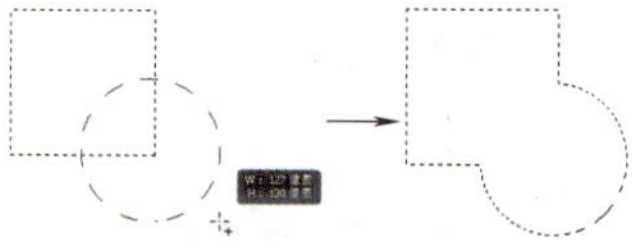

图2-107　叠加的选区效果

- 从选区减去：“从选区减去”可在原有选区的基础上减去新的选区。单击“从选区减去”按钮（或按【Alt】键）后，可在原有选区的基础上减去新创建的选区部分，如图2-108所示。
- 与选区交叉：“与选区交叉”用来保留两个选区相交的区域。单击“与选区交叉”按钮（或按【Alt+Shift】组合键）后，画面中只保留原有选区与新创建选区相交的部分，如图2-109所示。

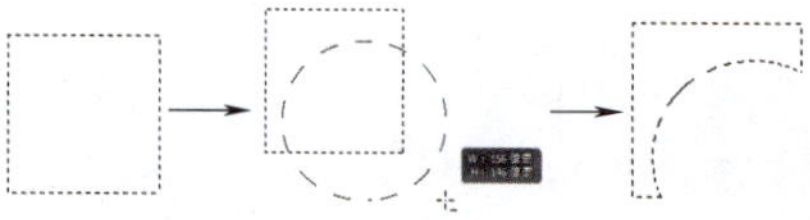

图2-108　从选区减去

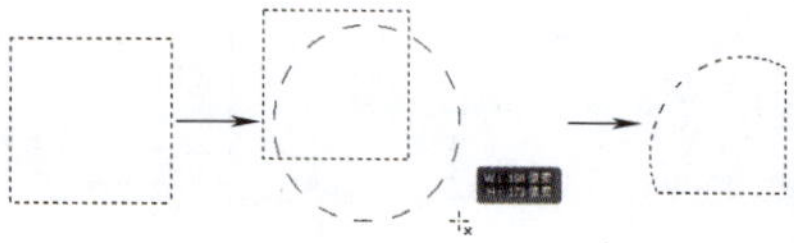

图2-109　与选区交叉

（2）通过对话框进行运算

在Photoshop中，使用“载入选区”对话框进行选区布尔运算，方便在不同图层中进行操作。选择“选择”→“载入选区”命令，弹出“载入选区”对话框，如图2-110所示。

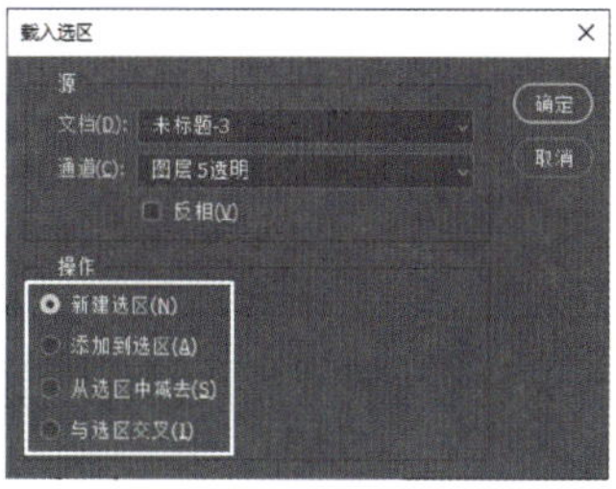

图2-110 “载入选区”对话框

观察图2-110可以看到，“载入选区”对话框中包含四个单选按钮，从上到下依次为：“新建选区”“添加到选区”“从选区中减去”“与选区交叉”，这四个单选按钮的功能分别与选项栏中的四个按钮相对应。使用“载入选区”对话框进行布尔运算的步骤如下。

- 选中图层后，选择“选择”→“载入选区”命令，弹出“载入选区”对话框，选中“新建选区”单选按钮，单击“确定”按钮即可。使用此对话框进行布尔运算时，系统会自动选中图层内的元素。如需自定义选区，则需手动绘制。
- 选中目标图层，然后单击“选择”→“载入选区”命令，弹出“载入选区”对话框，选择相应的单选按钮，如选中“添加到选区”单选按钮，单击“确定”按钮，即可完成选区的布尔运算。

9. 缩放工具

编辑图像时，为了查看图像中的细节，经常需要对图像进行放大或缩小，这时就需要用到“缩放工具”。打开素材“猕猴桃.jpg”，如图2-111所示。

选择“缩放工具”（或按【Z】键），当鼠标指针变为形状时，在文档窗口中单击，即可放大图像到下一个预设百分比，连续单击，可得到图2-112所示的放大图像的效果。

按住【Alt】键，当鼠标指针变为形状时单击，可以缩小图像到下一个预设百分比，连续单击，可得到图2-113所示的缩小图像的效果。

图2-111 素材“猕猴桃.jpg”

图2-112 放大图像的效果

图2-113 缩小图像的效果

使用“缩放工具”时，有一些小技巧，具体介绍如下：

- 按【Ctrl++】组合键，能以一定的比例快速放大图像。
- 按【Ctrl+-】组合键，能以一定的比例快速缩小图像。
- 按【Ctrl+1】组合键，能以实际像素（即100%的比例）显示图像。
- 按【Ctrl+0】组合键，能以适合屏幕尺寸显示图像。
- 选择“缩放工具”后，按住鼠标左键不放，在文档窗口中拖动，可以任意放大或缩小。

10. 抓手工具

当文档窗口无法完整显示图像时，会自动出现垂直或水平滚动条。可以通过拖动滚动条来查看隐藏区域，但这个操作会显得有些烦琐。此时，可以使用“抓手工具”移动画布，快速显示隐藏区域。

选择“抓手工具”（或按【H】键），当鼠标指针变成形状时，按住鼠标左键不放并拖动画布，可以在文档窗口中显示图像的隐藏区域，使用“抓手工具”显示图像的隐藏区域示例如图2-114所示。

拖动前　　拖动后

图2-114　显示图像的隐藏区域示例

值得一提的是，在使用其他工具时，按住“空格”键不放，可以将当前工具暂时切换至“抓手工具”。释放“空格”键，可以切换回原工具的使用状态。

2.2.2　实现步骤

1. 制作圆环

Step 01 选择“文件”→“新建”命令（或按【Ctrl+N】组合键）弹出“新建文档”对话框，如图2-115所示。

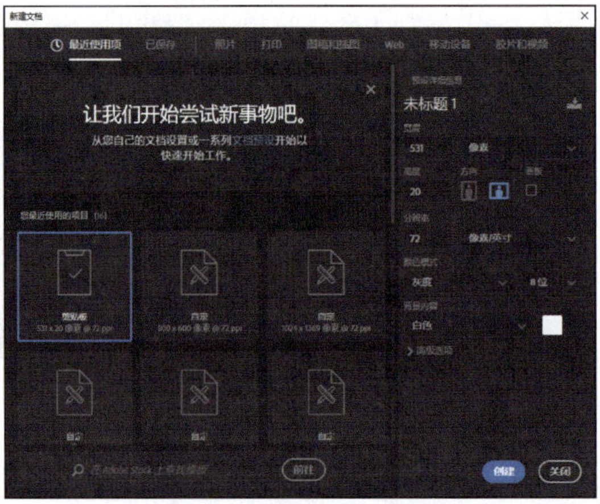

图2-115　“新建文档”对话框

Step 02 在“新建文档”对话框中设置“宽度”为800像素、“高度”为600像素、“分辨率”为72像素/英寸、“颜色模式”为RGB颜色、“背景内容”为白色，单击“创建”按钮，完成画布的创建。

Step 03 选择“文件”→“存储为”命令（或按【Shift+Ctrl+S】组合键），以名称“【案例2-2】太空探秘.psd”保存文件。

Step 04 单击“图层”面板下方的“创建新图层”按钮（或按【Alt+Shift+Ctrl+N】

组合键）创建一个新图层。将新图层重命名为“绿色”。

Step 05 选择“椭圆选框工具”，在选项栏中设置羽化为0、勾选“消除锯齿”复选框，绘制一个大小为172像素的圆，将选区填充为绿色（RGB：41、91、107），如图2-116所示。

Step 06 选择“选择”→“变换选区”命令，调出定界框，按【Alt+Shift】组合键，拖动定界框角点，调整选区大小如图2-117所示。

Step 07 按【Enter】键确认变换，再按【Delete】键将选区内颜色删除，按【Ctrl+D】组合键取消选择，效果如图2-118所示。

图2-116　绘制蓝色圆

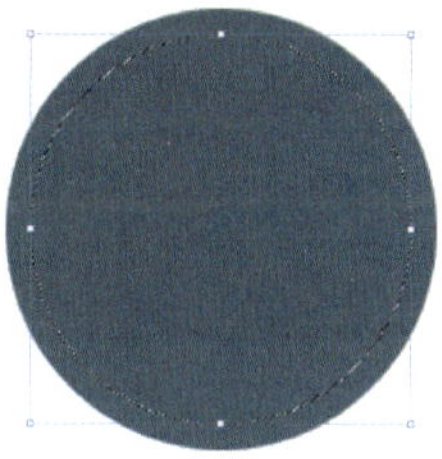

图2-117　调整选区大小

图2-118　取消选择

Step 08 按【Ctrl+J】组合键复制“绿色”图层，将得到的新图层重命名为“蓝色”，将其移动到合适位置，如图2-119所示。

Step 09 选中“蓝色”图层，单击“锁定透明像素”按钮，将透明背景锁定，按【Alt+Delete】组合键将其填充为蓝色（RGB：65、91、150），效果如图2-120所示。

图2-119　移动图层

图2-120　复制并移动

Step 10 按照Step08和Step09的方法分别绘制橙色（RGB：246、134、94）、黄色（RGB：253、185、118）的圆环，如图2-121所示，并依次将图层重命名为“橙色”和“黄色”。

图2-121　圆环效果图

2. 制作套环效果

Step 01 选中“绿色”图层，选择“选择”→“载入选区”命令，弹出“载入选区”对话框，单击“确定”按钮载入选区，如图2-122所示。

Step 02 选中“蓝色”图层，选择“选择”→“载入选区”命令，弹出“载入选区”对话框，选择“与选区交叉”单选按钮，如图2-123所示。单击“确定”按钮即可得到两个图层相交部分的选区，如图2-124所示。

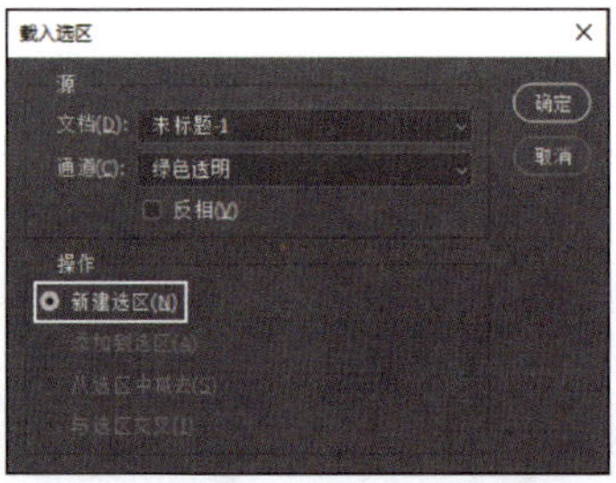

图2-122 载入选区1

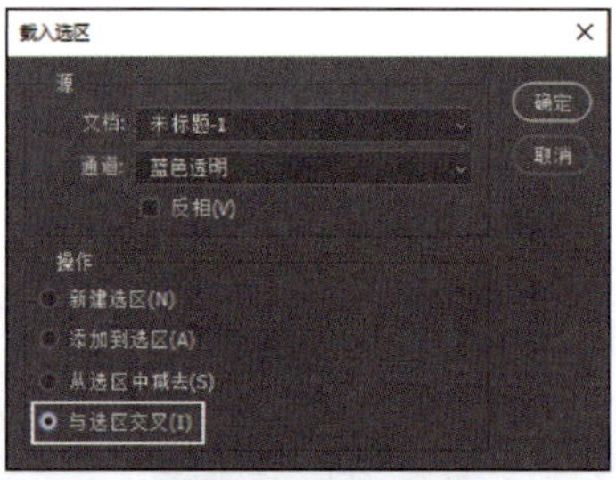

图2-123 载入选区2

图2-124 绿色与蓝色相交部分

Step 03 选择“椭圆选框工具”，在选项栏中单击“从选区中减去”按钮，减去下方的选区，如图2-125所示。

Step 04 按【Delete】键删除选区内颜色，按【Ctrl+D】组合键取消选择，效果如图2-126所示。

图2-125 减去选区

图2-126 删除选区内颜色

Step 05 按照Step01~Step04的方法，删除相交圆环的多余颜色，删除后的效果如图2-127所示。

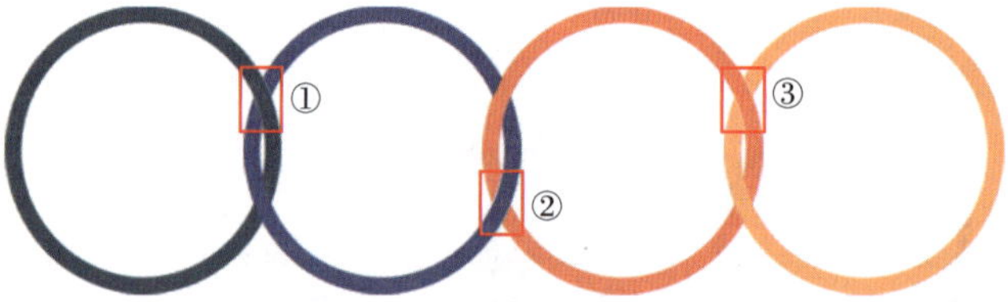

图2-127 删除红框内颜色

3. 添加智能对象

Step 01 将素材“宇航员素材1.jpg”拖入画布中，如图2-128所示。

Step 02 此时，“图层”面板中得到智能对象“宇航员素材1”，如图2-129所示。

Step 03 右击“宇航员素材1”图层，在弹出的快捷菜单中选择“栅格化图层”命令，栅格化图层。

图2-128　宇航员素材1.jpg

图2-129　宇航员素材1

Step 04 使用“魔棒工具”选中白色和蓝色的部分，如图2-130所示。

Step 05 按【Delete】键，删除选区内的内容，效果如图2-131所示。

Step 06 使用“多边形套索工具”，选择多余的内容，如图2-132所示。

图2-130　选中蓝色的部分

图2-131　删除选区内的内容1

图2-132　选择多余的内容

Step 07 按【Delete】键删除选区内的内容，效果如图2-133所示。

Step 08 将调整好的“宇航员素材1”图层放在合适的位置，如图2-134所示。

图2-133　删除选区内的内容2

图2-134　将素材放置在合适位置

Step 09 依次将图2-135所示的素材“宇航员素材2.jpg”“宇航员素材3.jpg”“宇航员素材4.jpg”拖入画布中，并调整至合适位置。

图2-135 素材2

Step 10 将智能对象和圆环编组，得到“组1”。

Step 11 置入图2-136所示的“背景素材.jpg”，将其放在“图层”面板的最下方。

图2-136 背景素材.jpg

Step 12 将图层组和“背景素材”图层居中。

至此，太空探秘效果制作完成。

练一练：卡通套环

根据本节所需知识，制作图2-137所示的卡通套环。

图2-137 卡通套环

小 结

本章详细介绍了图层和选区的相关内容，包括图层的基本操作与进阶技巧，以及选区工具的绘制和操作。通过学习本章内容，读者将能够了解图层和选区的基本概念，掌握图层和选区的创建，并能进行选区的布尔运算。希望读者能够有效运用图层和选区完成超级电视和太空探秘两个案例的制作。

第3章 矢量工具与文字工具

学习目标

知识目标

◎ 了解路径和锚点，能够说出二者之间的关系；

◎ 了解文字工具，能够说出Photoshop中的文字工具种类。

能力目标

◎ 掌握钢笔工具的使用，能够熟练运用钢笔工具绘制路径；

◎ 掌握形状工具的使用，能够绘制基本形状；

◎ 掌握形状布尔运算的方法，能够完成形状的运算；

◎ 掌握文字工具的基本操作，能够创建并设置文字。

素质目标

◎ 在制作本章案例时，能够增强对节日文化的深入理解和尊重，更加准确地传达其背后的文化意义和价值，促进文化的传承与发展；

◎ 培养将中华优秀传统文化与现代元素相结合，进行文化创新，让中华优秀传统文化在新时代焕发新的活力。

尽管Photoshop以其强大的位图绘制功能而闻名，但同样拥有出色的矢量绘图能力。内置的各种矢量绘图工具，如椭圆工具、钢笔工具等，使得在Photoshop中创作矢量图形变得轻而易举。本章将深入介绍这些矢量绘图工具以及文字工具的使用方法。

3.1 【案例3-1】元宵节Banner

元宵节是中国传统节日之一，通常在农历正月十五，象征着冬季的结束和春天的到来。在这一天，人们会聚集在一起赏灯、猜灯谜、吃汤圆等。本节使用Photoshop制作一款元宵节Banner。在Photoshop中，利用钢笔工具可以精确绘制路径，用以抠图和编辑图像中的指定区域。同时，文字工具能够帮助传达信息和丰富画面效果。通过这个案例，读者将掌握路径工具和文字工具的基本操作技巧。元宵节Banner如图3-1所示。

图3-1　元宵节Banner

3.1.1　知识点讲解

1. 路径和锚点

使用钢笔工具或形状工具绘制路径或形状时所产生的线段称为路径。锚点是指路径上用于标记关键位置的转折点，分为角点和平滑点两类。如果锚点是角点，那么路径被连接成带有棱角的折线；如果锚点是平滑点，那么路径被连接成一条光滑的曲线。角点和平滑点示例如图3-2所示。

在图3-2中，可以看到，在平滑点上有一个手柄，称为方向线，方向线由一条线段和两个端点构成。方向线影响路径的走向，调整方向线时，路径的形态会发生改变，调整方向线示例如图3-3所示。

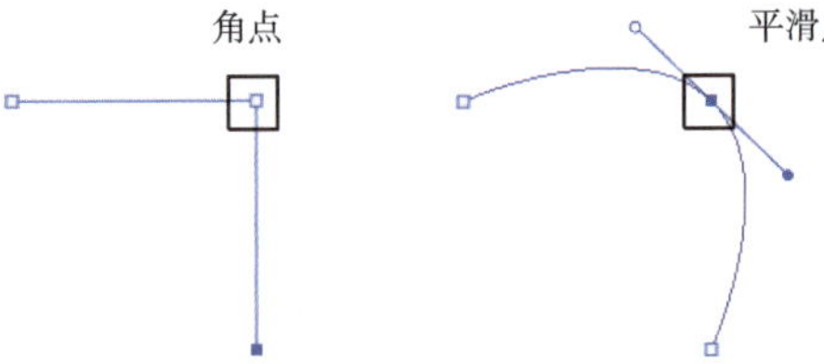

图3-2　角点和平滑点示例

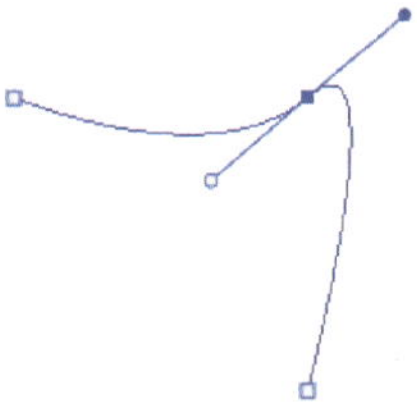

图3-3　调整方向线示例

2. 钢笔工具

“钢笔工具”用于绘制自由路径。使用“钢笔工具”绘制路径时，既可以绘制直线路径也可以绘制曲线路径，使用“钢笔工具”绘制路径的方法如下：

（1）绘制直线路径

选择“钢笔工具”，在画布的任意位置单击，可在单击点位置创建角点，继续单击，两个角点之间会形成一条直线路径，绘制直线路径示例如图3-4所示。

图3-4　绘制直线路径示例

（2）绘制曲线路径

选择“钢笔工具”，在画布的任意位置单击并拖动鼠标，可在单击点位置创建平滑点，继续单击并拖动鼠标，可以再次创建平滑点，两个平滑点之间会形成一条曲线路径。绘制曲线路径示例如图3-5所示。

在使用“钢笔工具”绘制路径时，有一些实用的小技巧。具体介绍如下：

①按住【Shift】键不放，可绘制水平路径、垂直路径、45°或45°倍数的路径。

②绘制路径时，按住【Ctrl】键不放，拖动锚点，会改变锚点的位置。

③绘制路径时，起点和终点重合，可以绘制闭合路径。

④闭合路径前，按住【Ctrl】键或【Alt+Ctrl】组合键单击画布的任意位置，可以得到开放路径。

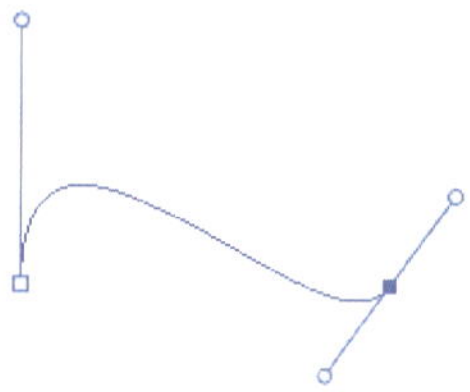

图3-5　绘制曲线路径示例

⑤按住【Alt】键不放，单击平滑点，可以将平滑点转化为角点；单击并拖动角点，可以将角点转化为平滑点；拖动方向线某一侧的端点可以改变该侧方向线的方向。

另外，在“钢笔工具”选项栏中，设置工具模式后，“钢笔工具”不仅可以绘制路径，还可以绘制像素和形状。

讲解了“钢笔工具”的使用方法，下面以绘制心形为例，演示“钢笔工具”的使用方法。

Step 01 新建一个400×400像素的文档。

Step 02 选择“钢笔工具”，在画布上单击并拖动鼠标，绘制第1个平滑点。第1个平滑点示例如图3-6所示。

Step 03 按住【Alt】键的同时，拖动图3-6中方向线两侧的端点至图3-7所示的样式。

图3-6　第1个平滑点示例

图3-7　拖动方向线两侧的端点示例1

Step 04 在第1个平滑点的正下方绘制第2个平滑点。第2个平滑点示例如图3-8所示。

Step 05 按住【Alt】键的同时，改变图3-8中第2个平滑点的方向线，改变后的方向线示例如图3-9所示。

Step 06 将鼠标指针移动至第一个平滑点处单击，闭合路径，心形示例如图3-10所示。

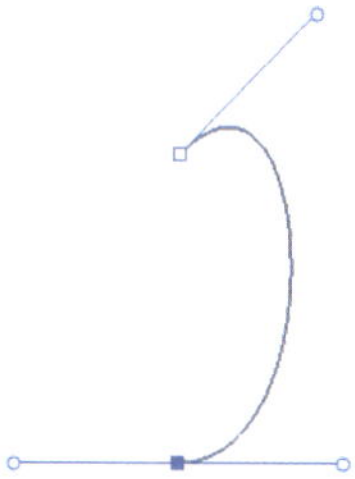

图3-8　第2个平滑点示例

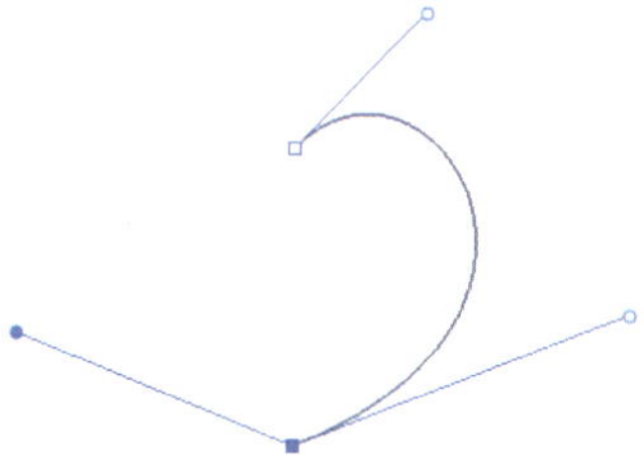

图3-9　改变后的方向线示例

图3-10　心形示例

至此，心形绘制完成。

3. 路径的操作

在Photoshop中绘制路径后，经常需要对路径进行操作，以便得到更加完美的效果。路径的操作包括转换锚点、选择路径、调整路径、填充与描边路径、隐藏与显示路径、复制路径、开放与闭合路径，以及删除路径，下面对路径的操作进行讲解。

（1）转换锚点

通过“转换点工具”可以实现平滑点和角点之间的相互转换。选择路径后，选择“转换点工具”，将鼠标指针移至要转换的锚点上，即可在角点与平滑点之间进行转换。

- 将平滑点转换为角点：直接在平滑点上单击，即可将平滑点转换成角点。
- 将角点转换为平滑点：按住鼠标左键不放，单击并拖动角点，即可将角点转换为平滑点。

在使用“钢笔工具”时，按住【Alt】键不放，可将“钢笔工具”临时转换为“转换点工具”。

（2）选择路径

选择路径的工具是“路径选择工具”，选择“路径选择工具”，在路径上单击，即可选中路径和路径上的所有锚点，选择路径示例如图3-11所示。

选择路径后，拖动路径，可随意移动路径的位置。在画布的空白区域单击，可以取消选择路径。

（3）调整路径

调整路径是指改变路径的走向，调整路径的方法包括选中并移动锚点和调整方向线等，具体介绍如下：

①选中并移动锚点：选中并移动锚点的工具是“直接选择工具”。选择“直接选择工具”，单击路径中的一个锚点，可以选中该锚点；按住【Alt】键的同时单击路径可以选择路径上的所有锚点。被选中的锚点为实心方块，未选中的锚点为空心方块，选中和未选中的锚点示例如图3-12所示。

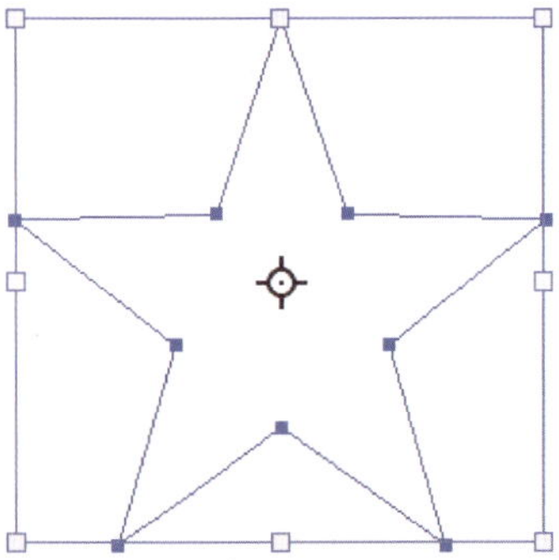

图3-11 选择路径示例

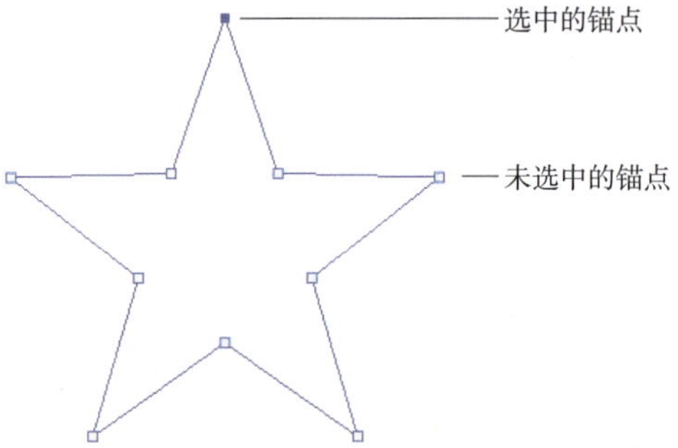

图3-12 选中和未选中的锚点示例

拖动锚点移动锚点的位置，能够调整路径。在调整形状工具绘制的路径时，系统会弹出提示框，如图3-13所示。

图3-13中提示“此操作会将实时形状转变为常规路径。是否继续？”单击“是”按钮即可确认调整，单击“否”按钮，会取消对路径的调整。调整路径示例如图3-14所示。

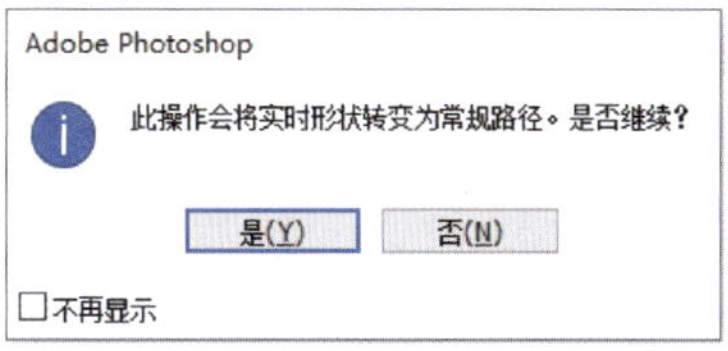

图3-13　提示框

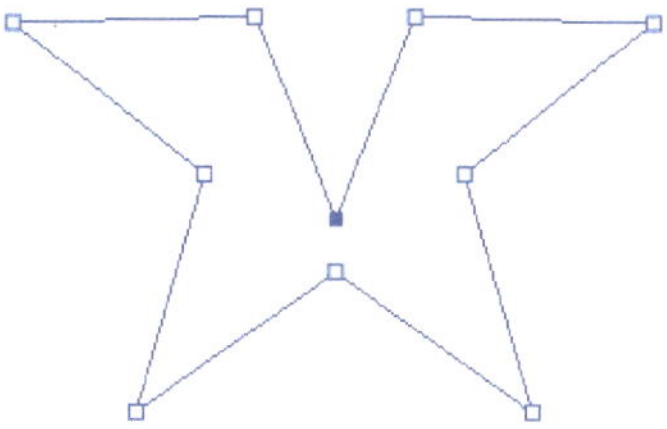

图3-14　调整路径示例

选中锚点后，按【→、←、↑、↓】键可以以1像素的距离为基准移动锚点，按住【Shift】键的同时，按方向键可以以10像素的距离为基准移动锚点。

②调整方向线：使用“直接选择工具”选中锚点后，拖动方向线两侧的端点，可以改变锚点连接的两条线段；按住【Alt】键拖动方向线某一侧端点，可以单独调整该侧方向线的方向。

③添加和删除锚点：将鼠标指针放置在路径上，或使用“添加锚点工具”在路径上单击，可以在鼠标指针所在位置添加锚点。将鼠标指针放置在锚点上，或使用“删除锚点工具”在锚点上单击，可以在鼠标指针所在位置删除锚点。

（4）填充与描边路径

获取路径后，可以对路径进行填充和描边，对填充路径和描边路径的具体介绍如下：

①填充路径：在路径上右击，在弹出的快捷菜单中选择“填充路径”命令，弹出“填充路径”对话框，如图3-15所示。

在图3-15所示的“填充路径”对话框中可以设置填充的内容、不透明度等，单击“确定”按钮，完成路径的填充。

②描边路径：在路径上右击，在弹出的快捷菜单中选择“描边路径”命令，弹出“描边路径”对话框，如图3-16所示。

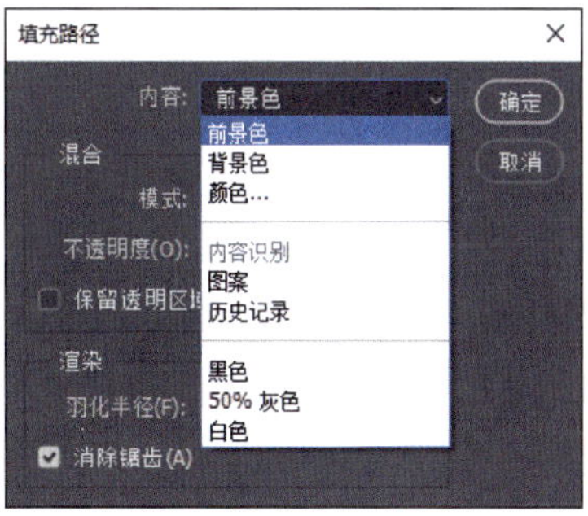

图3-15　“填充路径”对话框

图3-16　“描边路径”对话框

在图3-16所示的“描边路径”对话框中可以选择用于描边的工具，如铅笔、画笔等。

（5）隐藏与显示路径

选择“视图”→“显示”→“目标路径”命令（或按【Shift+Ctrl+H】组合键）可以将

路径隐藏。再次选择“视图”→“显示”→“目标路径”命令（或按【Shift+Ctrl+H】组合键）可以显示路径。

（6）复制路径

使用“路径选择工具”，按住【Alt】键的同时拖动路径，可以复制路径，得到两个相同的路径。

（7）开放与闭合路径

使用“直接选择工具”选择锚点，按【Delete】键可以删除锚点，删除锚点后，以该锚点为转折点的路径会断开，成为开放的路径，闭合的路径和开放的路径示例如图3-17所示。

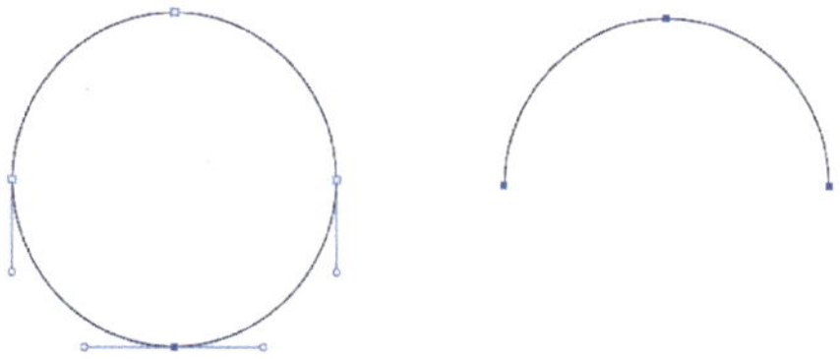

（a）闭合的路径　　（b）开放的路径

图3-17　闭合的路径和开放的路径示例

若想重新连接锚点，使路径闭合，可以使用“钢笔工具”单击路径的其中一个端点，再单击另一端点，此时，两个锚点连接，路径闭合。

（8）删除路径

删除路径有两种方式，包括删除部分路径和删除整个路径，具体介绍如下：

①删除部分路径：选中锚点，按【Delete】键，可以删除锚点所连接的路径。

②删除整个路径：选中路径，按【Delete】键，可以删除选中路径。

4. 吸管工具

在图像处理的过程中，经常需要从图像中获取某处的颜色，这时就需要用到“吸管工具”。在工具栏中选择“吸管工具”（或按【I】键），将鼠标指针移动至文档窗口，当鼠标指针变为形状时单击，即可选取单击点处的颜色作为当前前景色，吸取颜色示例如图3-18所示。

若想将吸取的颜色作为当前背景色，那么在使用“吸管工具”时，按住【Alt】键单击，则可以将单击点处的颜色作为当前背景色。

图3-18　吸取颜色示例

5. 认识文字工具

Photoshop提供了四种输入文字的工具，分别是“横排文字工具”、“直排文字工具”、“直排文字蒙版工具”和“横排文字蒙版工具”，对文字工具的介绍如下：

①“横排文字工具”和“直排文字工具”可以创建点文字、段落文字。

②“横排文字蒙版工具”和“直排文字蒙版工具”可以创建横排或直排文字形状的选区。

在Photoshop中，若想输入文字，则需要使用“横排文字工具”和“直排文字工具”，前者用于创建横向文字，即沿着水平方向进行排列的文字；后者用于创建竖排文字，即沿着垂直方向进行排列的文字。横排文字与直排文字示例如图3-19所示。

图3-19　横排文字与直排文字示例

选择文字工具后，选项栏中就会显示与文字工具对应的选项，在选项栏中可以设置文字的相关性。四种文字工具的选项栏类似，下面以“横排文字工具”选项栏为例，讲解文字工具选项栏中的选项。选择“横排文字工具”，其选项栏如图3-20所示。

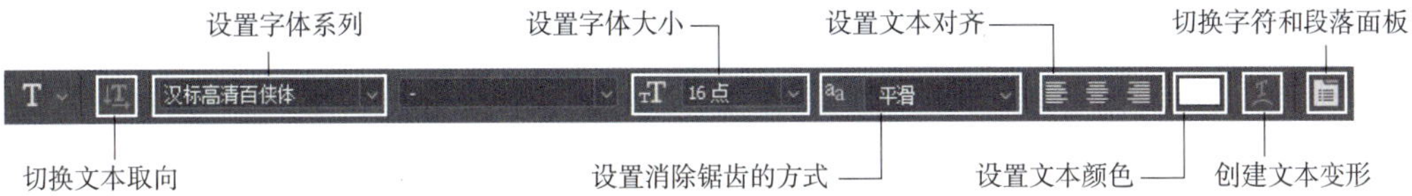

图3-20 “横排文字工具”选项栏

图3-20所示的“横排文字工具”选项栏中包括“切换文本取向”“设置字体系列”等选项，下面对这些选项进行介绍。

①“切换文本取向”：用于设置文字的排列方向，选择该选项，可将文字在水平方向和垂直方向相互切换。

②“设置字体系列”：用于设置文字的字体。

③“设置字体大小”：用于设置文字的大小。

④“设置消除锯齿的方式”：用于设置是否消除文字边缘的锯齿，以及用什么方式消除文字边缘的锯齿。

⑤“设置文本对齐”：用于设置文字的对齐方式，包括“左对齐文本”、“居中对齐文本”和“右对齐文本”。

⑥“设置文本颜色”：用于设置文字的颜色。

⑦“创建文本变形”：用于变形文字。

⑧“切换字符和段落面板”：用于显示或隐藏“字符”和“段落”面板。

多学一招：在计算机中安装字体

一般情况下，计算机中自带了基本字体，但在实际的设计应用中，会需要更多的字体，以满足不同的设计需求，这时，需要安装字体。将准备好的字体复制到C盘Windows文件夹下的Fonts文件夹内，即可安装字体。重启Photoshop后便可以应用新安装的字体。

6. 输入点文字

点文字是一个水平或垂直的文本行，以单击点作为点文字的开始位置。点文字不会自动换行，在输入文字的过程中，按【Enter】键才能换行。下面以输入横排点文字为例，介绍输入点文字的流程。

①选择“横排文字工具”。

②单击画布，鼠标指针处将出现一个文字占位符，如图3-21所示。

③输入文字“竞渡诗”，文字示例如图3-22所示。

④单击“横排文字工具”选项栏中的“提交当前所有编辑”按钮✓（或按【Ctrl+Enter】组合键），完成点文字的输入，点文字示例如图3-23所示。

7. 输入段落文字

段落文字是有指定文字区域的文字，文字在文字区域内显示，待输入的文字达到文字区域的边缘时，文字会自动换行排列。下面以输入横排段落文字为例，介绍输入段落文字的流程。

图3-21　文字占位符

图3-22　文字示例

图3-23　点文字示例

①选择“横排文字工具”。

②将鼠标指针悬停在画布上，按住鼠标左键并拖动，创建一个文字区域，释放鼠标后，同样会出现一个占位符区域，如图3-24所示。

③输入图3-25所示的文字。

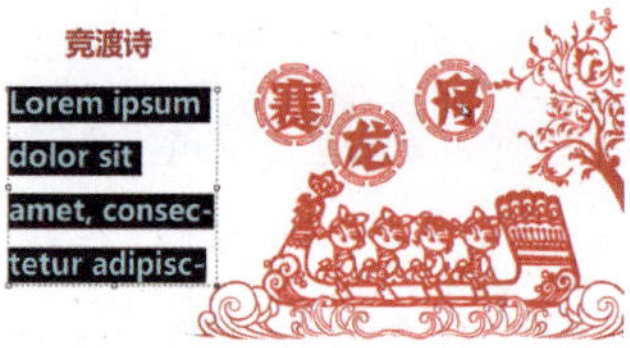

图3-24　占位符区域

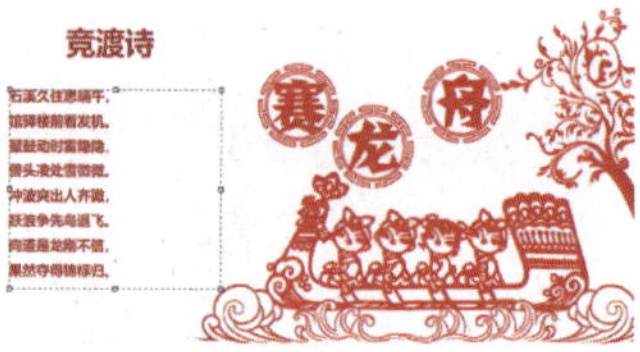

图3-25　文字

④单击“横排文字工具”选项栏中的“提交当前所有编辑”按钮☑（或按【Ctrl+Enter】组合键），完成段落文字的输入。

脚下留心：文字区域内的文字显示不全

输入段落文字时，会创建一个文字区域，通过拖动文字区域的边缘，可以扩大或缩小文字区域，进而改变文字区域内文字的显示状态。当区域较小，而文字较多时，文字会被隐藏，这时，放大区域，可以显示隐藏的文字。在区域中输入文字后，将鼠标指针移至文字区域的角点上，当鼠标指针变成↗形状时，拖动鼠标可以放大文字区域，放大文字区域示例如图3-26所示。

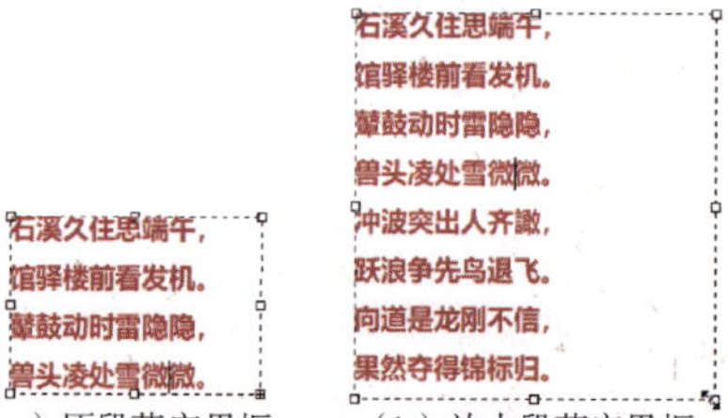

（a）原段落定界框　（b）放大段落定界框

图3-26　放大文字区域示例

由图3-26可以看出，左侧文字区域的右下角显示⊞，这表示文字未显示完整，当放大文字区域后，文字区域内可以容纳的文字数量随着文字区域的放大而增多。当右下角的⊞变为□时，表示文字显示完整。

另外，在缩放文字区域时，按住【Shift】键可以保持文字区域的缩放比例。

8. 编辑文字

编辑文字包括改变文字的位置、编辑文字的内容以及旋转或斜切文字，下面对编辑文字的方法进行讲解。

（1）改变文字的位置

若文字处于编辑状态，可以按住【Ctrl】键的同时拖动文字，移动文字的位置。若已完成文字的输入，可以使用“移动工具”拖动文字，移动文字的位置。

（2）编辑文字的内容

若文字处于编辑状态，可以直接对文字内容进行更改。若已完成文字的输入，可以通过下列方法进入文字的编辑状态。

①使用“移动工具”双击文字，文字进入编辑状态后，编辑文字内容即可。

②使用文字工具单击文字，文字进入编辑状态后，编辑文字内容即可。

③双击文字所在图层的图层缩览图，文字进入编辑状态后，编辑文字内容即可。

（3）旋转或斜切文字

完成文字的输入后，按【Ctrl+T】组合键调出定界框，对定界框进行旋转、斜切等操作后，定界框中的文字也会随之改变。若文字处于编辑状态，可以按住【Ctrl】键，临时调出定界框，此时，可以直接对定界框执行旋转、斜切等操作，定界框中的文字也会随之改变。旋转和斜切文字示例分别如图3-27和图3-28所示。

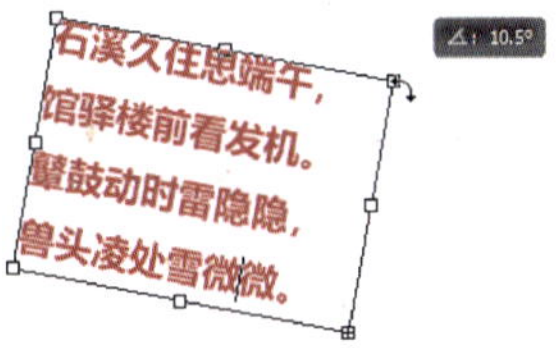

图3-27　旋转文字示例

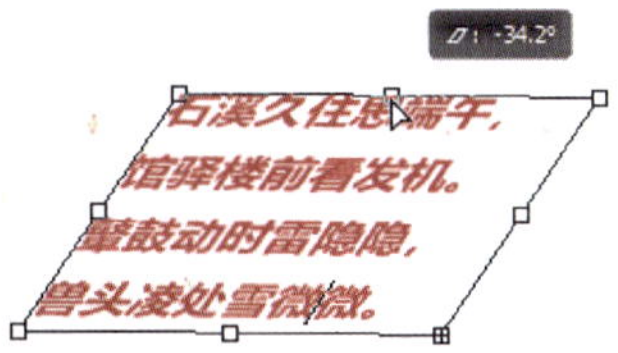

图3-28　斜切文字示例

9. 设置文字属性

文字属性包括字体、字间距等字符属性和左缩进、右缩进等段落属性。在Photoshop中，可以选中文字，或选中文字所在图层后，通过“字符”面板和“段落”面板设置文字属性。下面对“字符”面板和“段落”面板进行讲解。

（1）“字符”面板

在“字符”面板中可以设置字符属性。例如，可以通过“字符”面板对文字的字体、大小、颜色等字符属性进行设置。

选择“窗口”→“字符”命令，或在文字编辑的状态下，按【Ctrl+T】组合键，弹出“字符”面板，如图3-29所示。

在图3-29所示的“字符”面板中，一些选项与文字工具选项栏中的选项相同，此处不再赘述。下面对“字符”面板中的其他选项进行介绍。

①“设置行距”：用于设置文字行之间的间距。

②“字距微调”：用于设置两个字符之间的间距。“字距微调”选项必须在文字编辑状

态下，将鼠标指针定位在两个文字中间后，数值才能生效。

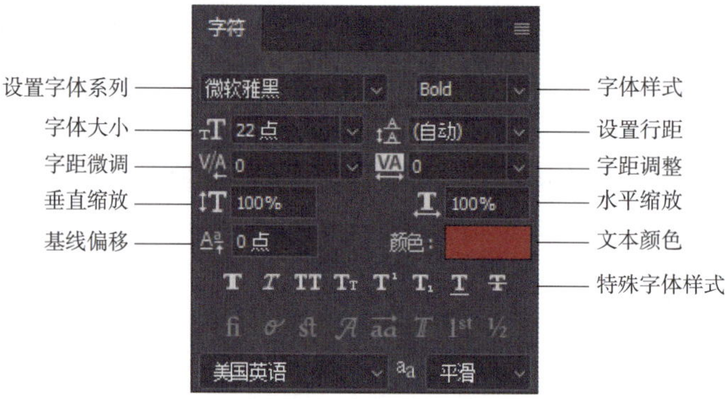

图3-29 “字符”面板

③“字距调整”：用于设置文字与文字之间的间距。

④“垂直缩放”：用于调整文字的高度。

⑤“水平缩放”：用于调整文字的宽度。当“垂直缩放”和“水平缩放”两个百分比相同时，可进行等比缩放。

⑥“基线偏移”：用于控制文字与基线的距离，可以升高或降低所选文字。

⑦“特殊字体样式”：用于创建仿粗体、斜体等文字样式，以及为字符添加下画线、删除线等文字效果。

（2）“段落”面板

“段落”面板用于设置段落属性。例如，可以通过“段落”面板对段落文字的缩进进行设置。选择“窗口”→“段落”命令，弹出“段落”面板，如图3-30所示。

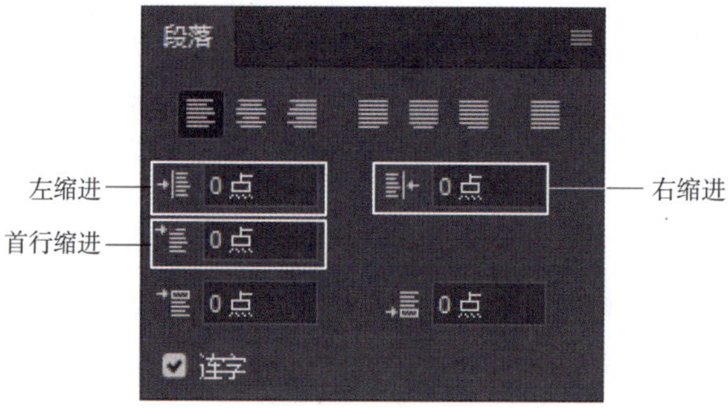

图3-30 “段落”面板

在图3-30所示的“段落”面板中，包括“左缩进”“右缩进”“首行缩进”等常用参数，对这些参数的介绍如下：

①“左缩进”：用于设置段落文字的左缩进值。横排文字从段落的左边缩进，直排文字从段落的顶端缩进。

②“右缩进”：用于设置段落文字的右缩进值。横排文字从段落的右边缩进，直排文字从段落的底部缩进。

③“首行缩进”：用于缩进段落中的首行文字。

3.1.2　实现步骤

1. 抠取主体素材

Step 01 按【Ctrl+N】组合键，在“新建文档”对话框中设置“宽度”为1 920像素、“高度”为900像素、“分辨率”为72像素/英寸、“颜色模式”为RGB颜色、“背景内容”为白色，单击“确定”按钮。

Step 02 按【Shift+Ctrl+S】组合键，以名称“【案例3-1】元宵节Banner.psd”保存图像。

Step 03 置入素材“背景.jpg”，如图3-31所示。

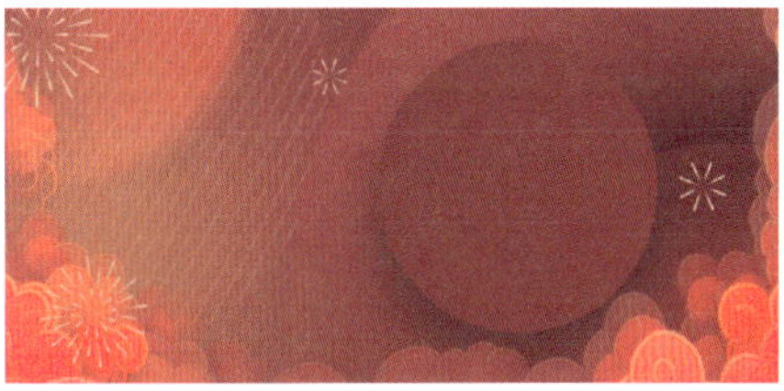

图3-31　背景.jpg

Step 04 使用Photoshop打开素材“元宵.jpg”如图3-32所示。

Step 05 选择“钢笔工具”，在选项栏中设置“工具模式”为路径。

Step 06 将鼠标指针移至图像边沿区域，定位路径的起始锚点，如图3-33所示。

Step 07 在第一个锚点附近单击并拖动，建立一个“平滑点”，两个锚点之间会形成一条曲线路径，如图3-34所示。

图3-32　元宵.jpg

图3-33　定位路径的起始锚点

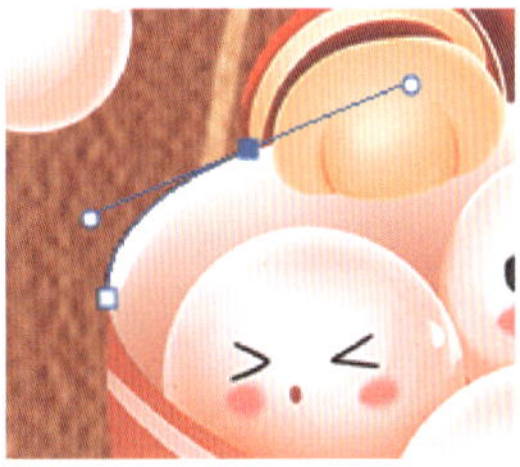

图3-34　曲线路径

Step 08 按住【Alt】键的同时，单击新建的平滑点，将其转换为角点，如图3-35所示。

Step 09 按照上述创建和调整锚点的方法，沿元宵素材中的主体绘制路径。路径如图3-36所示。

Step 10 选择“路径”面板，如图3-37所示。

图3-35　转换为角点

图3-36　路径

图3-37　“路径”面板

Step 11 使用“路径选择工具”选中所有路径，如图3-38所示。

Step 12 单击“路径”面板中的面板菜单按钮，在弹出的面板菜单中选择“建立选区”命令，弹出“建立选区”对话框，如图3-39所示。

图3-38 选中所有路径

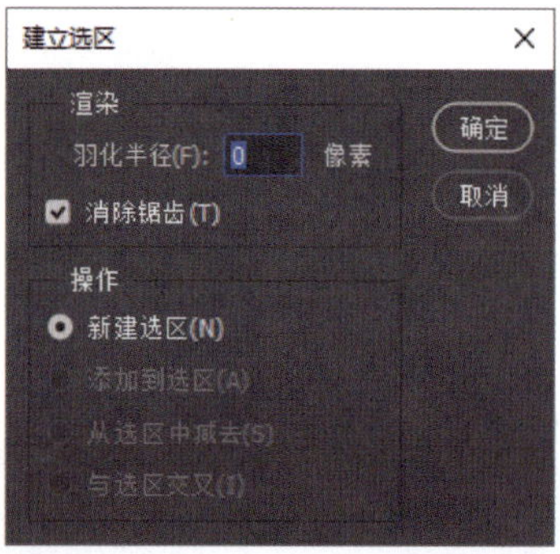

图3-39 “建立选区”对话框

Step 13 在“建立选区”对话框中设置“羽化半径”为2像素，单击“确定”按钮，得到选区，如图3-40所示。

Step 14 选择“图层”面板，使用“移动工具”，将选区中的图像移动至“【案例3-1】元宵节Banner.psd”文档中，调整“元宵节”图层的位置，如图3-41所示。

图3-40 选区

图3-41 “元宵节”图层的位置

Step 15 将得到的图层命名为“元宵节”，并转换为智能对象，如图3-42所示。

图3-42 转为智能对象

2. 输入文字内容

Step 01 选择“横排文字工具”，在选项栏中设置字体为“锐字真言体”，字体大小为240点，行距为285点，字体颜色为白色。在画布上单击并输入文字内容“元宵佳节”，效果如图3-43所示。

Step 02 选中“元”“节”二字，为文字填充黄色（RGB：255、176、92），按【Ctrl+Enter】组合键完成文字的输入，文字效果如图3-44所示。

Step 03 按照Step01和Step02的方法继续输入文字，大小及颜色如图3-45所示。

图3-43　输入主体文字内容

图3-44　文字效果

图3-45　继续输入文字

Step 04 选择“直排文字工具”，设置字体为“思源黑体”，字体样式为“Bold”，继续输入文字“正月十五”，并设置文字的不透明度为20%，文字样式如图3-46所示。

Step 05 继续使用“直排文字工具”输入文字“团圆时刻”，如图3-47所示。

Step 06 选择“吸管工具”，在左侧背景上单击，吸取颜色，如图3-48所示。

图3-46　文字样式

图3-47　输入文字“团圆时刻”

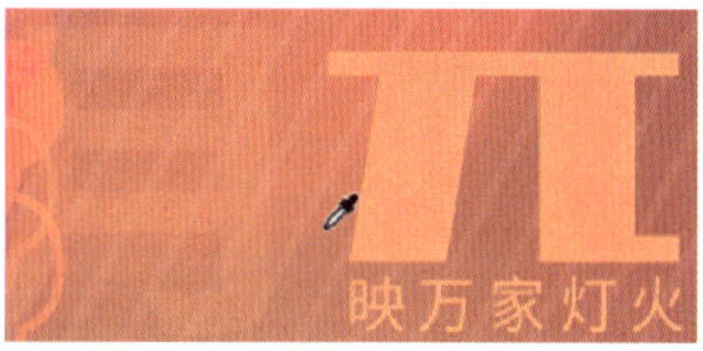

图3-48　吸取颜色

Step 07 为“团圆时刻”填充颜色，并设置该图层的不透明度为30%。

至此，元宵节Banner制作完成。

练一练：女鞋Banner

根据本节所讲知识，绘制图3-49所示的女鞋Banner。

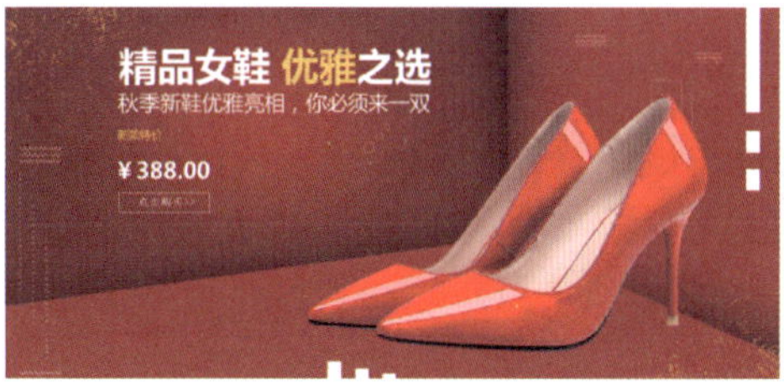

图3-49　女鞋Banner

3.2 【案例3-2】端午节活动悬浮弹窗

端午节又称端阳节，是中国的传统节日之一，通常在农历五月初五。在这一天，人们通常会聚集在一起观看龙舟比赛，这是端午节最具特色和热闹的活动之一。本节使用

Photoshop制作端午节活动的悬浮弹窗。在Photoshop中，通过形状工具和形状的布尔运算，能够精确绘制各种几何形状。通过学习本案例，读者将掌握形状工具和布尔运算等基础操作技巧。端午节活动悬浮弹窗如图3-50所示。

图3-50 端午节活动悬浮弹窗

3.2.1 知识点讲解

1. 椭圆工具

“椭圆工具”作为形状工具组的基础工具之一，常用来绘制圆或椭圆。右击“矩形工具”▢，右侧会弹出形状工具组，在工具组中选择“椭圆工具”◯，如图3-51所示。

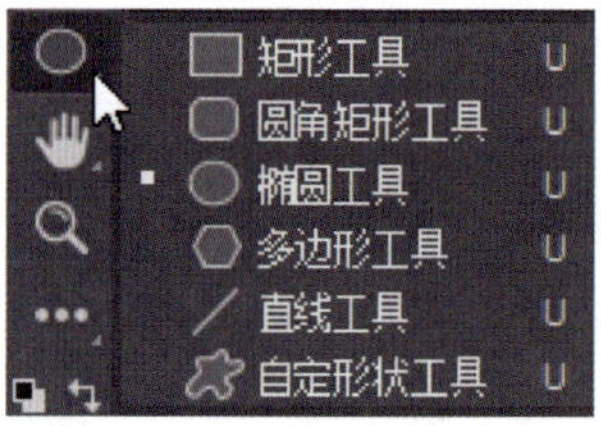

图3-51 选择“椭圆工具”

选中“椭圆工具”后，按住鼠标左键在画布中拖动，即可创建一个椭圆，如图3-52所示。

使用“椭圆工具”创建形状时，有一些实用的小技巧，具体如下：

- 按住【Shift】键的同时拖动，可创建一个圆。
- 按住【Alt】键的同时拖动，可创建一个以单击点为中心的椭圆。
- 按住【Alt+Shift】组合键的同时拖动，可以创建一个以单击点为中心的圆。
- 使用【Shift+U】组合键可以快速切换形状工具组中的工具。
- 选中“椭圆工具”后，在画布中单击，会自动弹出“创建椭圆”对话框，如图3-53所示。

图3-52 创建一个椭圆

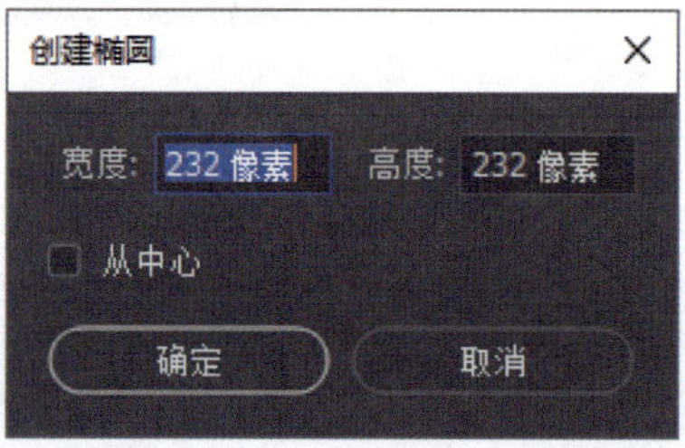

图3-53 “创建椭圆”对话框

在“创建椭圆”对话框中可自定义宽度和高度的具体数值。“椭圆工具”选项栏如图3-54所示。

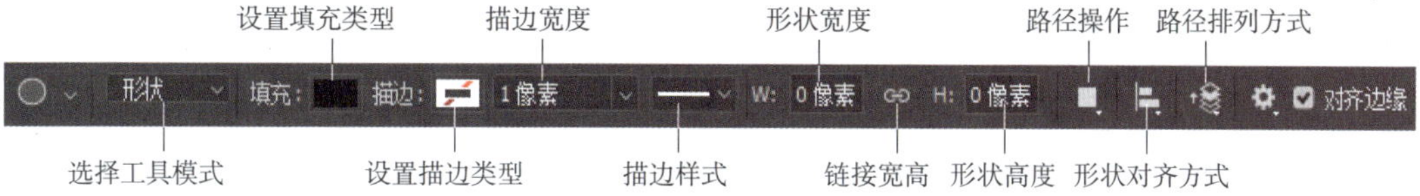

图3-54 “椭圆工具”选项栏

下面对一些常用的选项进行讲解。

（1）选择工具模式

用于设置绘制元素的类型。单击“形状”右侧的按钮，弹出工具模式下拉列表，其中包含形状、路径和像素三个选项。工具模式下拉列表如图3-55所示。

工具模式下拉列表中各选项的具体介绍如下：

①选择“形状”选项时，可以绘制规则形状。

②选择“路径”选项时，可以绘制规则路径。

③选择“像素”选项时，可以绘制位图像素，而不是矢量图形。

（2）设置形状填充类型

用于设置填充颜色。单击“设置填充类型”按钮，弹出填充类型下拉面板，如图3-56所示。

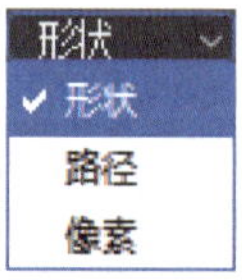

图3-55 工具模式下拉列表

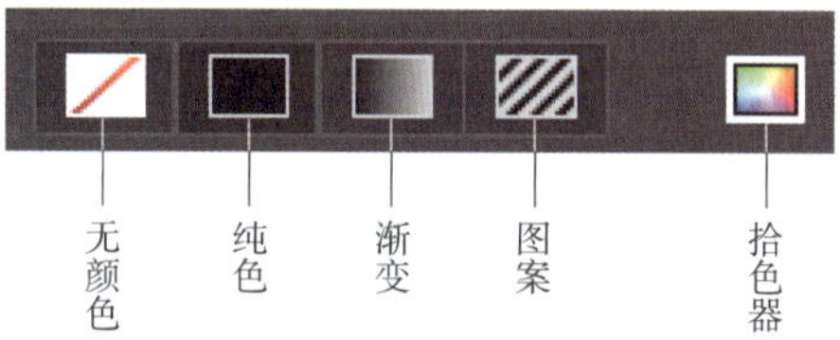

图3-56 填充类型下拉面板

填充类型下拉面板中包括“无颜色”“纯色”“渐变”“图案”“拾色器”五个按钮，对这五个按钮的说明如下。

①单击“无颜色”按钮时，形状内无颜色填充。

②单击“纯色”按钮时，可为形状填充纯色。

③单击“渐变”按钮时，可为形状填充渐变颜色。

④单击“图案”按钮时，可为形状填充图案。

⑤单击“拾色器”按钮时，弹出拾色器，在拾色器中可自定义形状颜色。

在填充类型下拉面板中，“纯色”“渐变”“图案”三个按钮所包含的面板内容不同。不同填充类型的下拉面板如图3-57所示。

由图3-57可知，在填充类型的下拉面板中，包括系统预设好的颜色及图案，可以在填充类型下拉面板中选择系统预设好的颜色及图案进行填充。

（3）设置描边类型

用于设置描边类型，单击可弹出描边类型下拉面板，与填充类型下拉面板类似，具体可参见设置填充类型。

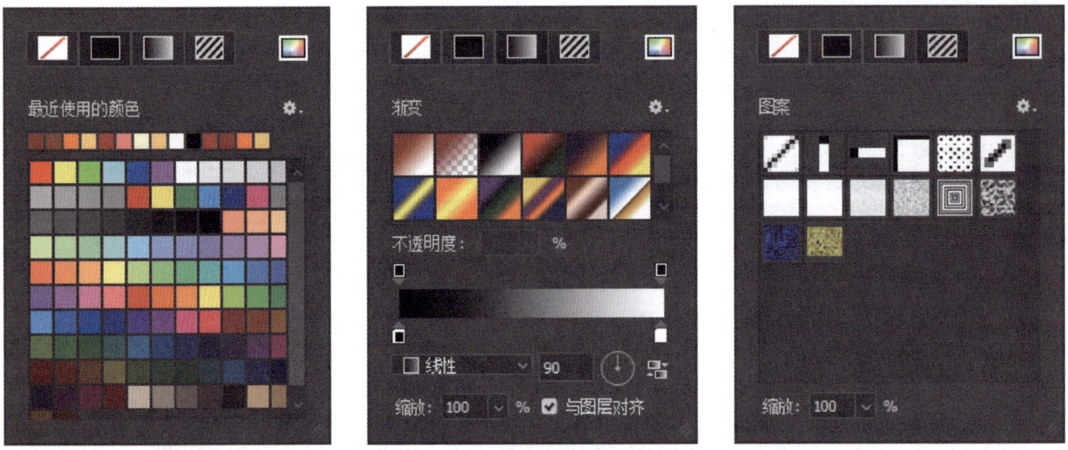

（a）纯色　　（b）渐变　　（c）图案

图3-57　不同填充类型的下拉面板

（4）描边宽度

用于设置描边的粗细，数值越大，描边越粗。

（5）描边样式

用于设置描边、端点及角点的类型，单击可弹出描边选项下拉面板，如图3-58所示。

图3-58所示的描边选项下拉面板中,“描边选项”可以选择描边样式。单击“更多选项”按钮，弹出“描边”对话框，如图3-59所示。

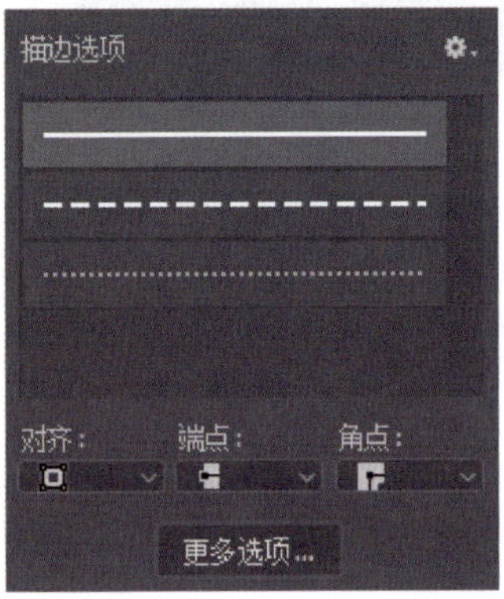

图3-58　描边选项下拉面板

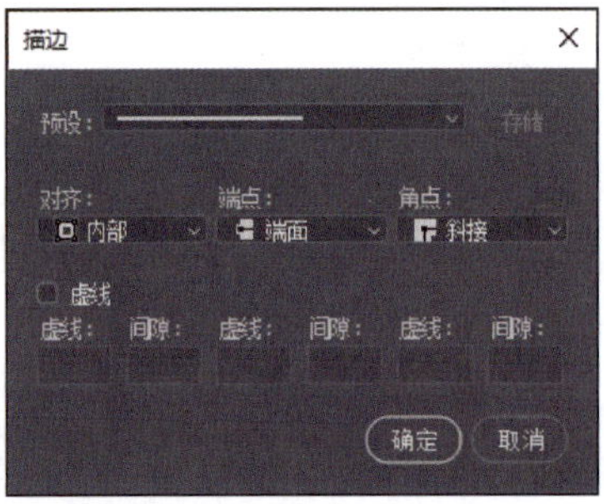

图3-59　“描边”对话框

在图3-59所示的“描边”对话框中，可以更详细地设置描边样式，并对描边样式进行存储。

（6）形状宽度

用于设置形状的水平直径。

（7）链接宽高

用于保持形状的长宽比。例如，单击“链接宽高”按钮，更改形状宽度时，高度会根据比例自动进行调整。

（8）形状高度

用于设置形状的垂直直径。

（9）路径操作

用于对形状进行布尔运算。

（10）形状对齐方式

用于对齐和分布形状，单击会弹出对齐和分布选项，如图3-60所示。

当一个图层中包含多个形状时，可利用形状对齐方式按钮对齐和分布图层中的形状，与对齐和分布图层的操作方法类似。

（11）形状排列方式

用于设置形状的排列顺序，单击该按钮会弹出排列顺序选项列表，如图3-61所示。

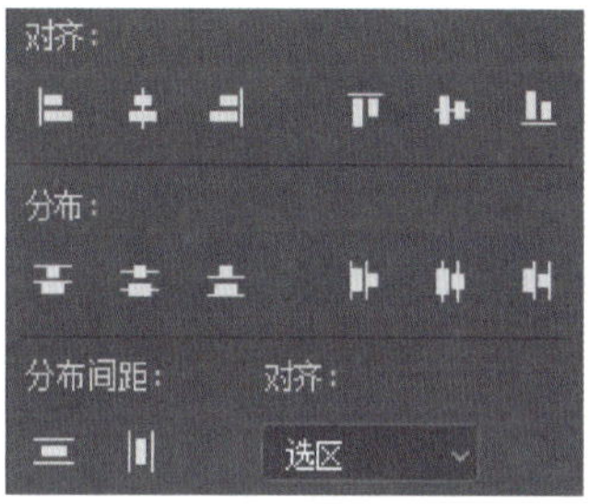

图3-60　对齐和分布选项

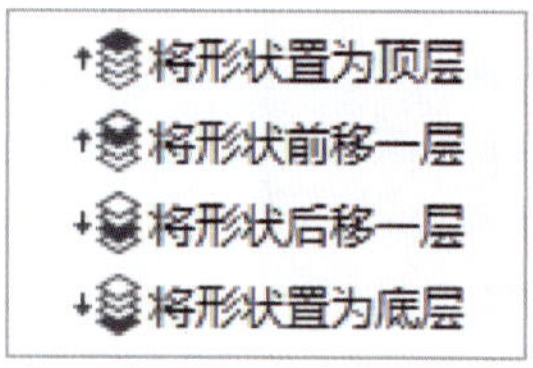

图3-61　排列顺序选项列表

当一个图层中包含多个形状时，可以对形状的顺序进行调整，与排列图层的操作方法类似。

2. 其他形状工具

在形状工具组中，除了“椭圆工具”外，还有“矩形工具”“圆角矩形工具”等形状工具，形状工具组如图3-62所示。

绘制形状的方法基本相同，但是设置的参数不尽相同，对形状工具组中其他形状工具的具体介绍如下：

（1）矩形工具

使用“矩形工具”可以绘制长方形或正方形。选择“矩形工具”■，在画布中单击并拖动鼠标，能够绘制矩形。矩形示例如图3-63所示。

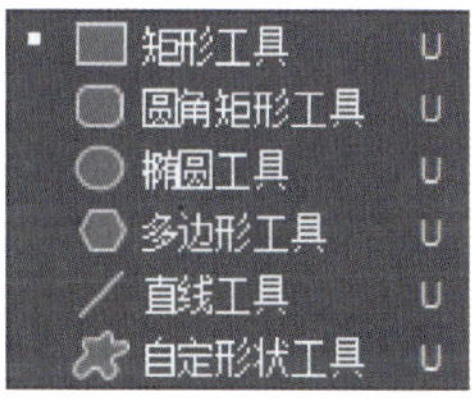

图3-62　形状工具组

图3-63　矩形示例

（2）圆角矩形工具

“圆角矩形工具”常用来绘制具有圆滑拐角的矩形。在使用“圆角矩形工具”时，需要先在其选项栏中设置圆角的“半径”，如图3-64所示。

图3-64 “圆角矩形工具”选项栏

在“圆角矩形工具”选项栏中，“半径”用来控制圆角矩形圆角的平滑程度，半径越大越平滑，如图3-65所示；当半径为0时，创建的矩形为直角矩形，如图3-66所示。

（3）多边形工具

“多边形工具”用于绘制多边形，在“多边形工具”选项栏中，可以设置多边形的边数，“多边形工具”选项栏如图3-67所示。

图3-65 30像素半径的圆角矩形

图3-66 0像素半径的圆角矩形

图3-67 “多边形工具”选项栏

例如，设置边数为5，绘制多边形示例如图3-68所示。

此外，使用“多边形工具”还可以绘制星形。单击多边形选项栏中的按钮，弹出图3-69所示的下拉面板，勾选“星形”复选框，按住鼠标左键在画布中拖动即可绘制星形，如图3-70所示。

图3-68 绘制多边形示例

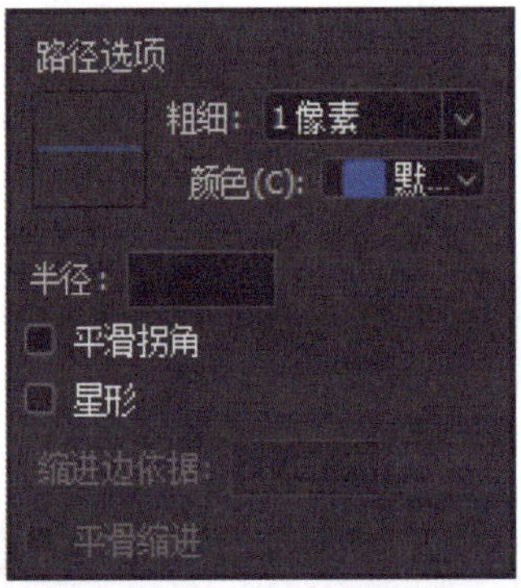

图3-69 下拉面板

图3-70 星形

在图3-69所示的下拉面板中，勾选“平滑拐角”和“平滑缩进”复选框，设置效果分别如图3-71和图3-72所示。

（4）直线工具

“直线工具”用于绘制直线，在绘制直线之前，需要在“直线工具”选项栏中设置直线的宽度。“直线工具”选项栏如图3-73所示。

图3-71　平滑拐角星形

图3-72　平滑缩进星形

图3-73　“直线工具”选项栏

在“直线工具”选项栏中，“粗细”用于设置所绘制直线的宽度。在实际操作中，建议先设置“粗细”，再绘制直线。

此外，单击“直线工具”选项栏中的⚙按钮，弹出图3-74所示的路径选项下拉面板。

图3-74所示的路径选项下拉面板中，包含“粗细”“颜色”“箭头”等选项，对各选项的具体说明如下：

①“粗细”：用于设置路径的宽度，并非直线的宽度。

②“颜色”：用于设置路径的颜色，并非直线的颜色。

③“起点”和“终点”：勾选“起点”或“终点”复选框，可在直线的“起点”或“终点”位置添加箭头。

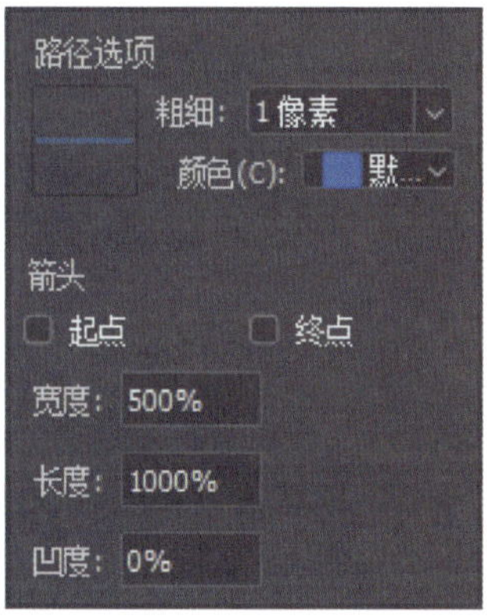

图3-74　路径选项下拉面板

④宽度：用于设置箭头的宽度与直线宽度的百分比，范围为10%~1 000%

⑤长度：用于设置箭头的长度与直线宽度的百分比，范围为10%~1 000%

⑥凹度：用于设置箭头的凹陷程度，范围为-50%~50%。该值为0%时，箭头尾部平齐；大于0%时，向内凹陷；小于0%时，向外突出。

在绘制直线时，按住【Shift】键不放，可沿水平、垂直或45°倍数方向绘制直线。

（5）自定形状工具

在Photoshop中，使用“自定形状工具”可以绘制特殊形状。在绘制特殊形状前，需要在“自定形状工具”选项栏中选择特殊形状。“自定形状工具”选项栏如图3-75所示。

图3-75　“自定形状工具”选项栏

在“自定形状工具”选项栏中，单击“形状”按钮，弹出自定形状选项面板，如图3-76所示。

在图3-76所示的自定形状选项面板中预设了许多常用的特殊形状，这些特殊形状分别被归类在不同的文件夹中，展开文件夹，选择特殊形状进行绘制即可。绘制特殊形状示例如图3-77所示。

图3-76　自定形状选项面板

图3-77　绘制特殊形状示例

值得一提的是，在Photoshop中，可以将路径或形状定义为自定形状。使用“路径选择工具”右击路径或形状，在弹出的快捷菜单中选择“定义自定形状”命令，弹出“形状名称”对话框，如图3-78所示。

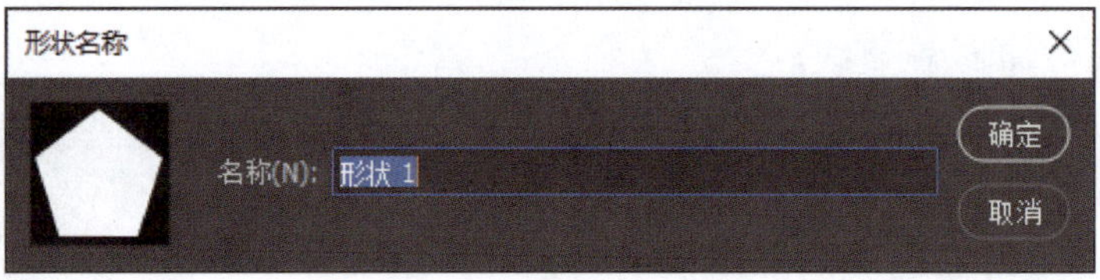

图3-78　“形状名称”对话框

在图3-78所示的“形状名称”对话框的“名称”文本框中输入形状名称，单击“确定”按钮，即可将路径或形状定义为自定形状。

在使用形状工具绘制形状时，可以在属性面板中调整形状的参数，如大小、填充颜色、圆角等。“属性”面板如图3-79所示。

3. 形状的布尔运算

同选区类似，形状之间也可以进行“布尔运算”。通过布尔运算，使新绘制的形状与现有形状之间进行相加、相减或相交，从而形成新的形状。单击形状工具组选项栏中的“路径操作”按钮，弹出路径操作下拉列表，如图3-80所示。

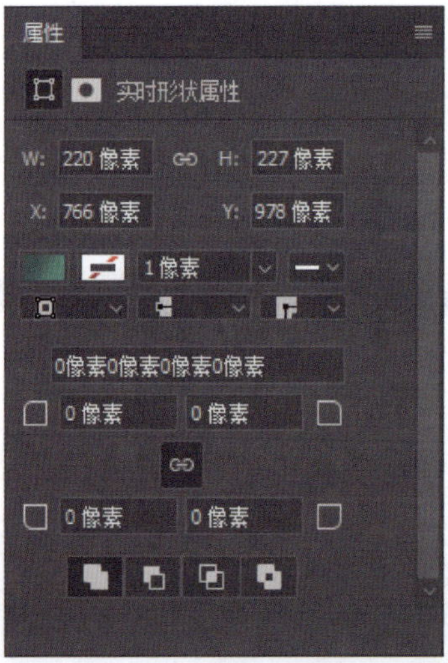

图3-79　“属性”面板

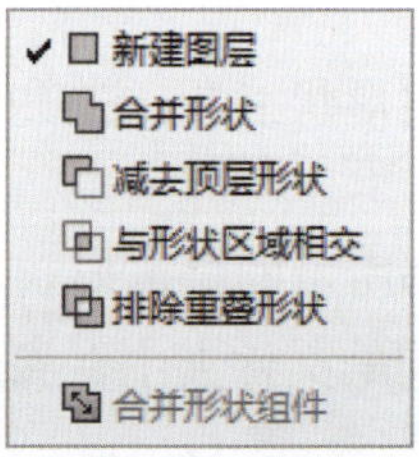

图3-80　路径操作下拉列表

在路径操作下拉列表中，从上到下依次为：“新建图层”“合并形状”“减去顶层形状”“与形状区域相交”“排除重叠形状”“合并形状组件”，对它们的具体讲解如下：

- “新建图层”：为所有形状工具的默认编辑状态。选择“新建图层”选项后，绘制形状时都会自动创建一个新的形状图层。
- “合并形状”：选择“合并形状”选项后，将要绘制的形状会自动合并至当前形状所在图层，并与其合并成为一个整体，如图3-81所示。
- “减去顶层形状”：选择“减去顶层形状”选项后，将要绘制的形状会自动合并至当前形状所在图层，并减去后绘制的形状部分，如图3-82所示。
- “与形状区域相交”：选择“与形状区域相交”选项后，将要绘制的形状会自动合并至当前形状所在图层，并保留形状重叠部分，如图3-83所示。

图3-81　合并形状

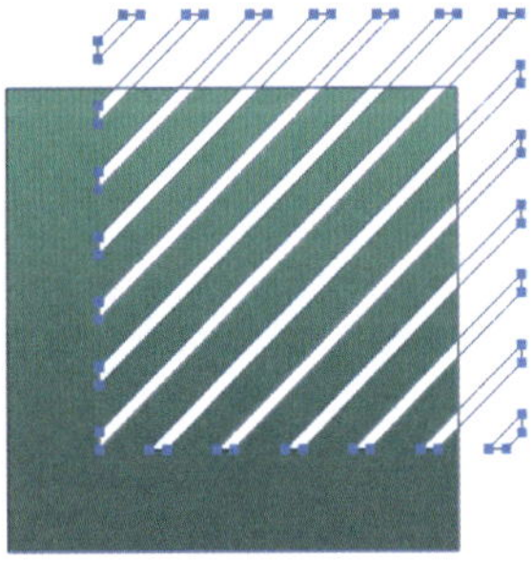

图3-82　减去顶层形状

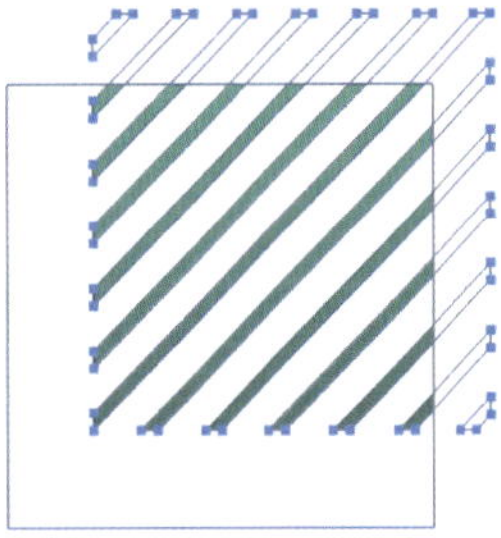

图3-83　与形状区域相交

- “排除重叠形状”：选择“排除重叠形状”选项后，将要绘制的形状会自动合并至当前形状所在图层，并减去形状重叠部分，如图3-84所示。
- “合并形状组件”：用于合并进行布尔运算的图形，如图3-85所示。

由图3-85可以看出，在合并形状组件前，两个形状的路径单独存在，可随时使用“路径选择工具”移动其中一个形状，合并形状组件后，两个形状的路径合为一体。

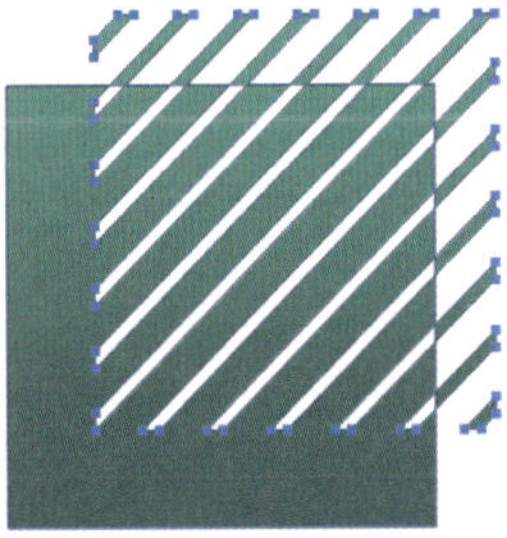

图3-84　排除重叠形状

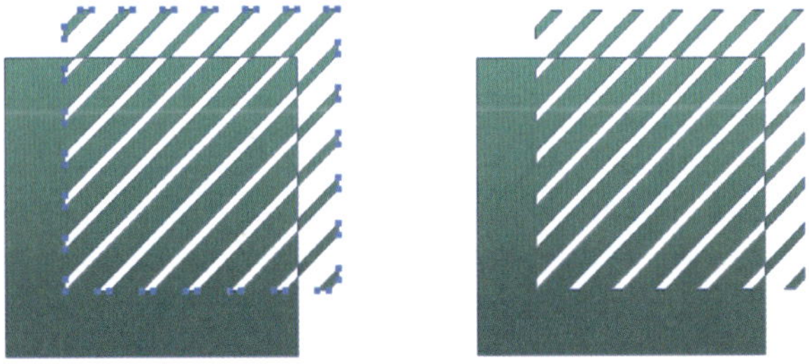

（a）合并形状组件前　（b）合并形状组件后

图3-85　合并形状组件

对已完成绘制的形状进行布尔运算时，先合并形状图层，然后使用“路径选择工具”选中上方形状，最后在路径操作下拉列表中选择相应选项即可。

4. 图层的高级变换

在Photoshop中，图层的高级变换包括“斜切”“扭曲”“透视”“变形”等，调出定界框后，右击定界框，弹出的快捷菜单如图3-86所示。

下面对自由变换的高级变换进行讲解。

（1）斜切

在图3-86所示的快捷菜单中选择“斜切”命令，将鼠标指针放置在定界框外侧，当鼠标指针变为或形状时，按住鼠标左键不放，拖动鼠标可以沿水平或垂直方向斜切图层，斜切图层示例如图3-87所示。

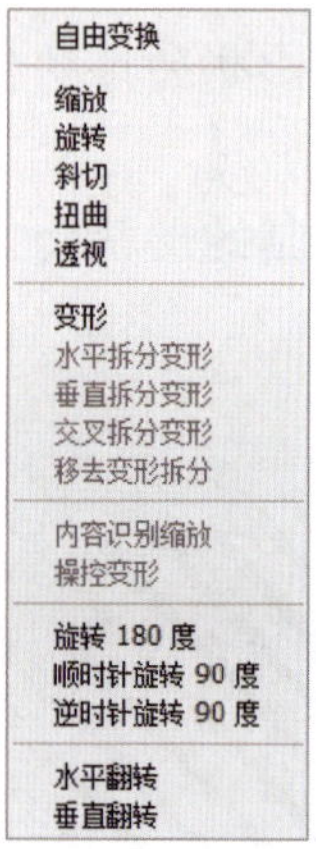

图3-86　快捷菜单

（a）原图　（b）水平斜切　（c）垂直斜切

图3-87　斜切图层示例

（2）扭曲

在图3-86所示的快捷菜单中选择“扭曲”命令，将鼠标指针放置在定界框角点上，当鼠标指针变为形状时，按住鼠标左键不放，拖动鼠标可以扭曲图层，扭曲图层示例如图3-88所示。

（3）透视

在图3-86所示的快捷菜单中选择“透视”命令，将鼠标指针放置在定界框角点处，当鼠标指针变为形状时，按住鼠标左键不放，拖动鼠标可以改变图层的透视状态，如图3-89所示。

（4）变形

在图3-86所示的快捷菜单中选择“变形”命令，定界框中会显示手柄，将鼠标指针放置在定界框内，当鼠标指针变为形状时，按住鼠标左键不放，拖动鼠标可对图层进行自由变形，变形图层示例如图3-90所示。

值得一提的是，在确定“斜切”“扭曲”“透视”“变形”等操作前，按【Esc】键可以取消变形。

5. 渐变工具

“渐变工具”可以创建多种颜色的混合效果，通过“渐变工具”可以为普通图层或选区填充渐变。使用“渐变工具”前，需要在“渐变工具”选项栏中设置渐变，如渐变颜色、渐变类型等。选择“渐变工具”（或按【G】键），打开“渐变工具”选项栏，如图3-91所示。

在图3-91所示的“渐变工具”选项栏中，包含了“渐变颜色条”“渐变类型”“模式”

等选项。为了更好地使用“渐变工具”，接下来对“渐变工具”选项栏中的选项进行讲解。

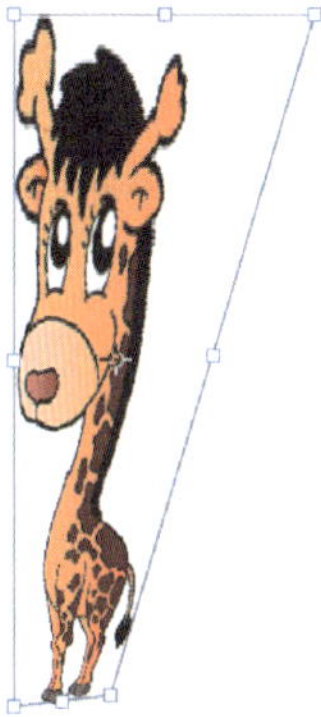

图3-88　扭曲图层示例

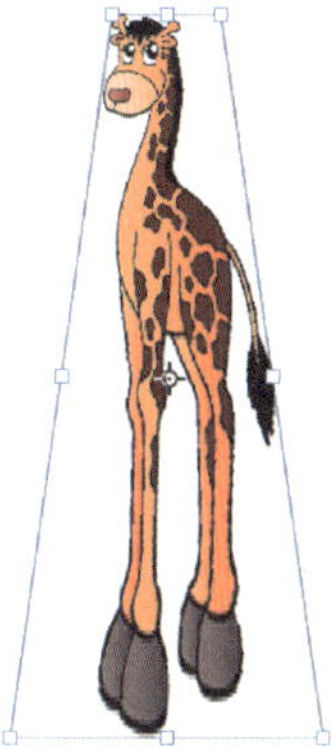

图3-89　改变图层的透视状态

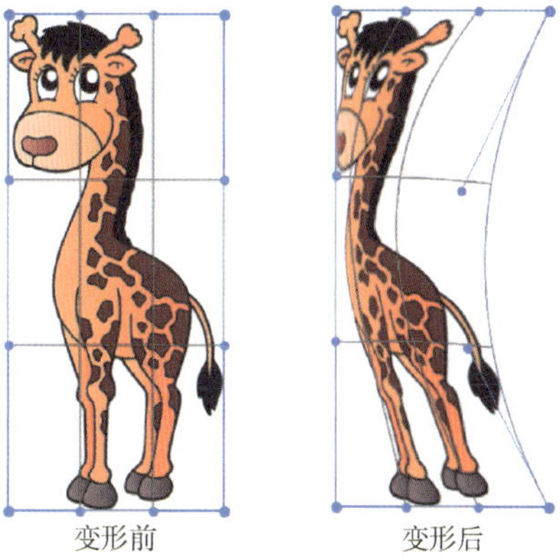

图3-90　变形图层示例

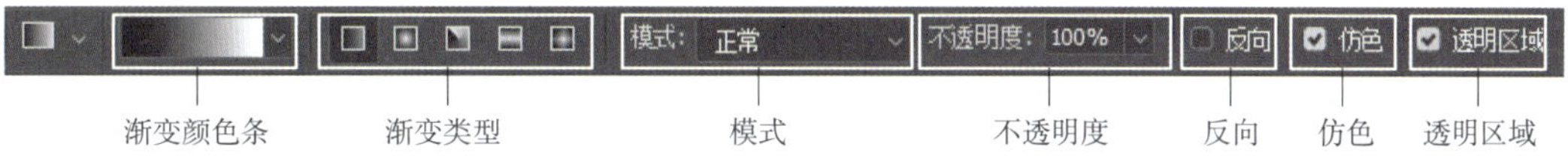

图3-91　“渐变工具”选项栏

（1）渐变颜色条

“渐变颜色条”用于显示当前使用的渐变颜色，单击其右側的按钮，打开渐变预设下拉面板，如图3-92所示。

图3-92　渐变预设下拉面板

在渐变预设下拉面板中包含多个渐变预设，单击下拉面板右侧的“设置”按钮，会弹出渐变菜单，如图3-93所示。

在渐变菜单中，可以新建渐变、载入渐变等。

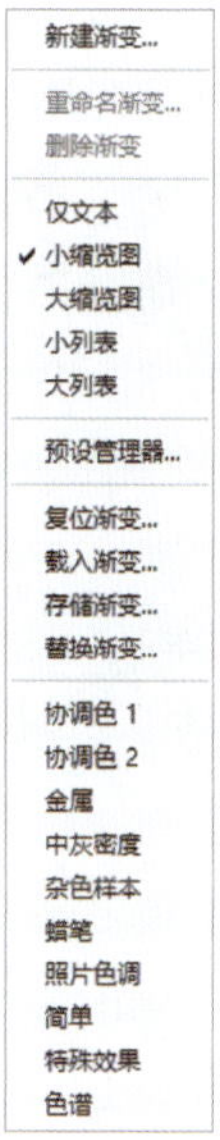

图3-93　渐变菜单

（2）渐变类型

用于设置渐变的类型，从左到右依次为“线性渐变”“径向渐变”“角度渐变”“对称渐变”“菱形渐变”。图3-94所示为不同渐变类型的渐变效果示例。

（a）线性渐变　（b）径向渐变　（c）角度渐变　（d）对称渐变　（e）菱形渐变

图3-94　不同渐变类型的渐变效果示例

（3）模式

用于设置渐变颜色与同图层中源图像的混合方式。

（4）不透明度

用于设置渐变效果的不透明度。

（5）反向

勾选该选项，可以转换渐变中的颜色顺序，得到反方向的渐变效果。

（6）仿色

勾选该选项，可以使渐变效果更加平滑。主要用于防止打印时出现条带化现象，但条带化现象并不能在屏幕上明显地显示。默认为勾选状态。

（7）透明区域

勾选该选项，可以启用编辑渐变时设置的透明效果，创建包含透明像素的渐变。默认为勾选状态。

设置渐变后，将鼠标指针移至需要填充的区域，单击并拖动鼠标，释放鼠标，完成渐变的绘制。绘制线性渐变示例如图3-95所示。

在使用“渐变工具”绘制渐变的过程中，可以根据需求调整鼠标的拖动方向和范围，以得到不同的渐变效果。

6. 渐变编辑器

通过渐变编辑器可以自定义渐变颜色。单击“渐变工具”选项栏中的“渐变颜色条”，弹出“渐变编辑器”对话框，如图3-96所示。

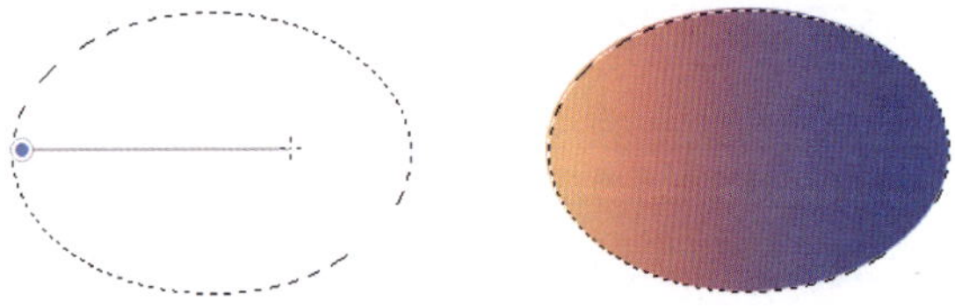

（a）单击鼠标并拖动　　（b）释放鼠标

图3-95　绘制线性渐变示例

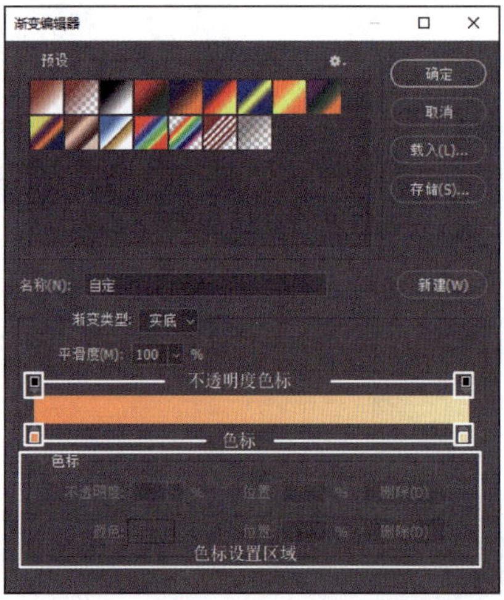

图3-96　“渐变编辑器”对话框

在“渐变颜色条”中，包含不透明度色标和色标，其中不透明度色标处于渐变颜色条上方，用于设置颜色的透明程度；色标处于下方，用于设置颜色的色相。

了解了不透明度色标和色标，下面对自定义渐变颜色的方法进行介绍。

（1）更改颜色的不透明度和色相

①更改颜色的不透明度：单击不透明度色标，在色标设置区域的“不透明度”右侧输

入数值，数值越小，颜色越透明。

②更改颜色的色相：单击色标，在色标设置区域单击“颜色”右侧的色块，弹出“拾色器（色标颜色）”对话框，如图3-97所示。

在图3-97所示的“拾色器（色标颜色）”对话框中选择颜色，单击“确定”按钮，更改颜色的色相。更改颜色的色相示例如图3-98所示。

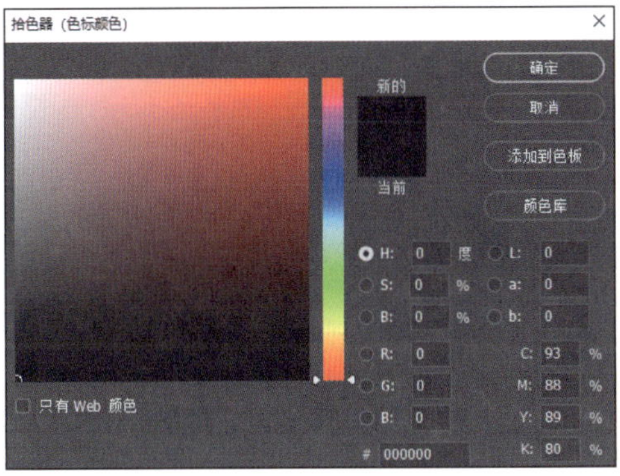

图3-97　“拾色器（色标颜色）”对话框

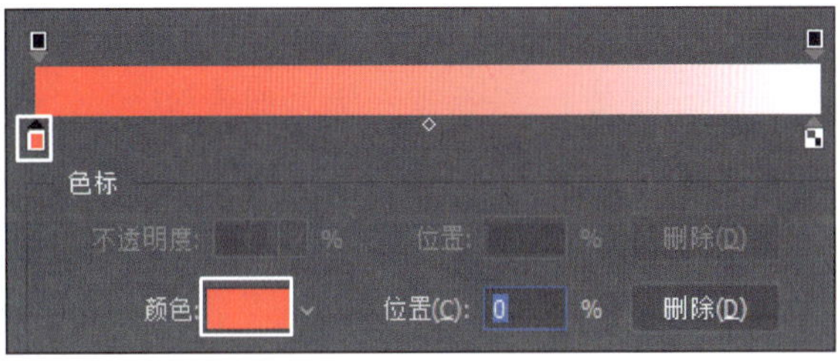

图3-98　更改颜色的色相示例

（2）添加不透明度色标或色标

①添加不透明度色标：将鼠标指针悬停在渐变颜色条的上方，当鼠标指针变成形状时单击，可以添加不透明度色标。添加不透明度色标示例如图3-99所示。

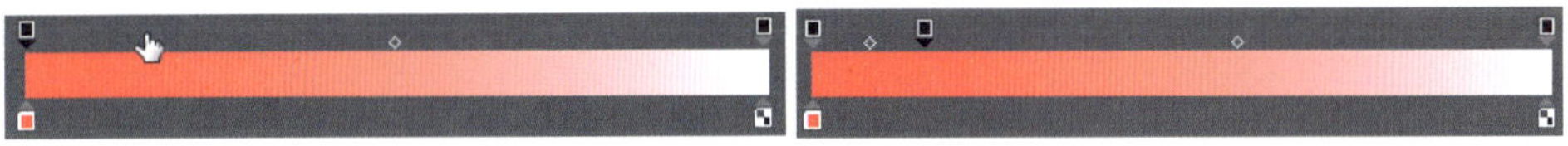

图3-99　添加不透明度色标示例

②添加色标：将鼠标指针悬停在渐变颜色条的下方，当鼠标指针变成形状时单击，可以添加色标。添加色标示例如图3-100所示。

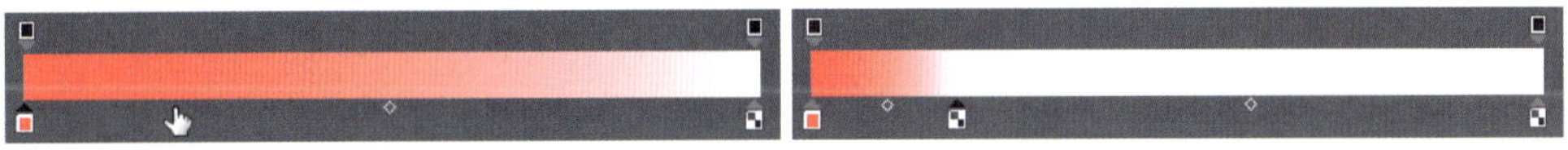

图3-100　添加色标示例

（3）设置不透明度和色相的混合

①设置不透明度的混合：单击不透明度色标，出现不透明度中点，拖动不透明度中点可以调整两个不透明度色标之间不透明度的混合。

②设置色相的混合：单击色标，出现颜色中点，拖动颜色中点，可以调整两个色标之间色相的混合位置。

（4）删除不透明度色标和色标

删除不透明度色标和色标有两种方法，具体介绍如下。

①在色标设置区域中，共有两个“删除”按钮 删除(D)，其中，位于上方的“删除”按钮用于删除不透明度色标；位于下方的“删除”按钮用于删除色标。

②单击并向下拖动不透明度色标或色标，可以快速删除不透明度色标或色标。

（5）设置不透明度色标和色标的位置

在色标设置区域，在“位置”右侧的文本框中输入数值，可以对不透明度色标和色标的位置进行精准设置。“位置”的取值范围为0%~100%，数值越小，不透明度色标或色标越偏向左侧；数值越大，不透明度色标或色标越偏向右侧。当然，也可以直接左右拖动不透明度色标或色标，快速设置不透明度色标和色标的位置。

3.2.2 实现步骤

1. 绘制悬浮弹窗主体内容

Step 01 按【Ctrl+N】组合键，弹出“新建”对话框，设置“宽度”为500像素、“高度”为500像素、“分辨率”为72像素/英寸、“颜色模式”为RGB颜色、“背景内容”为白色，单击“确定”按钮。

Step 02 按【Shift+Ctrl+S】组合键，以名称“【案例3-2】端午节活动悬浮弹窗.psd”保存图像。

Step 03 选择“圆角矩形工具”，绘制一个246×298像素、圆角半径为10像素的圆角矩形，如图3-101所示。

Step 04 继续使用“圆角矩形工具”绘制圆角矩形，如图3-102所示。

Step 05 选择“多边形工具”，在选项栏中设置“边”为6，绘制六边形，如图3-103所示。

图3-101 圆角矩形1

图3-102 圆角矩形2

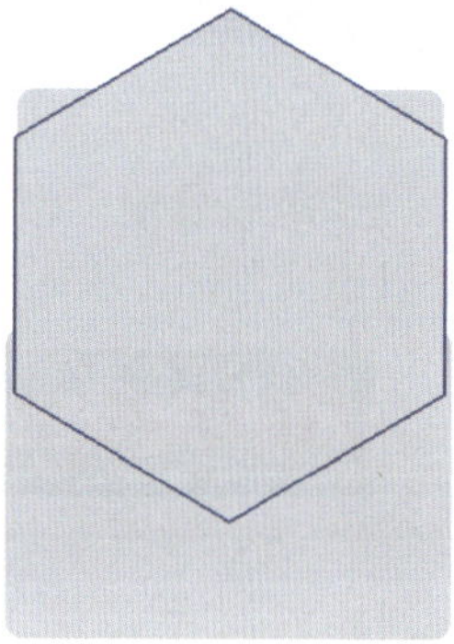

图3-103 六边形

Step 06 合并圆角矩形2和六边形，使用“路径选择工具”选中六边形，在选项栏中单击“路径操作”按钮，在弹出的菜单中依次选择“减去顶层形状”和“合并形状组件”选项，得到形状，如图3-104所示。

Step 07 选中圆角矩形1，在“圆角矩形工具”选项栏中，单击“填充”按钮，在弹出的菜单中单击“渐变”按钮，在下方设置渐变色值，如图3-105所示。

Step 08 设置圆角矩形1的描边颜色为黄色（RGB：255、212、89）。

Step 09 按照Step07和Step08的步骤，设置另一个形状的颜色，形状颜色如图3-106所示。

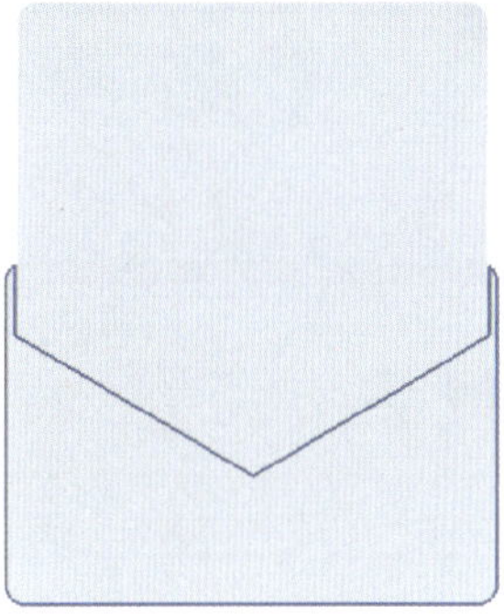

图3-104　形状

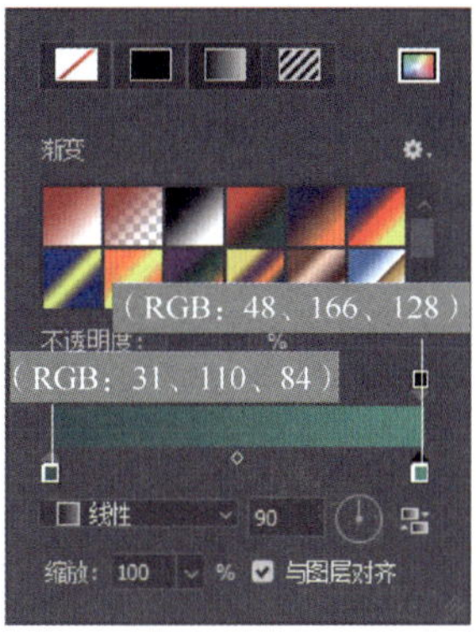

图3-105　设置渐变色值

图3-106　形状颜色

Step 10 置入素材“端午节习俗元素.png”，如图3-107所示。

Step 11 调整素材的位置和图层的顺序。悬浮窗主体内容如图3-108所示。

Step 12 使用“圆角矩形工具”绘制背景，并设置颜色，背景如图3-109所示。

图3-107　端午节习俗元素.png

图3-108　悬浮窗主体内容

图3-109　背景

2. 绘制悬浮弹窗文字及装饰

Step 01 使用“圆角矩形工具”绘制圆角矩形，并设置颜色，作为文字的背景，如图3-110所示。

图3-110　文字的背景1

Step 02 继续绘制圆角矩形，并设置颜色，如图3-111所示。

Step 03 按【Ctrl+T】组合键调出定界框并右击，在弹出的快捷菜单中选择“透视”命令，得到透视效果，并将圆角矩形3放在所有图层的最下方，圆角矩形3的位置如图3-112所示。

图3-111　圆角矩形3

图3-112　圆角矩形3的位置

Step 04 继续绘制圆角矩形，如图3-113所示。

Step 05 使用“椭圆工具” 绘制一个圆，并设置填充为灰色（RGB：232、232、232）到绿色（RGB：119、195、141）的线性渐变，描边为黄色（RGB：255、212、89），圆如图3-114所示。

图3-113　圆角矩形4

图3-114　圆

Step 06 继续绘制圆角矩形，并设置填充颜色为黄色（RGB：250、148、73）到浅黄色（RGB：255、223、196）的对称渐变，渐变角度为90°，圆角矩形如图3-115所示。

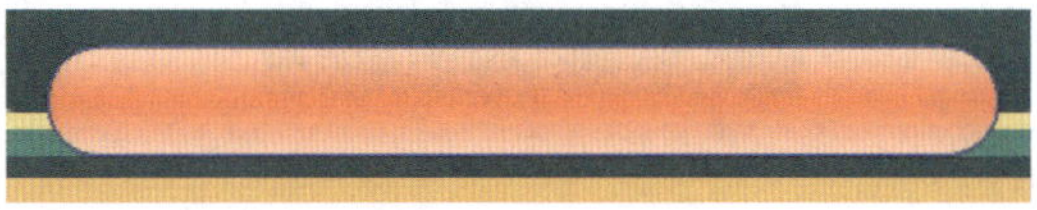

图3-115　圆角矩形5

Step 07 复制圆角矩形5，修改填充颜色为黄色（RGB：255、196、148）到橙色（RGB：255、110、2）的对称渐变，如图3-116所示。

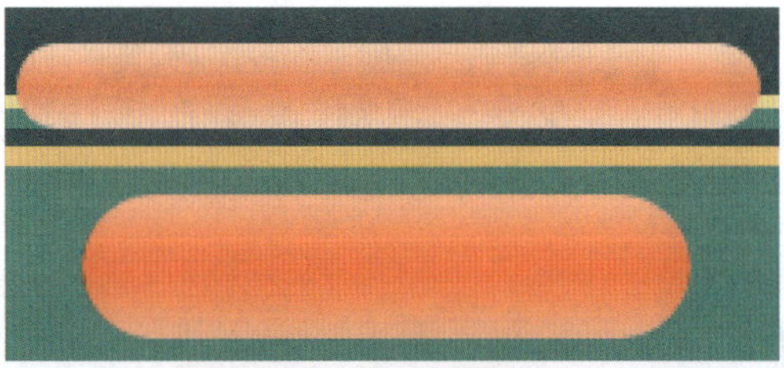

图3-116　复制圆角矩形5

Step 08 选择“横排文字工具”T，依次输入文字。

至此，端午节活动悬浮弹窗制作完成。

练一练：商品标签

根据本节所讲知识，绘制图3-117所示的商品标签。

图3-117　商品标签

3.3 【案例3-3】节日纪念徽章

泼水节是我国傣族、阿昌族、布朗族、佤族、德昂族等少数民族和中南半岛某些民族的新年节日。节日期间，人们相互泼水祝福，并举行拜佛、赛龙舟、放高升、点孔明灯等活动。本节使用Photoshop制作一个泼水节纪念徽章，通过学习本案例，读者能够掌握路径文字的创建方法，其效果如图3-118所示。

图3-118　“节日纪念徽章”效果展示

3.3.1　知识点讲解

1. 创建路径文字

创建路径文字是指输入的文字沿着开放路径或闭合路径的边缘进行排列，改变路径时，文字的排列方式也会随之改变。根据路径输入文字的流程如下：

①绘制路径。

②使用文字工具，单击路径。

③输入文字。

例如，打开素材“路径文字.jpg”，如图3-119所示。

在图3-119所示的素材上绘制路径，路径如图3-120所示。

选择“横排文字工具”T，将鼠标指针放置在路径上，当鼠标指针变为⌶状态时单击，此时出现占位符文字，表示已进入文字编辑状态。占位符文字如图3-121所示。

出现占位符文字后，输入图3-122所示的文字。

图3-119 素材“路径文字.jpg”

图3-120 路径

图3-121 占位符文字

图3-122 输入文字

在路径上输入文字时，文字既可以在路径的上方也可以在路径的下方，使用“路径选择工具”或“直接选择工具”拖动文字，可以改变文字的方向。

需要注意的是，在路径上输入文字时，路径的终点处可能会显示图标，这表示文字未显示完全，文字未完全显示示例如图3-123所示。

图3-123 文字未完全显示示例

图3-123所示的情况，可能是由于文字的输入范围过小，也可能是由于文字数量多，文字大或路径短导致的，需要根据不同的情况采取不同的解决办法。

当文字的输入范围过小时，需要扩大文字的输入范围，将文字完全显示。扩大文字输入范围的流程如下：

①输入文字后，选择“路径选择工具”或“直接选择工具”。

②将鼠标指针放置在文字上，当鼠标指针变为形状时拖动鼠标，可以看到或图标，这两个图标分别代表路径上文字区域的起点和终点，即起点图标和终点图标。拖动起点图标或终点图标，使这两个图标的间距变大，当两个图标均处于路径的两端时，表示文字的输入范围已经扩大到极限。

一般情况下，完成上述两个流程后，文字会完全显示。若仍旧未完全显示，表示文字数量多、文字大或路径短，这时，需要调整文字的数量、大小或路径的长短。

当然，在Photoshop中，不仅能够在路径上输入文字，还可以在椭圆形、矩形等封闭路径的内部输入文字，将鼠标指针放在路径内部，当鼠标指针变成Ⓘ形状时，单击确定插入点并输入文字，文字可以在路径内部进行排列。文字在路径内部排列示例如图3-124所示。

2. 变形文字

变形文字是对创建的文字进行变形处理后所得的文字效果。例如，可以将文字变形为扇形、鱼形、拱形、旗帜、波浪等效果。在进行变形文字操作时无须进行文字的栅格化操作。

打开素材图像“京剧.psd”，如图3-125所示，选中文字图层。在“文字工具”选项栏中单击“创建文字变形”按钮，弹出“变形文字”对话框，如图3-126所示。

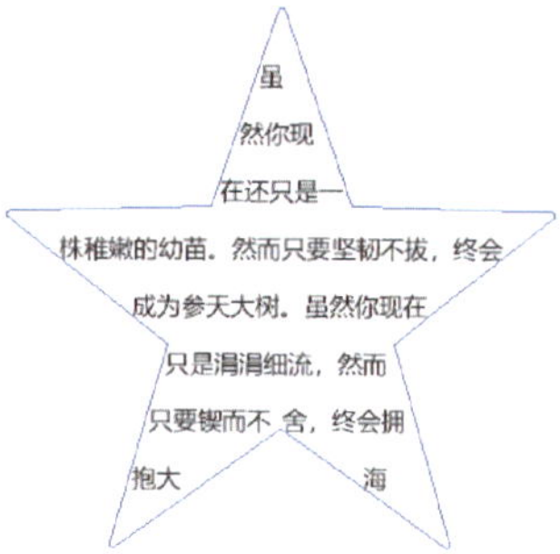

图3-124 文字在路径内部排列示例

图3-125 文字素材

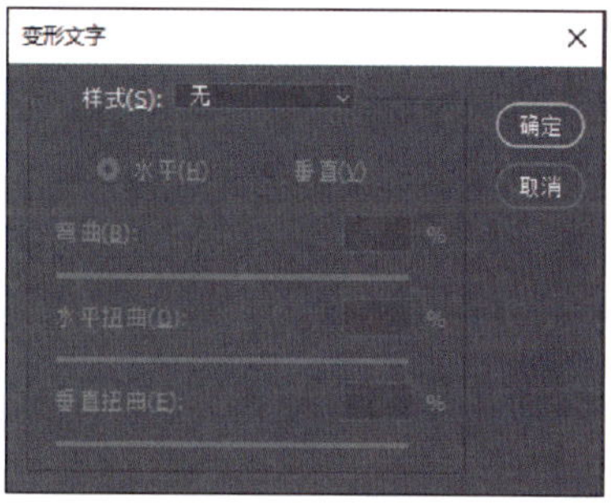

图3-126 “变形文字”对话框

单击“样式”下拉按钮，弹出样式下拉列表，如图3-127所示。

在样式下拉列表中选中一个样式后，可在“变形文字”对话框中设置各选项的值，例如设置“样式”为“扇形”，如图3-128所示。此时会得到变形效果，如图3-129所示。

在“变形文字”对话框中，提供了多个选项，通过调整这些选项，可以让文字呈现出更加个性化的变形效果。对这些选项的介绍如下。

- “样式”：在该选项的下拉列表中可以选择15种不同的变形样式。
- “水平”/“垂直”：选择“水平”，文本扭曲的方向为水平方向；选择“垂直”，文本扭曲的方向为垂直方向。
- “弯曲”：用来设置文本的弯曲程度。
- “水平扭曲”/“垂直扭曲”：可以让文本产生透视扭曲效果。

图3-127 样式下拉列表

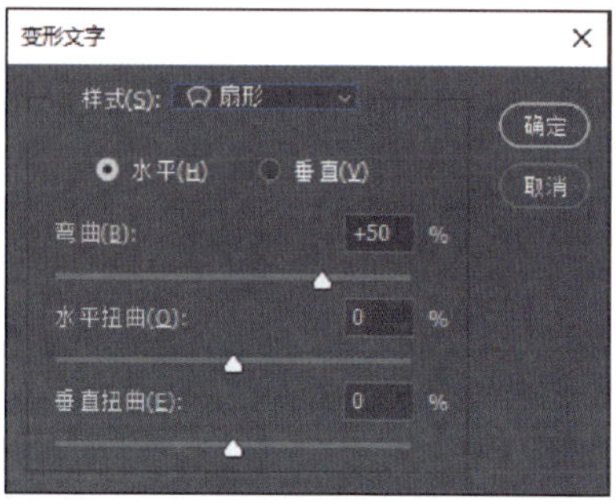

图3-128 设置“样式”为“扇形”

图3-129 变形效果

创建变形文字后，若没有栅格化或转化为形状，都可以通过“变形文字”对话框重置变形参数或取消变形。

3.3.2 实现步骤

Step 01 按【Ctrl+N】组合键，弹出“新建”对话框，设置“宽度”为500像素、“高度”为500像素、“分辨率”为72像素/英寸、“颜色模式”为RGB颜色、“背景内容”为白色，单击“创建”按钮。

Step 02 按【Shift+Ctrl+S】组合键，以名称“【案例3-3】节日纪念徽章.psd”保存图像。

Step 03 绘制一个蓝色（RGB：0、42、100）的圆，如图3-130所示。

图3-130 蓝色的圆

Step 04 复制圆，将其等比例缩小，并设置颜色为白色，白色的圆如图3-131所示。

Step 05 继续复制圆，并调整大小，取消填充颜色，设置描边颜色为白色，白色的描边圆如图3-132所示。

Step 06 绘制一个圆路径，如图3-133所示。

Step 07 选择“横排文字工具”，在“字符”面板中，设置字体为文鼎行楷碑体、文字大小为55点、字间距为600。

图3-131 白色的圆

图3-132 白色的描边圆

图3-133 圆路径

Step 08 将鼠标指针放在圆路径上，待鼠标指针变为形状时单击，确定文字输入起点。

Step 09 输入文字“泼水节活动纪念”，按【Ctrl+Enter】组合键完成文字的输入，文字如图3-134所示。

Step 10 选择“路径选择工具”，将鼠标指针放在路径上，待鼠标指针变为形状时，拖动鼠标，调整文字的位置，如图3-135所示。

Step 11 继续输入文字“泼水节”，在“字符”面板中设置字体为方正琥珀简体，文字大小如图3-136所示。

Step 12 在“横排文字工具”选项栏中，单击“创建文字变形”按钮，弹出“变形文字”对话框，设置“弯曲”为50%，“变形文字”对话框如图3-137所示。文字变形效果如图3-138所示。

图3-134 文字

图3-135 文字的位置

图3-136 文字大小

Step 13 置入素材“水花.png”，如图3-139所示。

Step 14 调整水花的大小、角度，并进行复制。

至此，节日纪念徽章制作完成。

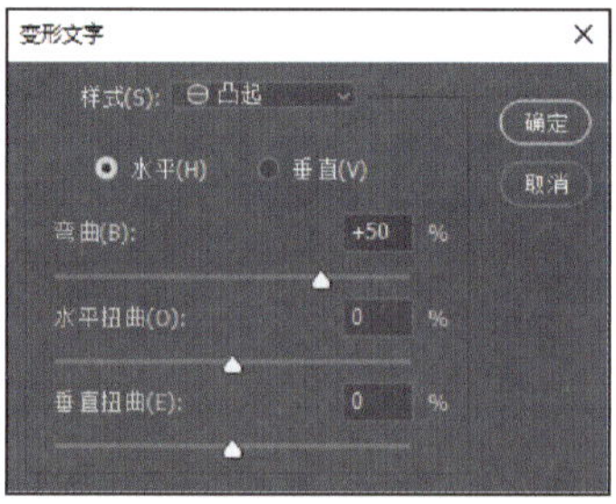

图3-137 “变形文字”对话框

图3-138 文字变形效果

图3-139 素材“水花.png”

练一练：绘制图形

根据本节所讲知识，绘制图3-140所示的任一图形。

图3-140 水果图形

小 结

本章首先介绍了路径的概念，包括路径与锚点的关系、钢笔工具的使用以及路径的基本操作。接着，讲解了文字工具的使用，包括如何编辑文字和设置文字属性。随后，介绍了形状工具及其操作，如椭圆工具、其他形状工具以及形状的布尔运算。最后，讲解了文字的变形操作，包括如何创建路径文字和进行文字变形。

通过学习本章内容，读者能够掌握矢量工具和文字工具的使用方法，并能够完成元宵节Banner、端午节活动悬浮弹窗和节日纪念徽章三个案例。

第4章 图层样式与混合模式

学习目标

知识目标

◎ 了解图层的混合模式，能够说出图层混合模式的作用及种类。

能力目标

◎ 掌握图层样式的应用方法，能够添加并编辑图层样式效果；

◎ 掌握图层混合模式的应用方法，能够设置图层的混合模式。

素质目标

◎ 在应用图层样式和混合模式制作案例时，可以从不同角度思考，寻找独特的设计视角和切入点，以得到更佳的设计效果；

◎ 在学习图层样式和混合模式时，可以尝试多种组合，挑战现状，发现潜在的改进空间和创新点。

通过前三章的学习，相信读者已经能够使用选框工具和矢量工具绘制简易的图形。然而，在实际的设计与操作中，经常需要为这些图形增添立体感或将不同图层进行融合。这时，图层样式和混合模式就派上了用场。本章将通过两个实用案例详细介绍图层样式和混合模式的应用。

4.1 【案例4-1】质感圆形图标

“图层样式”是制作图形效果的重要手段之一，它能够通过简单的操作，迅速将平面图形转化为具有材质和光影效果的立体图形。本节将制作一款质感圆形图标，通过本案例的学习，读者能够掌握“图层样式”的基本应用。质感圆形图标如图4-1所示。

图4-1　质感圆形图标

4.1.1　知识点讲解

1. 图层样式的基本操作

图层样式能以非破坏性的方式更改图层的外观效果。例如，通过图层样式为图层添加投影、渐变等外观效果时，并不影响图层本身。若要熟练地利用图层样式为图层添加样式效果，则需要先掌握图层样式的基本操作。下面对图层样式的基本操作进行讲解。

(1) 添加图层样式

在Photoshop中添加图层样式时，既可以添加自定义图层样式，也可以添加系统预设的图层样式，具体方法如下。

①添加自定义图层样式：选中图层，单击“图层”面板下方的“添加图层样式”按钮，弹出图层样式列表，如图4-2所示。

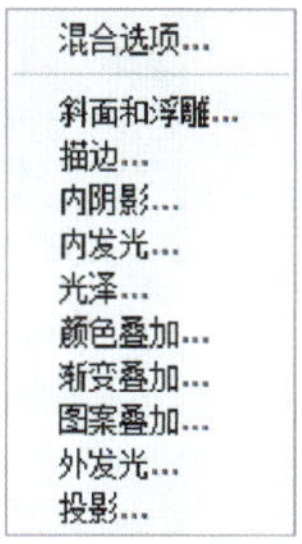

图4-2　图层样式列表

在图4-2所示的图层样式列表中，选择其中一个图层样式，会打开“图层样式”对话框，如图4-3所示。

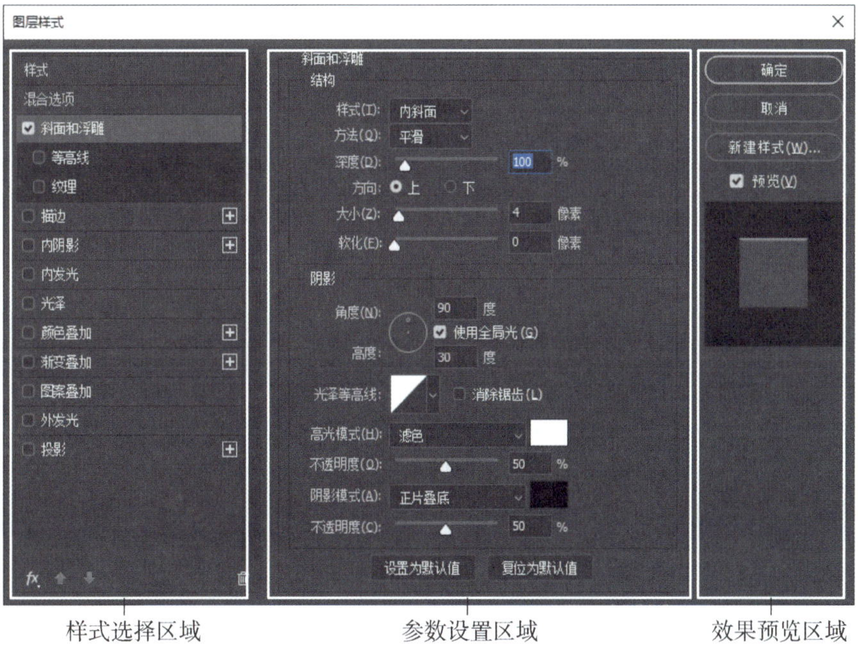

图4-3　“图层样式”对话框

在图4-3所示的“图层样式”对话框中，包括样式选择区域、参数设置区域和效果预览区域。使用“图层样式”对话框为图层添加图层样式的流程如下：

- 在样式选择区域勾选图层样式，为选中的图层应用该图层样式。
- 在参数设置区域为选中的图层样式设置参数。
- 在效果预览区域预览图层样式所产生的效果，单击“确定”按钮，完成图层样式的应用。

值得一提的是，在样式选择区域中，若图层样式的右侧显示⊞，代表该图层样式可以被多次添加。另外，双击图层的空白处，也会弹出“图层样式”对话框，图层空白处示例如图4-4所示。

应用图层样式后，图层样式会与图层链接在一起。移动或编辑图层时，图层样式也会随之改变。在“图层”面板中，应用了图层样式的图层右侧会显示，且图层样式的名称会显示在图层下方。图层样式名称的显示位置示例如图4-5所示。

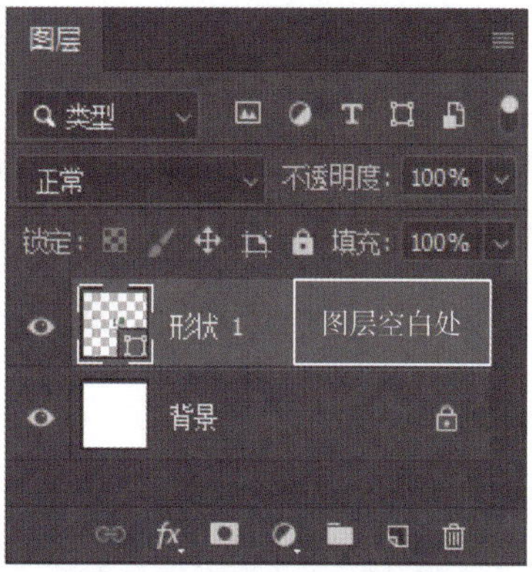

图4-4　图层空白处示例

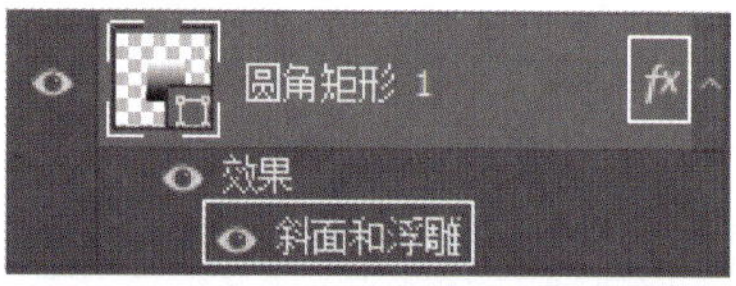

图4-5　图层样式名称的显示位置示例

②添加系统预设的图层样式：Photoshop提供了多个图层样式预设，选择“窗口”→“样式”命令，弹出“样式”面板，如图4-6所示。

图4-6　“样式”面板

在图4-6所示的“样式”面板中包含了多个样式，单击样式组中的某个样式，系统会自动为选中图层添加该样式中所包含的图层样式。

在“图层样式”对话框的样式选择区域选中“样式”，参数设置区域也会显示图层样式预设，应用方法同上。

（2）修改图层样式

双击图层样式的名称，弹出“图层样式”对话框，在其中可以对图层样式进行修改。修改图层样式的流程如下：

①在“图层样式”对话框的样式选择区域选中对应的图层样式。

②在参数设置区域对参数进行修改。

③单击效果预览区域的“确定”按钮，完成图层样式的修改。

（3）删除图层样式

删除图层样式有两种方式，具体介绍如下：

①删除单个图层样式：将图层样式的名称拖动至“删除图层”按钮，释放鼠标，完成单个图层样式的删除操作。删除单个图层样式示例如图4-7所示。

②删除所有图层样式：拖动图层右侧的fx图标至“删除图层”按钮，释放鼠标，完成所有图层样式的删除操作。删除所有图层样式示例如图4-8所示。

（4）隐藏与显示图层样式

隐藏与显示图层样式的方式有两种，具体介绍如下：

①隐藏与显示单个图层样式：单击图层样式名称左侧的按钮，能够隐藏该图层样式，再次单击可显示该图层样式。

②隐藏与显示所有图层样式：单击“效果”左侧的按钮，能够隐藏图层中的所有图层样式。

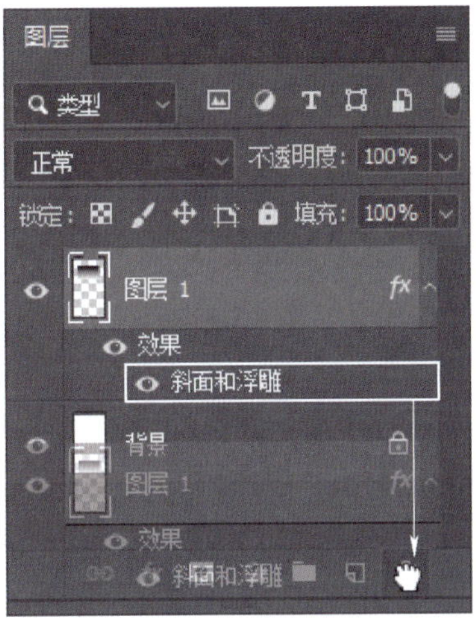

图4-7　删除单个图层样式示例

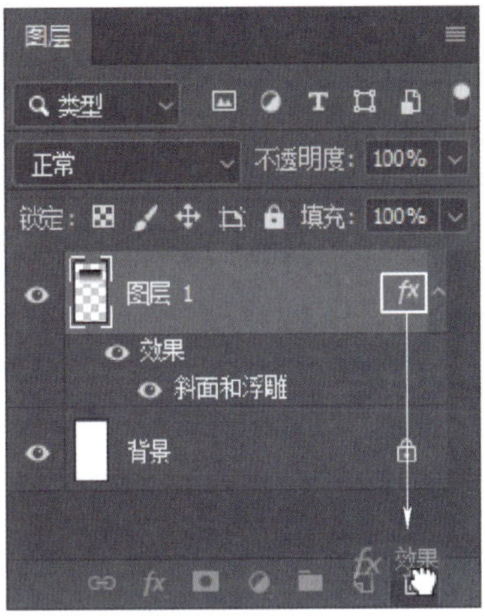

图4-8　删除所有图层样式示例

（5）复制与粘贴图层样式

复制与粘贴图层样式的方式有两种，具体介绍如下：

①复制与粘贴单个图层样式：按住【Alt】键的同时，拖动图层样式的名称至目标图层，也可以将单个图层样式复制并粘贴到目标图层。

②复制与粘贴所有图层样式：首先，右击图层，在弹出的快捷菜单中选择“拷贝图层样式”命令；其次，右击目标图层，在弹出的快捷菜单中选择“粘贴图层样式”命令。

复制与粘贴图层样式示例如图4-9所示。

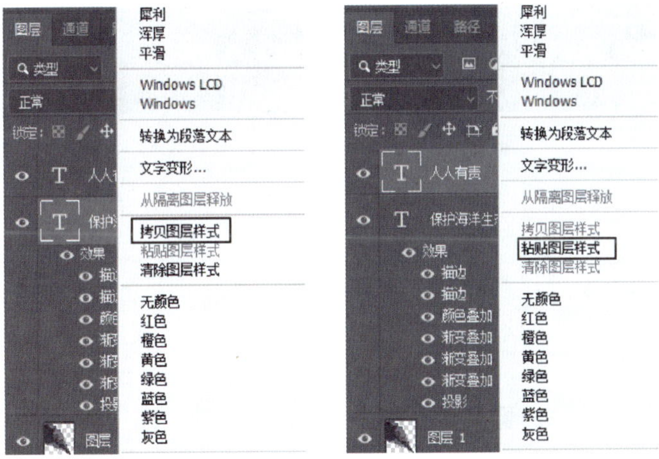

（a）复制图层样式　　（b）粘贴图层样式

图4-9　复制与粘贴图层样式示例

另外，按住【Alt】键的同时，拖动图层右侧的 fx 图标至目标图层，可以将图层中的所有图层样式全部复制并粘贴到目标图层。

注意：设置图层样式时，打开“图层样式”对话框，拖动画布，可以快速改变某些图层样式（包括“内阴影”“渐变叠加”“图案叠加”“光泽”“投影”“描边”等）的效果。

2. 图层样式的种类

Photoshop中提供了“斜面和浮雕”“描边”“内阴影”等10种图层样式，下面对这些图层样式进行讲解。

（1）斜面和浮雕

“斜面和浮雕”可以为图层添加高光与投影的各种组合效果，使图层呈现立体的浮雕效果。在“图层样式”对话框中勾选“斜面和浮雕”复选框，即可切换到“斜面和浮雕”参数设置区域，如图4-10所示。

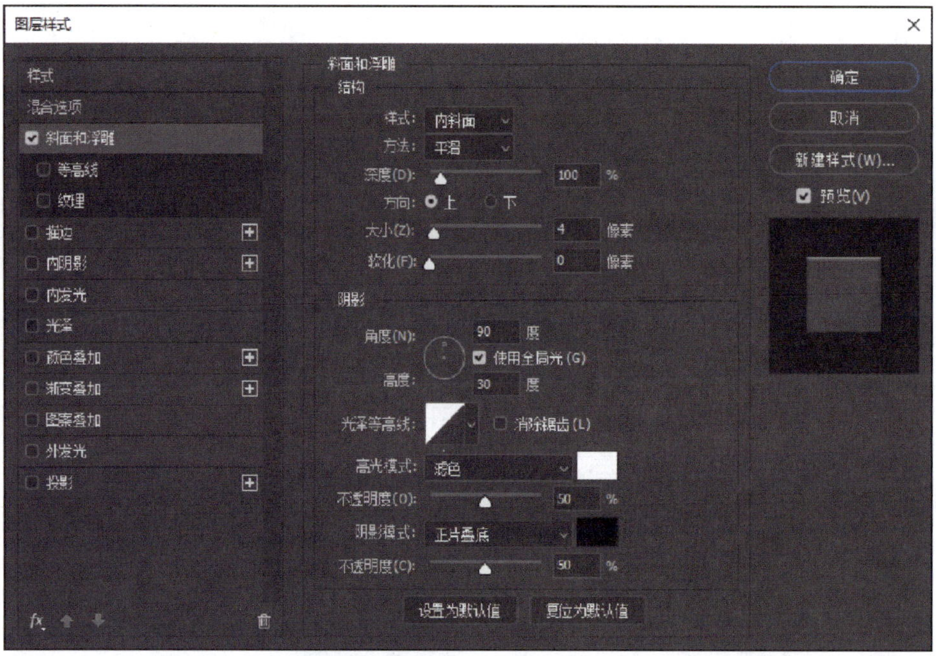

图4-10 “斜面和浮雕”参数设置区域

在图4-10所示的“斜面和浮雕”参数设置区域中，包括“样式”“方法”等选项。对这些选项的说明如下：

①“样式”：用于设置浮雕样式。单击下拉按钮，展开下拉列表，其中包括“外斜面”“内斜面”“浮雕效果”“枕状浮雕”“描边浮雕”五个样式选项，选择不同的样式，能够得到不同的浮雕效果。

例如，图4-11所示为原图像，为其应用“斜面和浮雕”图层样式后，在其参数设置区域设置“样式”分别为“内斜面”和“枕状浮雕”，可以看到不同样式所对应的不同效果。“内斜面”和“枕状浮雕”样式效果示例如图4-12和图4-13所示。

图4-11 原图像

图4-12 “内斜面”样式效果示例

图4-13 “枕状浮雕”样式效果示例

值得一提的是，在“斜面和浮雕”中，还包括“等高线”和“纹理”两个选项，通过设置这两个选项，可以得到更加个性化的浮雕效果。

②“方法”：用于设置创建浮雕的方法。包括“平滑”“雕刻清晰”“雕刻柔和”三个选项。

③“深度”：用于设置浮雕斜面的应用深度。通常情况下，“深度”数值越高，浮雕的立体性越强。

④“角度”：用于设置不同的光源角度。勾选“使用全局光”复选框，可以使同一画布中所有图层的光源角度统一，若不想使用全局光，取消勾选即可。

（2）描边

“描边”是使用带有颜色、渐变或图案的线条勾勒图层的轮廓。在“图层样式”对话框中勾选“描边”复选框，即可切换到“描边”参数设置区域，如图4-14所示。

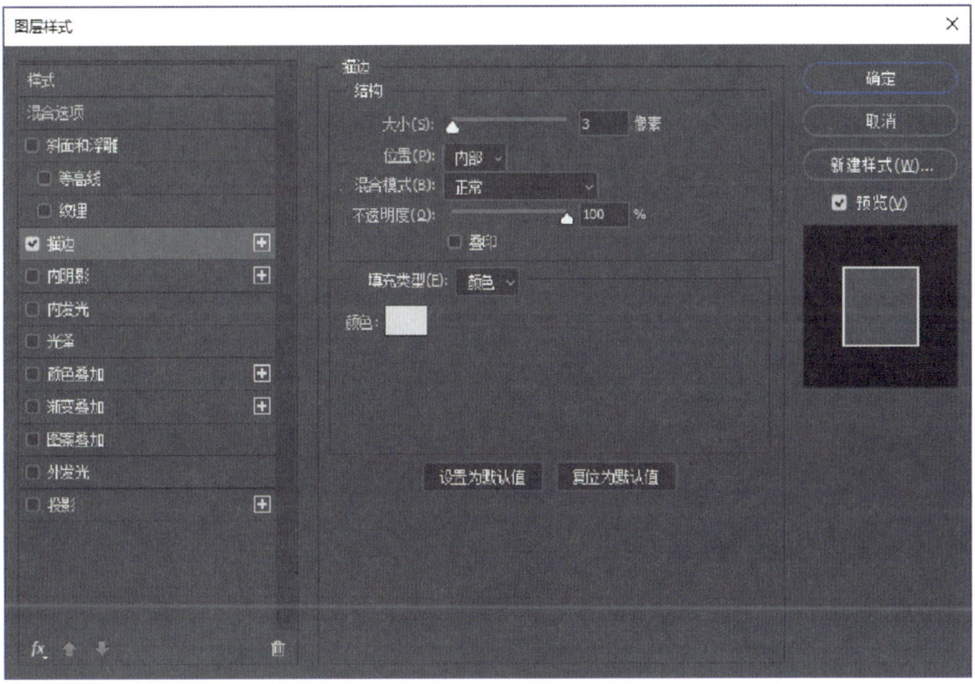

图4-14　“描边”参数设置区域

在图4-14所示的“描边”参数设置区域中，包括“大小”“位置”等选项。对这些选项的说明如下。

①“大小”：用于设置描边线条的粗细。“大小”数值越大，描边越粗。

②“位置”：用于设置描边线条的位置，包括“外部”“内部”“居中”三个选项。

③“填充类型”：用于设置填充描边的方式，包括“颜色”“渐变”“图案”三个选项。

④“颜色”：用于设置描边颜色。当“填充类型”不同时，该选项中会包含其他子选项。

图4-15所示为原图像，添加“描边”图层样式示例如图4-16所示。

图4-15　原图像

图4-16　添加“描边”图层样式示例

（3）投影与内阴影

“投影”是在图层背后添加阴影，使其产生立体感。在“图层样式”对话框中勾选“投影”，即可切换到“投影”参数设置区域，如图4-17所示。

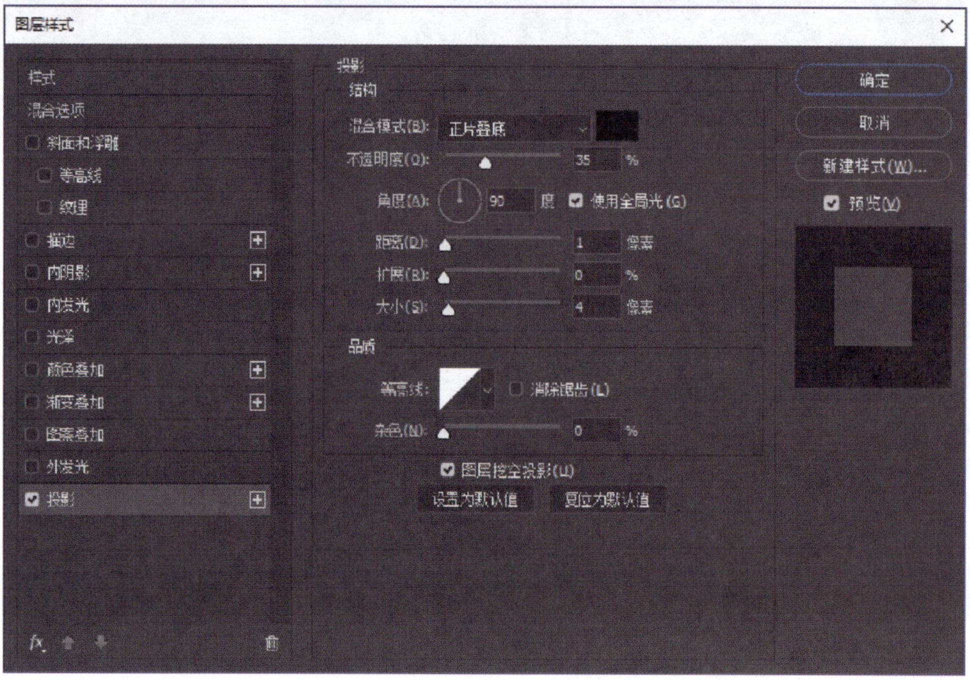

图4-17　“投影”参数设置区域

在“投影”参数设置区域中，包括“混合模式”“不透明度”等选项。对这些选项的说明如下：

①“混合模式”：用于设置阴影与图层的混合模式，默认为“正片叠底”。单击右侧的颜色块，可以设置阴影的颜色。

②“不透明度”：用于设置阴影的不透明度。

③“角度”：用于设置光源的照射角度，光源的照射角度不同，阴影的位置也不同。勾选“使用全局光”复选框，可以使图层样式中光源的照射角度保持一致。

④“距离”：用于设置阴影与图像的距离。

⑤“扩展”：用于设置阴影的投射强度。

⑥“大小”：用于设置阴影的大小。

⑦“杂色”：用于设置颗粒在投影中的填充数量。

⑧“图层挖空阴影”：控制半透明图层中阴影的可见性。

“内阴影”是在图像前面的内部边缘位置添加阴影，使其产生凹陷效果。

图4-18所示为原图像，添加“投影”后的效果示例如图4-19所示，添加“内阴影”后的效果示例如图4-20所示。

图4-18 原图像

图4-19 添加“投影”后的效果示例

图4-20 添加“内阴影”后的效果示例

（4）外发光与内发光

“外发光”是沿图层的边缘向外创建发光效果。在“图层样式”对话框中勾选“外发光”复选框，即可切换到“外发光”参数设置区域，如图4-21所示。

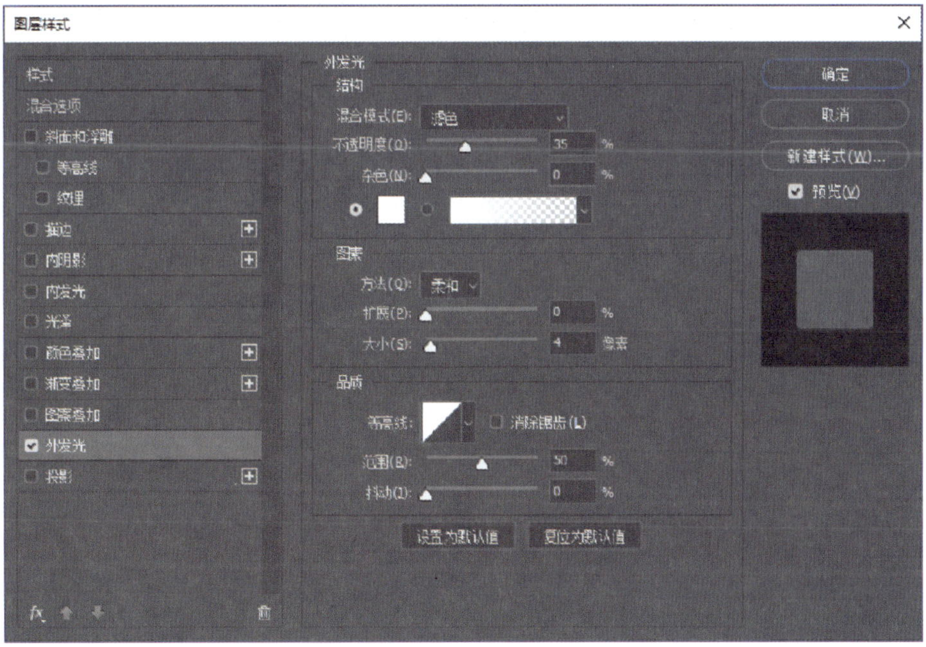

图4-21 “外发光”参数设置区域

在“外发光”参数设置区域中，除了在其他图层样式的参数设置区域讲解的“混合模式”“不透明度”等选项外，还包括“杂色”“方法”等选项。对这些选项的说明如下：

①“杂色”：用于在发光效果中随机添加颗粒。

②“方法”：用于设置发光的方法，以控制发光的准确程度，包括“柔和”和“精确”两个选项。

③“扩展”：用于设置发光范围的大小。

④“大小”：用于设置光晕范围的大小。

“内发光”是沿图层边缘向内创建发光效果。在“图层样式”对话框中勾选“内发光”，即可切换到“内发光”参数设置区域，如图4-22所示。

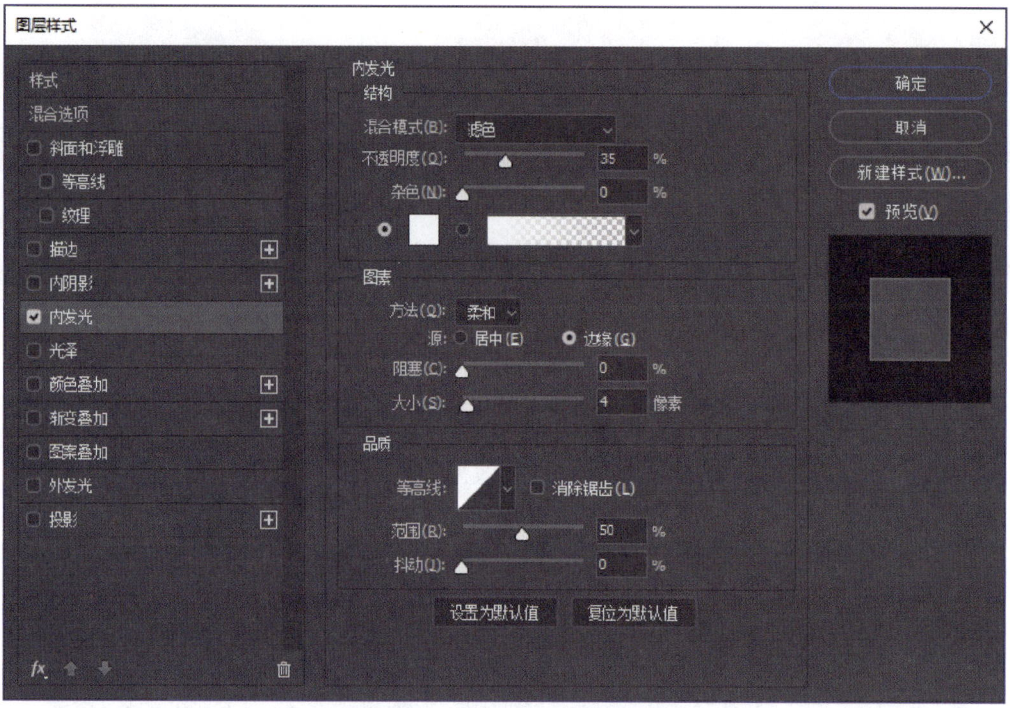

图4-22 “内发光”参数设置区域

在“内发光”参数设置区域中，还包括“源”“阻塞”等选项。对这些选项的说明如下。

①“源”：用于控制发光光源的位置，包括“居中”和“边缘”两个选项。选择“居中”，将从中心向外发光；选中“边缘”，将从边缘向中心发光。

②“阻塞”：用于设置光源向内发散的大小。

③“大小”：用于设置内发光的大小。

“外发光”和“内发光”都可以使图层产生发光的效果，只是发光的位置不同。图4-23所示为原图像，添加“外发光”的效果示例如图4-24所示，添加“内发光”的效果示例如图4-25所示。

（5）光泽

“光泽”可以为图层添加光泽效果，通常用于创建金属表面的光泽外观。在“图层样式”对话框中勾选“光泽”复选框，即可切换到“光泽”参数设置区域，如图4-26所示。

图4-23　原图像

图4-24　添加“外发光”的效果示例

图4-25　添加“内发光”的效果示例

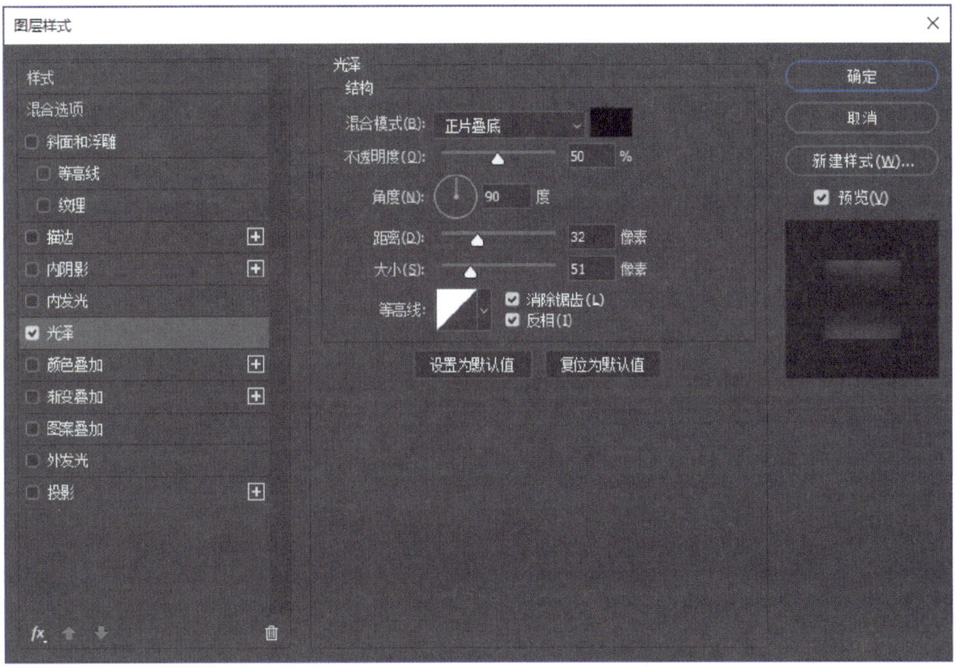

图4-26　“光泽”参数设置区域

在“光泽”参数设置区域中没有特别的选项，但可以通过选择不同的“等高线”来改变光泽的样式。图4-27所示为原图像，添加“光泽”后的效果示例如图4-28所示。

图4-27　原图像

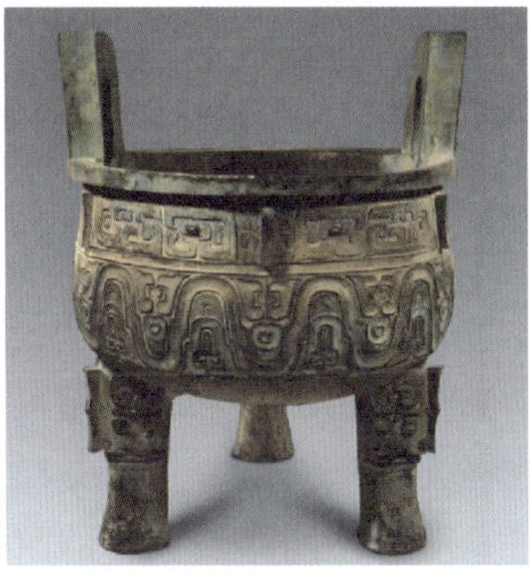

图4-28　添加“光泽”后的效果示例

（6）颜色叠加、渐变叠加和图案叠加

“颜色叠加”可以在图像上叠加指定的颜色，通过设置颜色的混合模式和不透明度控制叠加效果。图4-29所示为原图像，添加“颜色叠加”的效果示例如图4-30所示。

图4-29　原图像

图4-30　添加“颜色叠加”的效果示例

“渐变叠加”可以在图像上叠加指定的渐变颜色。在“图层样式”对话框中勾选“渐变叠加”复选框，即可切换到“渐变叠加”参数设置区域，如图4-31所示。

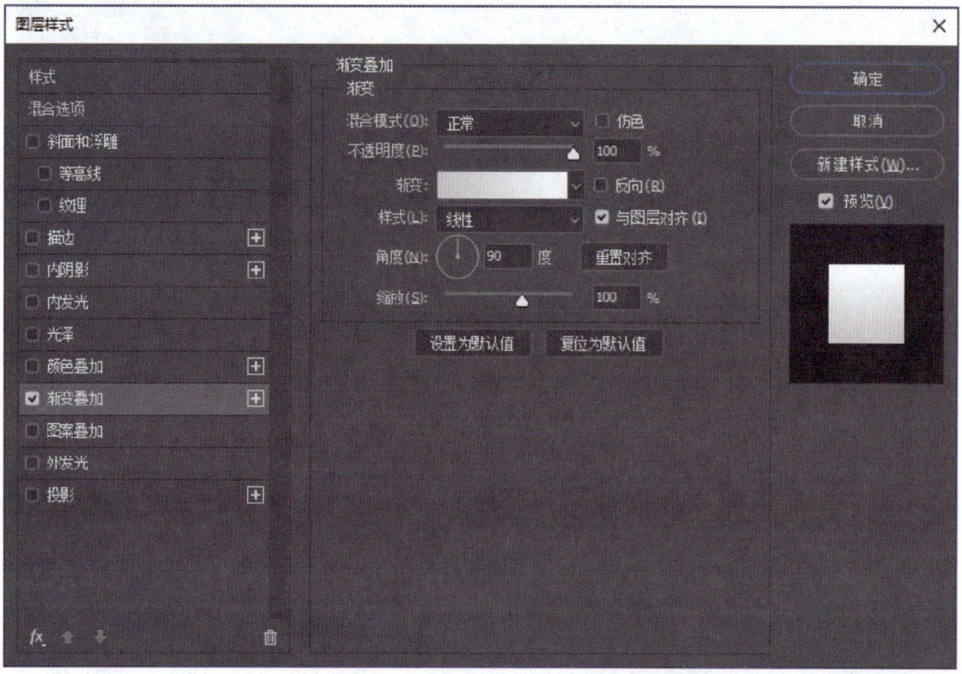

图4-31　“渐变叠加”参数设置区域

在“渐变叠加”参数设置区域中，包括“渐变”“样式”等选项。对常用选项的说明如下：

①“渐变”：用于设置渐变颜色。

②“样式”：用于设置渐变类型。

③“角度”：用于设置光源的照射角度。

依旧以图4-29所示的图像为原图像，为其添加“渐变叠加”的效果示例如图4-32所示。

图4-32　添加“渐变叠加”的效果示例

“图案叠加”可以在图像上叠加指定的图案。在“图层样式”对话框中勾选“图案叠加”复选框，即可切换到“图案叠加”参数设置区域，如图4-33所示。

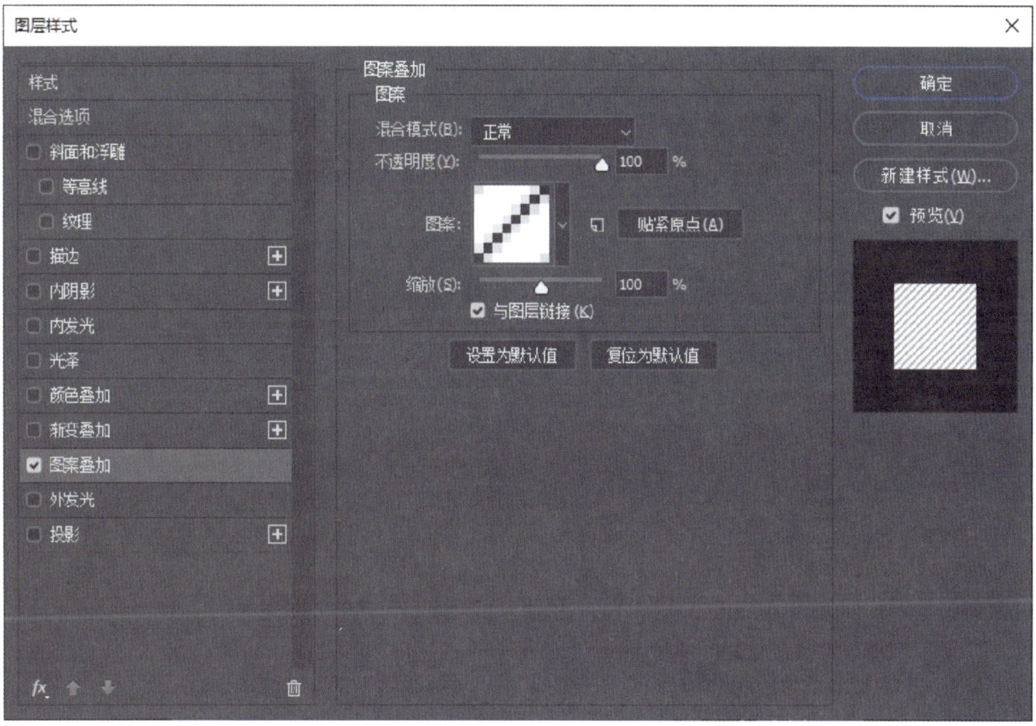

图4-33　“图案叠加”参数设置区域

在“图案叠加”参数设置区域中，“图案”用于选择图案预设；“缩放”用于设置图案的缩放程度。

依旧以图4-29所示的图像为原图像，为其添加“图案叠加”的效果示例如图4-34所示。

3. 混合选项

“混合选项”是对“图层样式”的高级设置。选择“图层”→“图层样式”→“混合选项”命令，或单击“图层”面板下方的“添加图层样式”按钮fx，在弹出的图层样式列表中选择“混合选项”选项，可以看到“混合选项”参数设置区域，如图4-35所示。

图4-34　添加“图案叠加”的效果示例

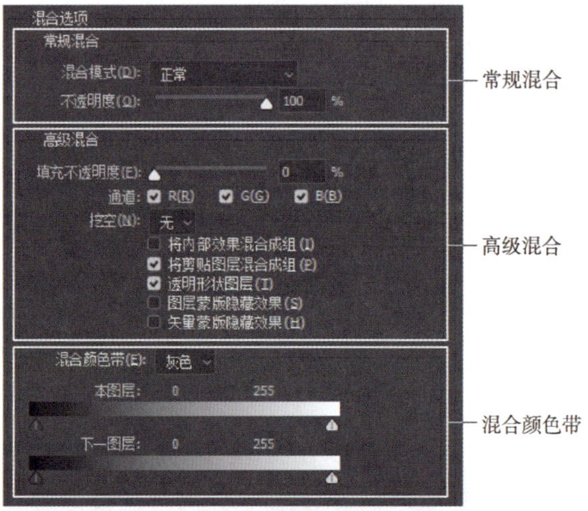

图4-35　“混合选项”参数设置区域

“混合选项”参数设置区域包括“常规混合”“高级混合”“混合颜色带”三部分，下面对这三部分进行介绍。

（1）常规混合

“常规混合”部分包括“混合模式”和“不透明度”两个选项，这两个选项与“图层”面板中的混合模式与不透明度的意义和设置方法一致，此处不再进行讲解。

（2）高级混合

“高级混合”部分主要用于对通道进行更详细的混合设置，包括“填充不透明度”“通道”“挖空”三个选项，对这些选项的说明如下：

①“填充不透明度”：可以设置图层的不透明度，不影响图层样式的不透明度。

②“通道”：可以对不同的通道进行混合。

③“挖空”：可以挖空下方图层。“挖空”选项与图层组和填充不透明度有关。“挖空”包括“无”“浅”“深”三个选项。选择“无”时表示不挖空图层；选择“浅”时表示挖空到图层组后的第一个图层；选择“深”时表示挖空到背景图层。

例如，打开“高级混合.psd”素材，素材包含的图层示例如图4-36所示。

图4-36　素材包含的图层示例

在“混合选项”参数设置区域中，分别设置“椭圆1”图层的“挖空”为“浅”和“深”，再调整“填充不透明度”为0%，“挖空”为“浅”和“挖空”为“深”的效果示例如图4-37所示。

（a）“挖空”为“浅”的效果示例　　（b）“挖空”为“深”的效果示例

图4-37　“挖空”为“浅”和“挖空”为“深”的效果示例

（3）混合颜色带

“混合颜色带”是一种特殊的高级蒙版（关于蒙版，将在第7章进行讲解），可以快速隐藏图层中的像素。通常情况下，蒙版只能隐藏一个图层中的像素，而“混合颜色带”不仅可以隐藏本图层中的像素，还可以使下面图层中的像素穿透上面的图层显示出来。

在“混合颜色带”中，包括通道、本图层和下一图层，具体介绍如下：

①通道：用于选择通道，在RGB颜色模式下，包括“灰色”“红”“绿”“蓝”四个通道，默认是“灰色”通道，即全部通道。一般情况下，选择“灰色”进行操作。

②本图层：用于调整本图层像素的亮部和暗部。白色滑块代表亮部像素，黑色滑块代表暗部像素。

③下一图层：用于调整下一图层像素的亮部或暗部。

拖动滑块可以改变图层的亮部和暗部，按住【Alt】键的同时拖动滑块，滑块会被分为两部分，这样可以使图像上、下两个图层的颜色过渡更加平滑，滑块分为两部分示例如图4-38所示。

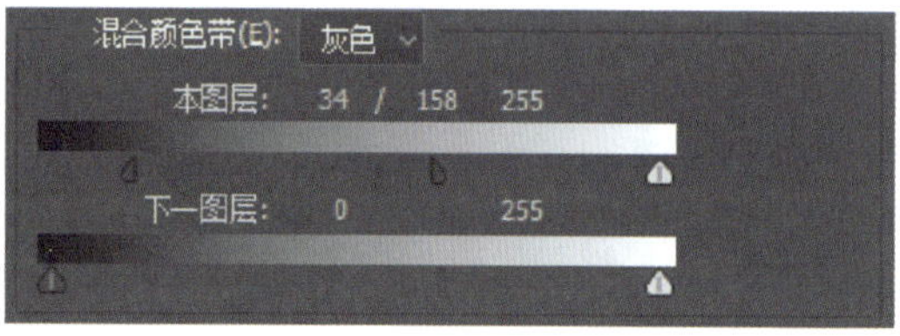

图4-38　滑块分为两部分示例

例如，通过“混合颜色带”抠出火圈示例如图4-39所示。

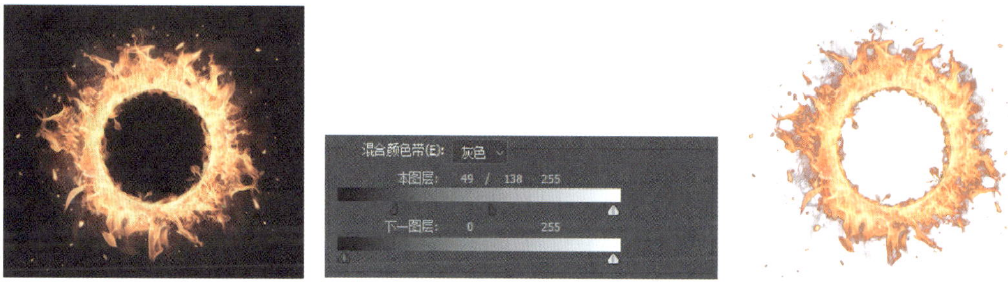

图4-39　使用混合颜色带抠出火圈示例

4.1.2 实现步骤

1. 绘制渐变背景

Step 01 按【Ctrl+N】组合键，弹出“新建”对话框，设置“宽度”为600像素、“高度”为600像素、“分辨率”为72像素/英寸、“颜色模式”为RGB颜色、“背景内容”为白色，单击“确定”按钮，完成画布的创建。

Step 02 选择“文件”→“存储为”命令，在弹出的对话框中以名称“【案例4-1】质感圆形图标.psd”保存图像。

Step 03 按【Alt+Ctrl+Shift+N】组合键，新建“图层1”。

Step 04 设置前景色为灰色（RGB：142、142、142），按【Alt+Delete】组合键为“图层1”填充灰色。

Step 05 单击“图层”面板下方的“添加图层样式”按钮 fx，弹出“图层样式”菜单，如图4-40所示。

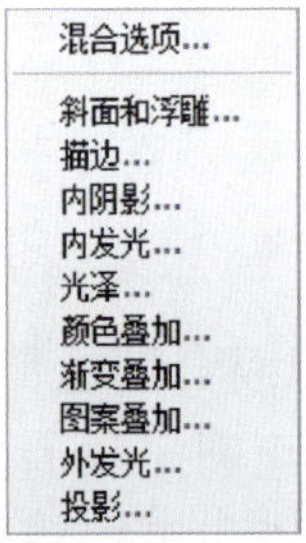

图4-40 “图层样式”菜单

Step 06 选择“内阴影”选项，在弹出的“图层样式”对话框中，设置内阴影“距离”为0像素、“大小”为200像素，如图4-41所示。单击“确定”按钮，效果如图4-42所示。

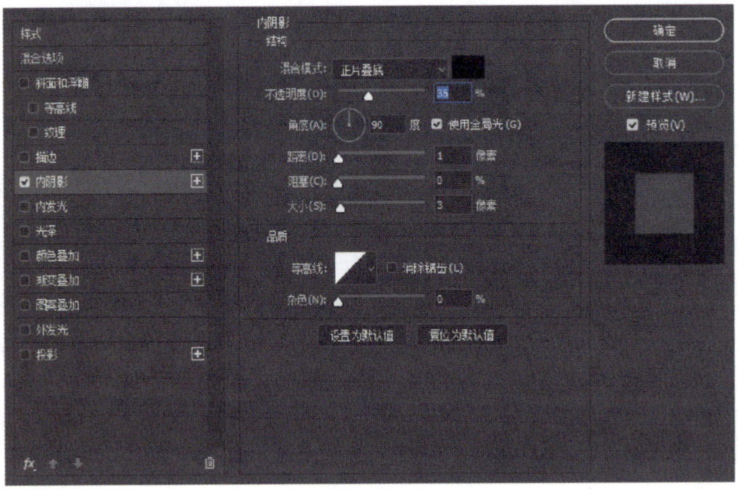

图4-41 设置“内阴影”选项

图4-42 渐变背景

2. 绘制图标外轮廓并添加图层样式

Step 01 选择“椭圆工具”，在选项栏中设置“填充”为黑色。将鼠标指针置于画布中心位置，按住【Alt+Shift】组合键不放，绘制圆形状，大小和位置如图4-43所示。

图4-43 绘制圆形状

Step 02 选中“椭圆1”，单击“添加图层样式”按钮 fx，在弹出的“图层样式”菜单中选择“渐变叠加”命令，弹出“图层样式”对话框。

Step 03 单击渐变条按钮，弹出“渐变编辑器”对话框，如图4-44所示。设置左侧色标颜色为黑色，右侧色标为灰色（RGB：85、85、85），单击“确定”按钮；继续设置“不透明度”为100%、“角度”为130°，如图4-45所示。

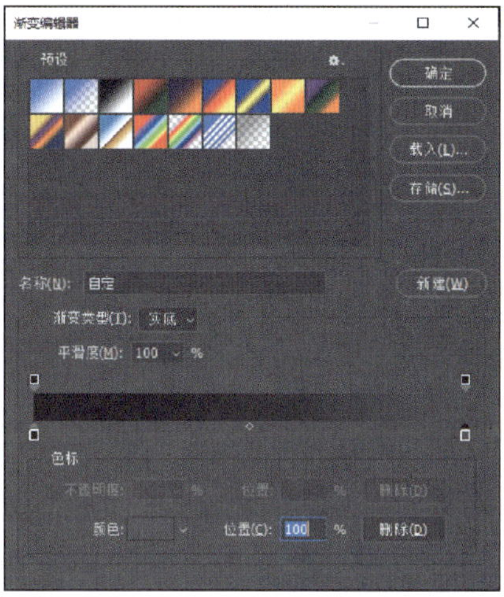

图4-44　“渐变编辑器”对话框

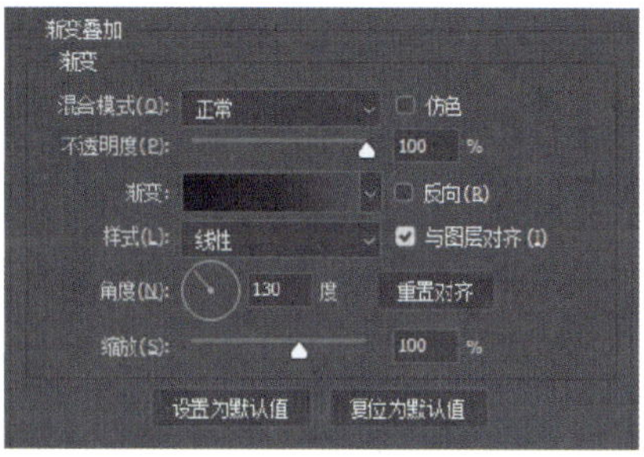

图4-45　设置“渐变叠加”选项

Step 04 勾选对话框左侧“样式”下的“描边”复选框，然后设置“大小”为10像素、“位置”为内部、“填充类型”为渐变、“角度”为130°。单击渐变条按钮，弹出“渐变编辑器”对话框。设置左侧色标颜色为黑色，右侧色标为灰色（RGB：198、198、198），如图4-46所示。

Step 05 勾选对话框左侧“样式”下的“内阴影”复选框，然后设置“角度”为130°、“距离”为12像素、“大小”为2像素，设置效果如图4-47所示。

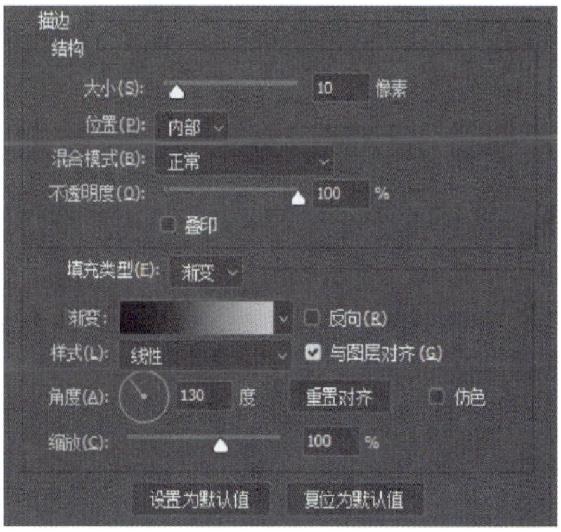

图4-46　设置“描边”选项

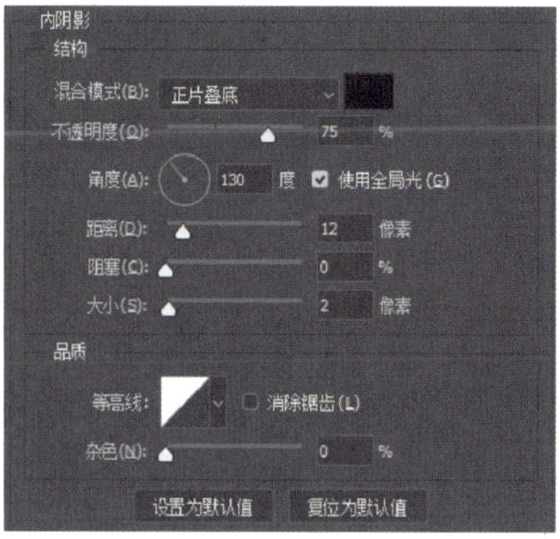

图4-47　设置“内阴影”选项

Step 06 勾选对话框左侧“样式”下的“投影”复选框，然后设置“不透明度”为60%、“角度”为130°、“距离”为15像素、“大小”为20像素，如图4-48所示。单击“确定”按钮，效果如图4-49所示。

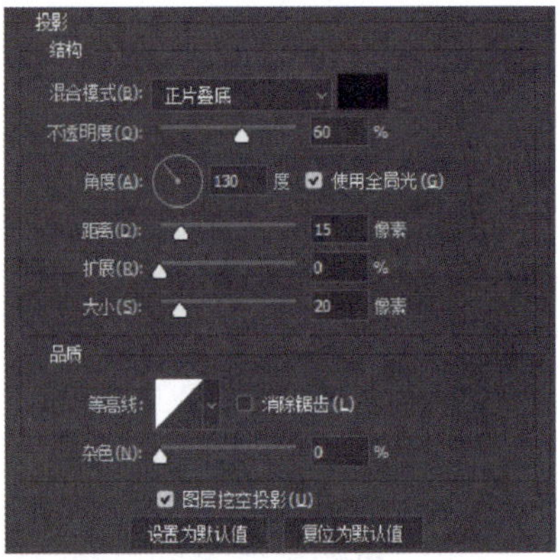

图4-48 设置“投影”选项

图4-49 图标外部轮廓

3. 绘制图标内部图案

Step 01 选择“椭圆工具”，将鼠标指针置于画布中心位置，按住【Alt+Shift】组合键不放，绘制一个圆形状。然后，在选项栏中设置“填充”为灰色（RGB：205、205、205），效果如图4-50所示。

Step 02 按【Ctrl+J】组合键，复制得到“椭圆2拷贝”，并更改填充颜色为橙色（RGB：255、138、0）；按【Ctrl+T】组合键调出定界框，按住【Alt+Shift】组合键不放，对“椭圆2拷贝”中的形状进行缩小，缩小效果如图4-51所示。

图4-50 绘制圆形状

图4-51 缩小效果

Step 03 选择“矩形工具”，绘制一个细长的矩形，得到“矩形1”图层，如图4-52所示。

Step 04 按【Ctrl+J】组合键，复制得到“矩形1拷贝”图层。按【Ctrl+T】组合键，在选项栏中设置“旋转”为90°，按【Enter】键确定旋转角度，然后再次按【Enter】键确定自由变换，效果如图4-53所示。

Step 05 选择“移动工具”，在“图层”面板中选中“矩形1拷贝”图层，然后按住【Shift】键不放，单击“背景”图层，将所有图层选中。在选项栏中单击“垂直居中对齐”按钮和“水平居中对齐”按钮，对齐效果如图4-54所示。

图4-52　矩形1

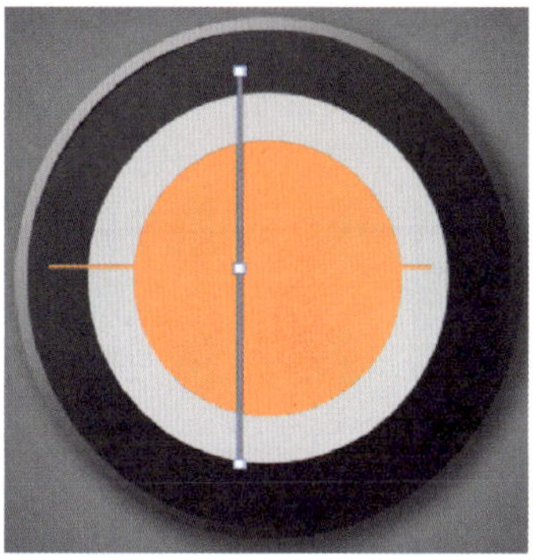

图4-53　矩形1拷贝

图4-54　对齐效果

Step 06 在“图层”面板中，选中“椭圆2拷贝”“矩形1”“矩形1拷贝”三个图层，按【Ctrl+E】组合键合并形状，得到新图层“矩形1拷贝”。

Step 07 选择“路径选择工具”，先在画布中单击选择两个细长矩形，然后在选项栏中单击“路径操作”按钮，弹出下拉菜单，选择“减去顶层形状”命令，修改圆形状，如图4-55所示。

Step 08 在选项栏中，再次单击“路径操作”按钮，弹出下拉菜单，选择“合并形状组件”命令，合并形状组件如图4-56所示。

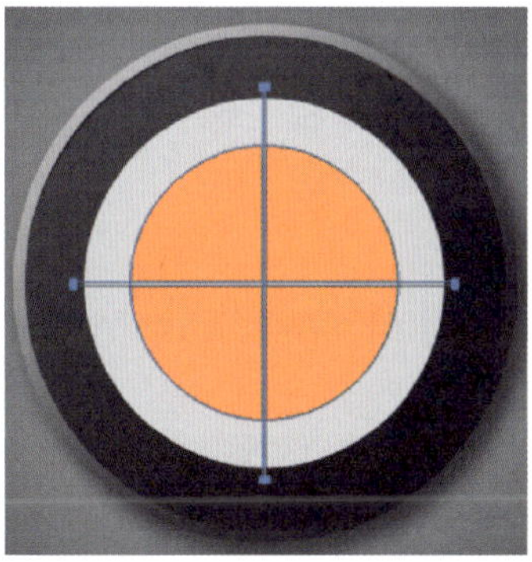

图4-55　修改圆形状

图4-56　合并形状组件

4. 更改图标内部颜色

Step 01 选择“直接选择工具”，在“矩形1拷贝”图层中，选择除左上角扇形之外的所有锚点，并按【Delete】键删除，删除后效果如图4-57所示。

Step 02 复制扇形图层，并调整扇形图层的位置和角度，如图4-58所示。

Step 03 为四个扇形填充颜色，分别为白色和蓝色（RGB：0、156、255），颜色如图4-59所示。

Step 04 选中四个扇形，按【Ctrl+T】组合键调出定界框，旋转45°，如图4-60所示。

图4-57　删除后效果

图4-58　调整扇形图层的位置和角度

图4-59　填充颜色

图4-60　旋转45°

5. 添加图标内部图案的图层样式

Step 01 选中“矩形1拷贝”图层，单击“图层”面板下方的“添加图层样式”按钮 fx，弹出“图层样式”菜单。

Step 02 选择“斜面和浮雕”命令，在弹出的“图层样式”对话框中，设置“样式”为内斜面、“方法”为雕刻清晰、“方向”为上、“大小”为3像素，如图4-61所示。

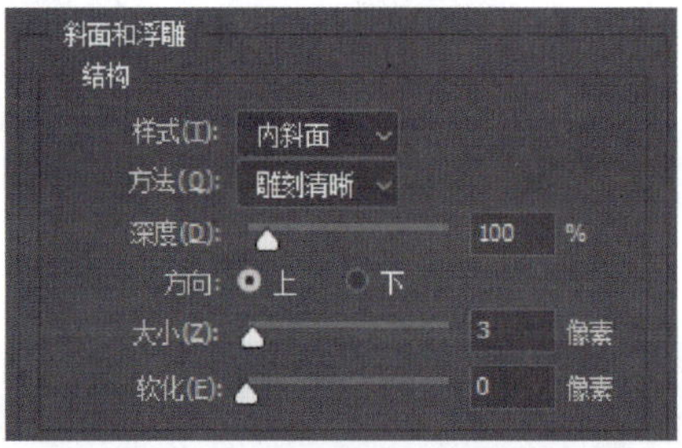

图4-61　设置“斜面和浮雕”选项

Step 03 在“图层”面板中，选中“矩形1拷贝”图层并右击，在弹出的快捷菜单中选择“拷贝图层样式”命令，复制图层样式。

Step 04 选中其他三个扇形图层并右击，在弹出的快捷菜单中选择“粘贴图层样式”命令，将图层样式粘贴到选中的图层中，效果如图4-62所示。

Step 05 在“图层”面板，选中“椭圆2”图层，单击“添加图层样式”按钮，弹出“图层样式”菜单。

Step 06 选择“斜面和浮雕”命令，在弹出的“图层样式”对话框中，设置“样式”

为外斜面、“方法”为平滑、“方向”为下、“大小”为5像素，如图4-63所示。

图4-62　将图层样式粘贴到选中的图层中

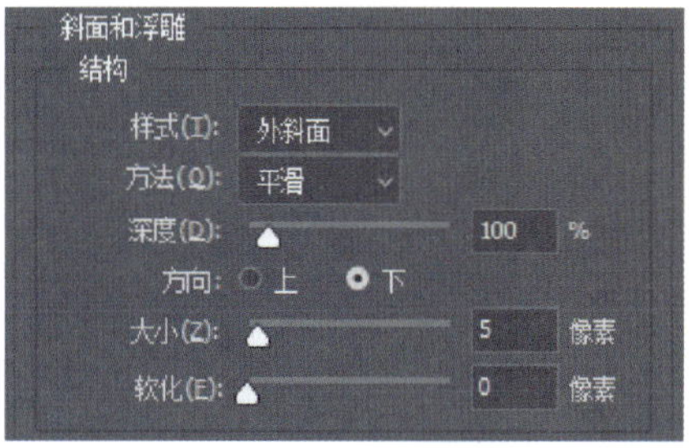

图4-63　设置“斜面和浮雕”选项

Step 07 选择“图案叠加”复选框，单击“图案”右侧的下拉按钮，在弹出的面板中单击“设置”按钮，在弹出的菜单中选择“旧版图案”命令。

Step 08 选择旧版图案中的第4个图案，设置“缩放”为63%，旧版图案如图4-64所示。图层效果如图4-65所示。

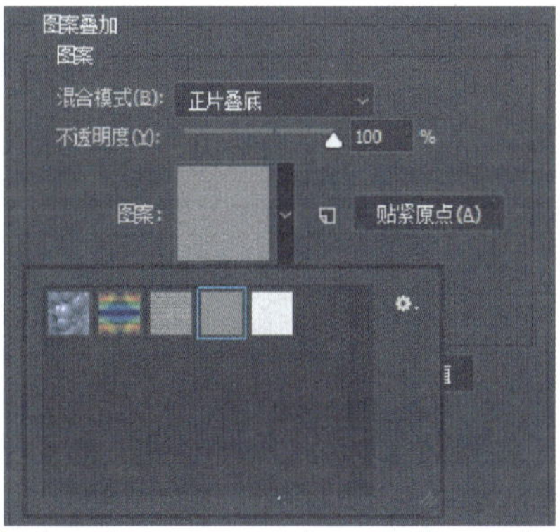

图4-64　旧版图案

图4-65　图层效果

Step 09 选中“椭圆2”图层，按【Ctrl+J】组合键，复制得到“椭圆2拷贝”图层。按【Ctrl+T】组合键调出定界框，同时按住【Alt+Shift】组合键不放，缩小“椭圆2拷贝”图层至4个扇形边缘，效果如图4-66所示。

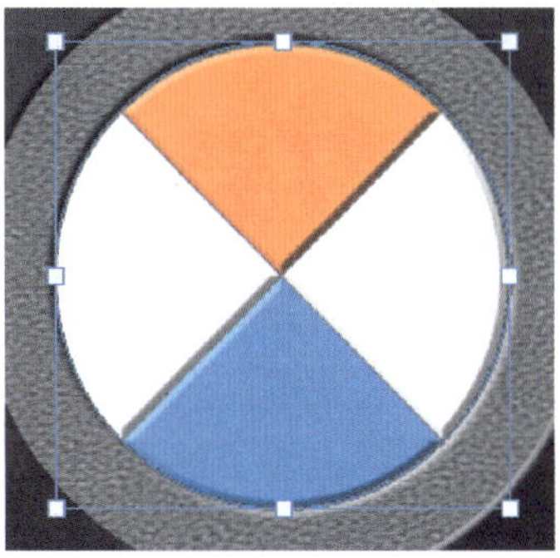

图4-66　扇形边缘

练一练：文字效果

运用图层样式绘制图4-67所示的文字效果。

图4-67　文字效果

4.2 【案例4-2】播放器图标

图4-68　播放器图标效果

在Photoshop中，通过图层的混合模式能够将相邻图层的像素进行混合。本节将制作一个播放器图标，通过本任务的学习，读者能够掌握图层的混合模式的应用技巧。播放器图标效果如图4-68所示。

4.2.1　知识点讲解

1. 认识图层的混合模式

图层的混合模式是指一个图层与其下方图层的混合方式，在Photoshop中默认的图层混合模式为“正常”，除了“正常”这一混合模式，还有多种图层的混合模式，例如，“正片叠底”“滤色”等。不同图层的混合模式得到的混合效果也不同。

在“图层”面板中，单击图层的混合模式，会弹出图层的混合模式下拉列表，如图4-69所示。

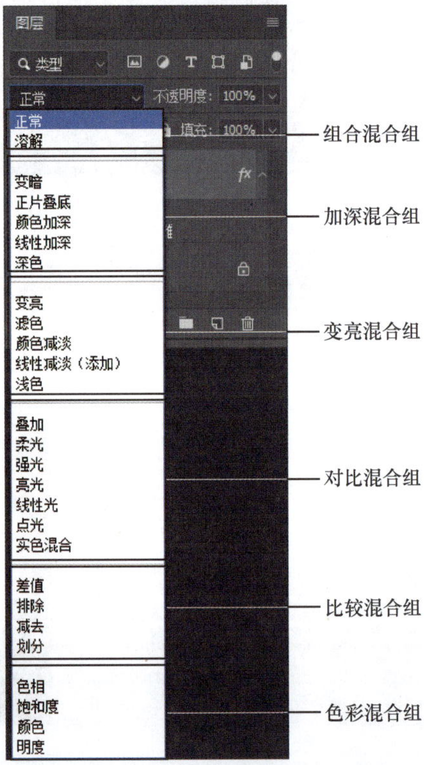

图4-69　图层的混合模式下拉列表

在图4-69所示的图层的混合模式下拉列表中可以看出，Photoshop将图层的混合模式分为6个组，27个图层的混合模式。选择图层的混合模式下拉列表中的一个混合模式，即可为选中图层应用混合模式。在设置混合模式的同时，通常还需要调整图层的不透明度，使混合效果更加理想。

需要注意的是，在设置图层的混合模式时，通常为上方的图层设置混合模式。本书统一将设置了混合模式的颜色称为混合色、原稿的颜色称为基色，混合得到的颜色称为结果色。

值得一提的是，在Photoshop中，混合模式除了应用在图层，还应用在画笔、铅笔、渐变等工具，其基本意义相同，只不过图层的混合模式用于控制上下图层之间的颜色混合，而其他工具中的混合模式，用于控制同一图层中，不同颜色之间的混合。掌握了图层的混合模式，则不难掌握其他工具的混合模式。下面以“正片叠底”“滤色”“叠加”3个图层的混合模式为例，对图层的混合模式进行讲解。

2. 正片叠底

“正片叠底”是Photoshop中常用的混合模式之一，通过“正片叠底”可以将基色与混合色进行混合，得到较暗的结果色。

在“正片叠底”混合模式下，黑色与任何颜色混合，产生黑色；白色与任何颜色混合，颜色不变。除了黑色和白色外，任意两种颜色混合均会得到较暗的结果色。混合模式为“正常”和“正片叠底”的示例如图4-70所示。

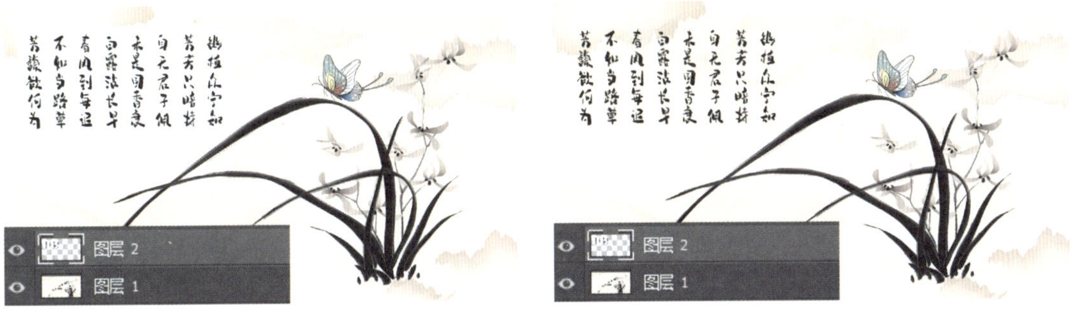

（a）混合模式为“正常”　　（b）混合模式为“正片叠底”

图4-70　混合模式为“正常”和“正片叠底”的示例

观察图4-70可以看出，上方图层中的白色被隐藏，而保留了图层中的黑色部分。在混合图层时，常常通过“正片叠底”混合模式保留图像中的深色部分。

3. 滤色

“滤色”与“正片叠底”相反，通过“滤色”可以将基色与混合色进行混合，得到较亮的结果色。一般情况下，“滤色”能够保留图层中较亮的部分，隐藏黑色部分。混合模式为“正常”和“滤色”的示例如图4-71所示。

（a）混合模式为“正常”　　（b）混合模式为“滤色”

图4-71　混合模式为“正常”和“滤色”的示例

观察图4-71可以看出，上方图层中的黑色被隐藏，而保留了图层中的亮色部分。在混合图层时，常常通过“滤色”混合模式加亮图像或去掉图像中的黑色部分。

4. 叠加

“叠加”是“正片叠底”和“滤色”的组合模式。通过“叠加”可以将基色与混合色进行混合，在保留基色的亮度和暗度的同时增强颜色。混合模式为“正常”和“叠加”的示例如图4-72所示。

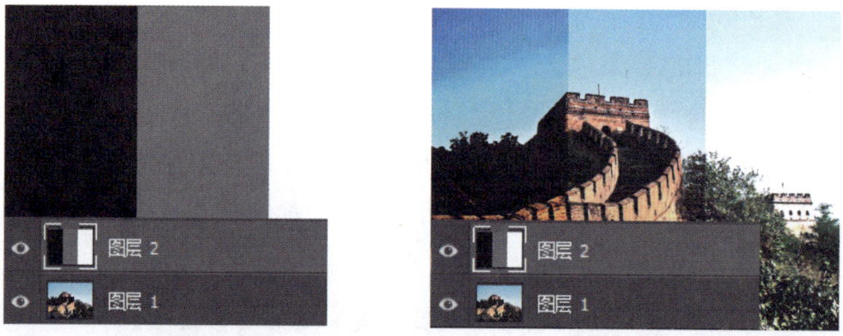

（a）混合模式为“正常”　　（b）混合模式为“叠加”

图4-72　混合模式为“正常”和“叠加”的示例

观察图4-72可以看出，结果色的对比度变得强烈。鉴于“叠加”的这种特性，通常运用“叠加”制作图像中的高光、亮色部分。

4.2.2　实现步骤

1. 绘制播放器背景

Step 01 新建一个800 × 800像素的文档。

Step 02 按【Ctrl+S】组合键，以名称“【案例4-2】播放器图标.psd”保存文档。

Step 03 将背景填充为蓝色（RGB：9、73、158）。

Step 04 打开图4-73所示的素材“纹理.jpg”。选择“移动工具”，将素材拖动到蓝色背景中，使素材铺满整个背景。将素材图层重命名为云朵素材。

Step 05 在“图层”面板中，设置素材图层的混合模式为“正片叠底”，“正片叠底”效果示例如图4-74所示。

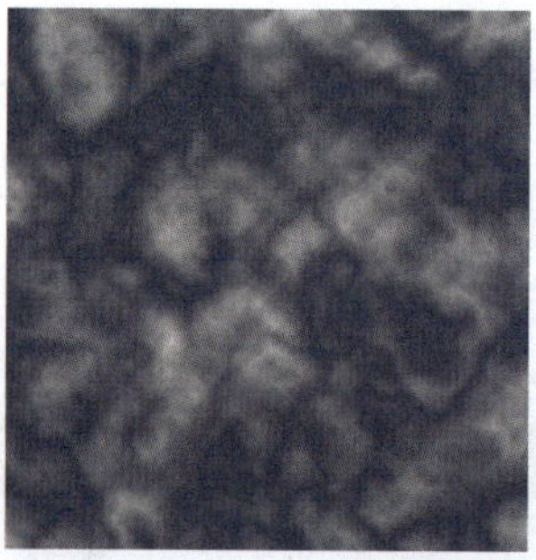

图4-73　素材“纹理.jpg”

图4-74　“正片叠底”效果示例

Step 06 按【Alt+Shift+Ctrl+N】组合键新建图层，得到“图层1”。选择“渐变工具”，在“图层1”中绘制蓝色（RGB：9、73、158）到透明的径向渐变，径向渐变示例如图4-75所示。

2. 绘制播放器基本形状

Step 01 选择“椭圆工具”，按住【Shift】键在画布中绘制一个圆形状，得到“椭圆1”图层。设置“填充”为无颜色、“描边”为白色、“描边宽度”为1点、实线，圆形状效果示例如图4-76所示。

图4-75　径向渐变示例

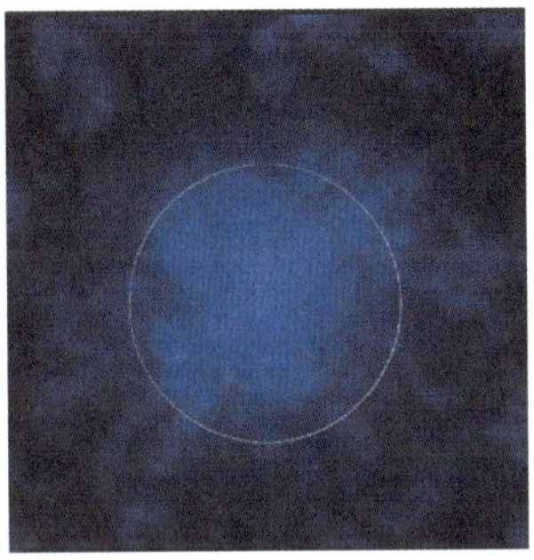

图4-76　圆形状效果示例

Step 02 在“图层”面板中，设置“椭圆1”的混合模式为“叠加”，“叠加”效果如图4-77所示。

Step 03 选中背景部分的所有图层，按【Ctrl+G】组合键组合图层，并命名为“播放器背景”。

Step 04 选择“椭圆工具”，按住【Shift】键在画布中绘制一个圆，命名为外框4，将其填充为浅蓝色（RGB：176、216、254），外框4效果示例如图4-78所示。

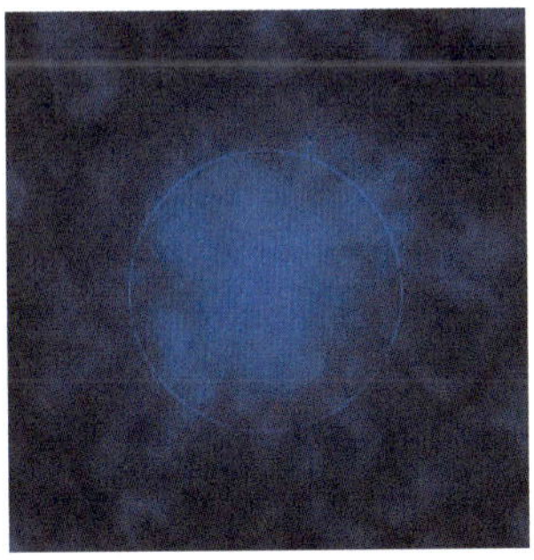

图4-77　“叠加”效果

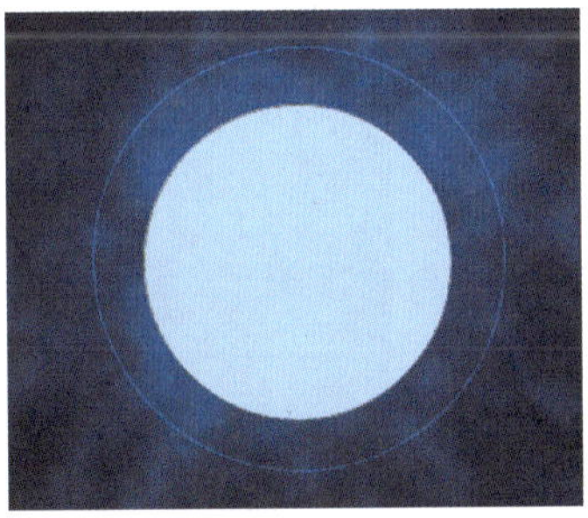

图4-78　外框4效果示例

Step 05 复制“外框4”图层，将复制得到的图层重命名为外框3，并将其填充为白色，调整外框3的大小，外框3效果示例如图4-79所示。

Step 06 复制“外框3”图层，将复制得到的图层重命名为外框2，并将其填充为深蓝色（RGB：8、64、139）。调整外框2的大小，外框2效果示例如图4-80所示。

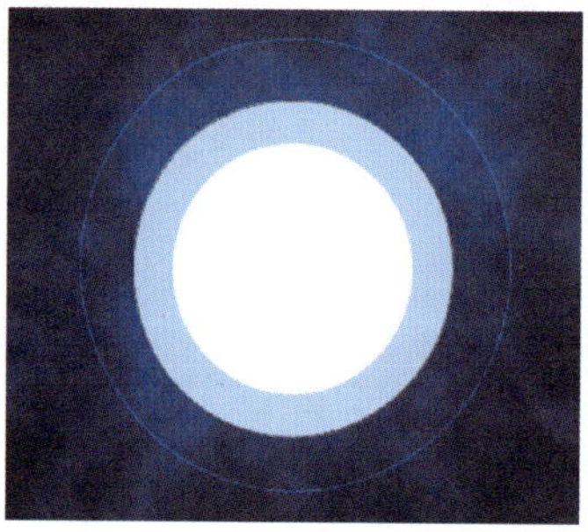

图4-79　外框3效果示例

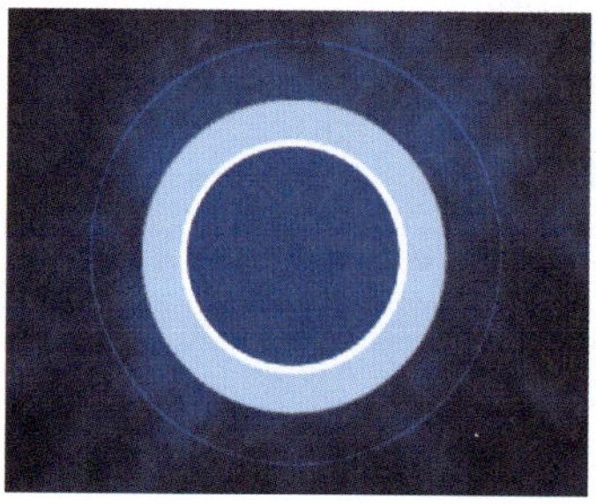

图4-80　外框2效果示例

Step 07 使用“多边形工具”，绘制“圆角半径”为4像素的三角形，将得到的新图层重命名为中心按钮，并填充为橙色（RGB：255、132、0）。三角形效果示例如图4-81所示。

Step 08 选中播放器基本形状的所有图层，按【Ctrl+G】组合键组合图层，将组重命名为“播放器形状”。

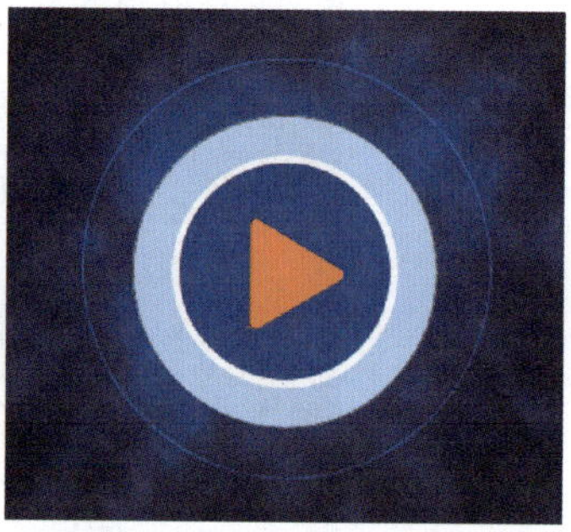

图4-81　三角形效果示例

3. 添加图层样式

Step 01 双击“外框4”图层空白处，在弹出的“图层样式”对话框中勾选“斜面和浮雕”，设置“大小”为27像素、阴影模式的颜色为浅蓝色（RGB：152、184、219），“斜面和浮雕”参数设置如图4-82所示。

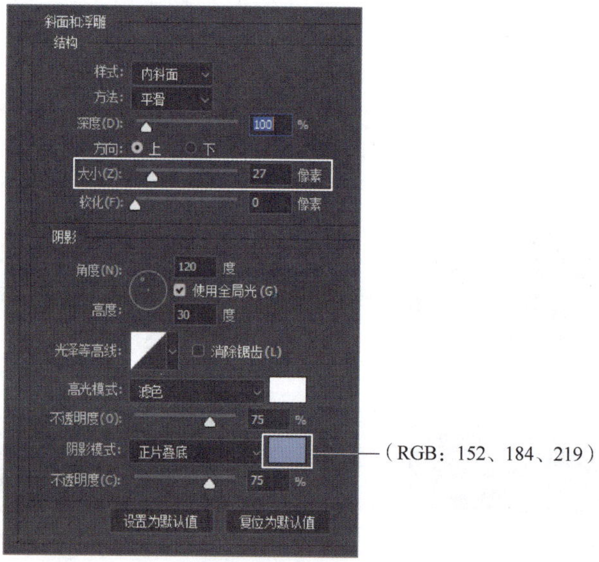

图4-82　“斜面和浮雕”参数设置

Step 02 选中“渐变叠加”选项，设置渐变颜色为浅蓝色（RGB：173、215、255）到白色的线性渐变、“角度”为135°，“渐变叠加”参数设置如图4-83所示。外框4效果示例如图4-84所示。

图4-83　“渐变叠加”参数设置

图4-84　外框4效果示例

Step 03 双击“外框3”图层空白处，在弹出的“图层样式”对话框中勾选“投影”复选框，设置阴影颜色为深蓝色（RGB：8、68、147），外框3效果示例如图4-85所示。

Step 04 双击“外框2”图层空白处，在弹出的“图层样式”对话框中勾选“内阴影”复选框，设置内阴影“大小”为10像素。“内阴影”参数设置如图4-86所示。

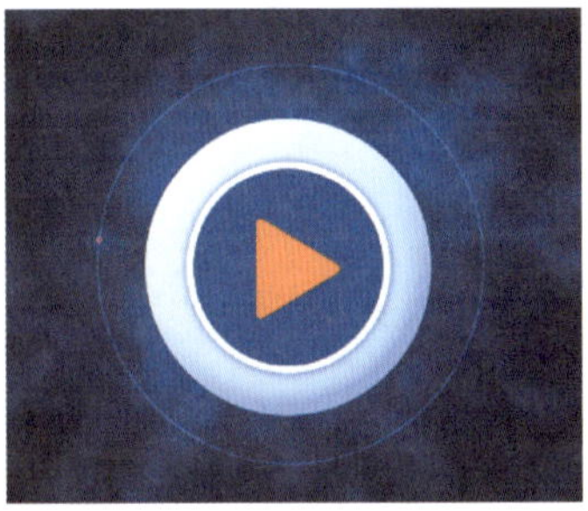

图4-85　外框3效果示例

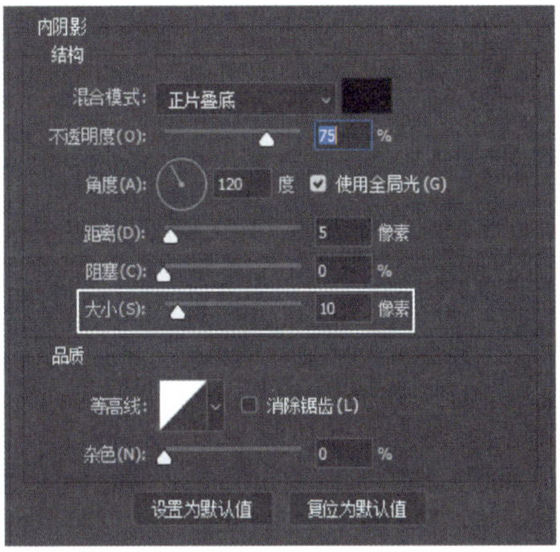

图4-86　“内阴影”参数设置

Step 05 勾选“渐变叠加”复选框，设置深蓝（RGB：7、65、139）到浅蓝（RGB：16、104、216）的线性渐变、“角度”为120°，“渐变叠加”参数设置如图4-87所示。外框2效果示例如图4-88所示。

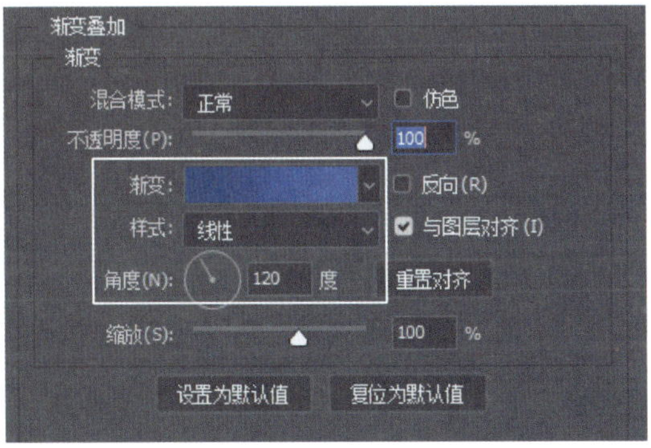

图4-87　“渐变叠加”参数设置

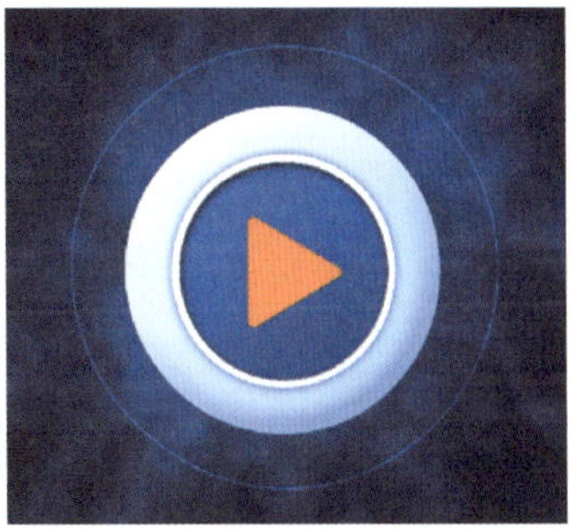

图4-88　外框2效果示例

Step 06 双击“中心按钮”图层空白处，在弹出的“图层样式”对话框中勾选“斜面和浮雕”复选框，设置“斜面和浮雕”的“样式”为内斜面、“方法”为平滑、“方向”为上、“大小”为21像素、阴影“颜色”为淡黄色（RGB：214、162、128），“斜面和浮雕”参数设置如图4-89所示。

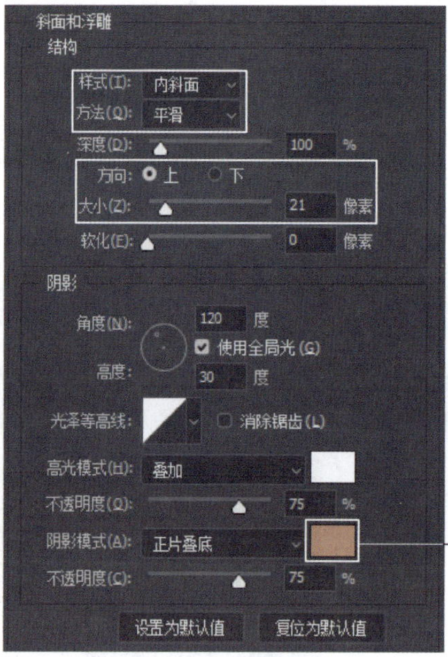

图4-89 “斜面和浮雕”参数设置

Step 07 勾选“渐变叠加”复选框，设置橙色（RGB：255、84、0）到浅橙色（RGB：255、132、0）的线性渐变、“角度”为90°，“渐变叠加”参数设置如图4-90所示。

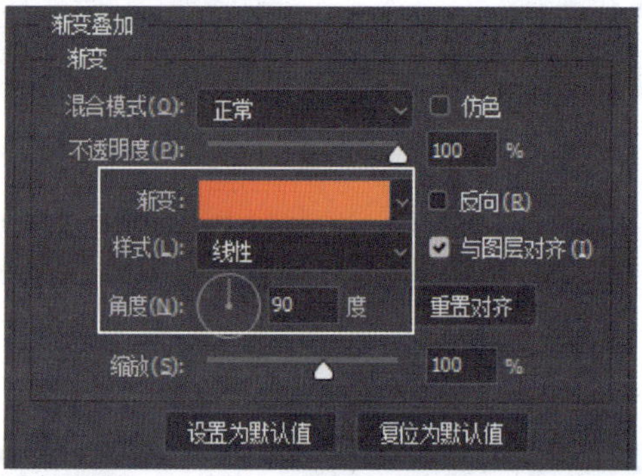

图4-90 “渐变叠加”参数设置

Step 08 勾选“投影”复选框，设置“不透明度”为20%、“距离”和“大小”均为2像素，“投影”参数设置如图4-91所示。中心按钮的效果示例如图4-92所示。

4. 添加高光和反光

Step 01 按【Alt+Shift+Ctrl+N】组合键新建“图层2”，使用“渐变工具”绘制白色到透明的径向渐变，渐变效果示例如图4-93所示。

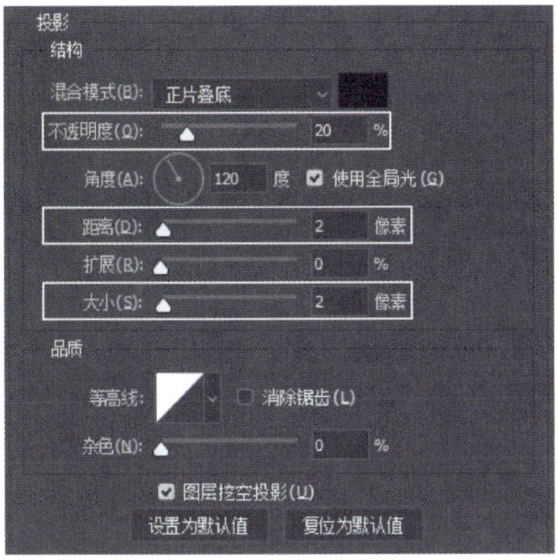

图4-91　“投影”参数设置

图4-92　中心按钮的效果示例

Step 02 按【Ctrl+T】组合键调出定界框，右击，在弹出的快捷菜单中选择“透视”命令，调整“图层2”的形状至图4-94所示样式。按【Enter】键，确认变换操作。

图4-93　渐变效果示例1

图4-94　调整图层2的形状

Step 03 在“图层”面板中，设置“图层2”图层的混合模式为“叠加”，然后旋转图层的方向，“叠加”效果示例如图4-95所示。

Step 04 复制“图层2”，此时“叠加”效果更加突出，“叠加”效果示例如图4-96所示。

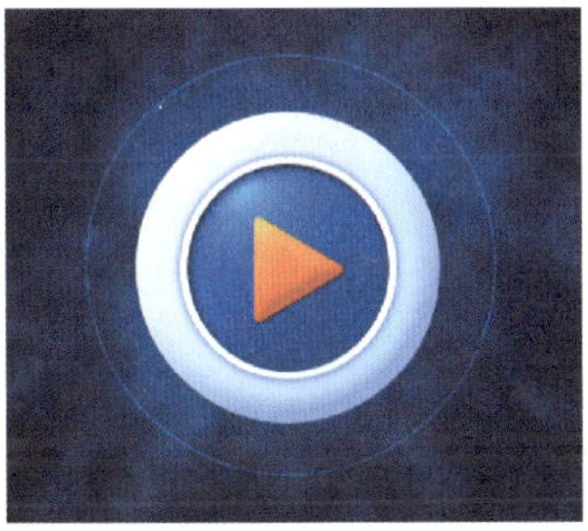

图4-95　“叠加”效果示例1

图4-96　“叠加”效果示例2

Step 05 按【Alt+Shift+Ctrl+N】组合键新建“图层3”。选择“椭圆选框工具”，在选项栏中设置“羽化”为1像素，在“图层3”中绘制一个椭圆选区，并填充白色，白色的椭圆选区示例如图4-97所示。

Step 06 按【Ctrl+D】组合键，取消选区。

Step 07 旋转“图层3”并将其移动至图4-98所示位置，作为高光点。

图4-97　白色的椭圆选区示例

图4-98　高光点效果示例1

Step 08 重复运用Step05和Step07中的方法，新建“图层4”并再次绘制一个高光点，高光点效果示例如图4-99所示。

Step 09 按【Alt+Shift+Ctrl+N】组合键，新建“图层5”，选择“渐变工具”，在新建图层中绘制白色到透明的径向渐变，渐变效果示例如图4-100所示。

图4-99　高光点效果示例2

图4-100　渐变效果示例

Step 10 按照Step02和Step03中的方法调整“图层5”，得到反光区域，反光区域效果示例如图4-101所示。

Step 11 选中样式和光效部分的图层，按【Ctrl+G】组合键组合图层，并将组命名为“样式和光效”。

图4-101　反光区域效果示例

5. 制作光效

Step 01 在“图层”面板中，单击“创建新组”按钮 ，创建组并重命名为光效。

Step 02 使用“椭圆选框工具”，按住【Shift】键，在画布中绘制一个圆选区，圆选区示例如图4-102所示。

Step 03 新建图层，得到“图层6”，为选区填充白色，如图4-103所示。

图4-102　圆选区示例

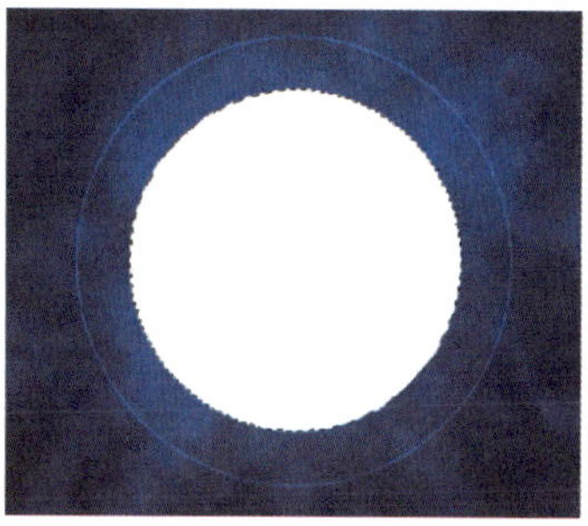

图4-103　为选区填充白色

Step 04 按【Shift+F6】组合键，弹出“羽化选区”对话框，如图4-104所示。

Step 05 在“羽化选区”对话框中设置“羽化半径”为5像素，单击“确定”按钮。

Step 06 通过【↓→】方向键，移动选区至合适位置，移动选区示例如图4-105所示。

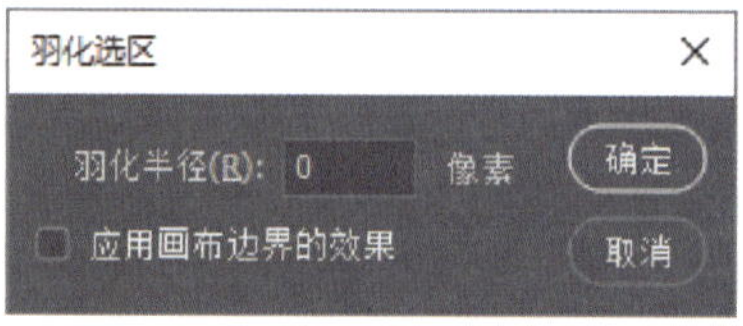

图4-104　“羽化选区”对话框

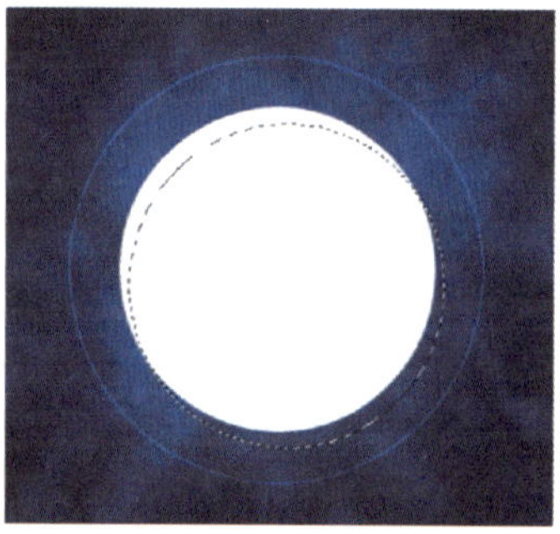

图4-105　移动选区示例

Step 07 按【Delete】键，删除选区中的内容。按【Ctrl+D】组合键，取消选区，设置“图层6”的混合模式为“叠加”，“图层6”的“叠加”效果示例如图4-106所示。

Step 08 复制“图层6”得到“图层6拷贝”图层。将“图层6拷贝”图层旋转至图4-107所示位置。

图4-106　“图层6”的“叠加”效果示例

图4-107　旋转“图层6拷贝”图层示例

至此，播放器图标制作完成。

练一练：闪电效果

结合前面所学知识，制作图4-108所示的闪电效果。

图4-108 闪电效果

小 结

本章首先讲解了图层样式，包括图层样式的基本操作、图层样式的种类等。其次讲解了图层的混合模式，包括认识图层的混合模式、正片叠底等。通过学习本章内容，读者能够掌握图层样式和混合模式的使用方法，能够完成质感圆形图标和播放器图标两个案例。

第5章 滤镜

学习目标

知识目标

◎ 了解滤镜，能够说出应用滤镜时需要遵循的规则。

能力目标

◎ 掌握滤镜的基本操作，能够使用模糊、扭曲、液化等滤镜制作特殊效果；

◎ 掌握滤镜库的基本操作，会制作不同风格的图像效果。

素质目标

◎ 学习滤镜时，尝试调整各种参数，激发丰富想象力和创新思维；

◎ 树立面对学习挑战时坚持不懈的信念。

在Photoshop中，利用滤镜可以模拟现实生活中的真实效果，如水波纹、云彩、镜头光晕等。本章将通过星际穿越效果和太空球体效果两个案例详细讲解滤镜的相关知识。

5.1 【案例5-1】星际穿越效果

随着我国科技的进步，各方面人才尤为重要，宇航员是其中不可或缺的一部分。在太空任务中，他们可能会面临技术故障、环境变化等不可预见的挑战。因此，宇航员需要保持冷静，积极寻找解决方案，以确保任务的成功。本节课将利用滤镜制作一个星际穿越效果，通过案例学习，读者将掌握智能滤镜的基本操作和使用方法，为进一步学习滤镜技术打下坚实基础。星际穿越效果如图5-1所示。

5.1.1 知识点讲解

1. 认识滤镜

滤镜能够改变图像的像素，以创建特殊效果。例如，通过滤镜可以模拟素描、墙面纹理等效果。在菜单栏中选择“滤镜”，弹出“滤镜”菜单，如图5-2所示。

图5-1　星际穿越效果

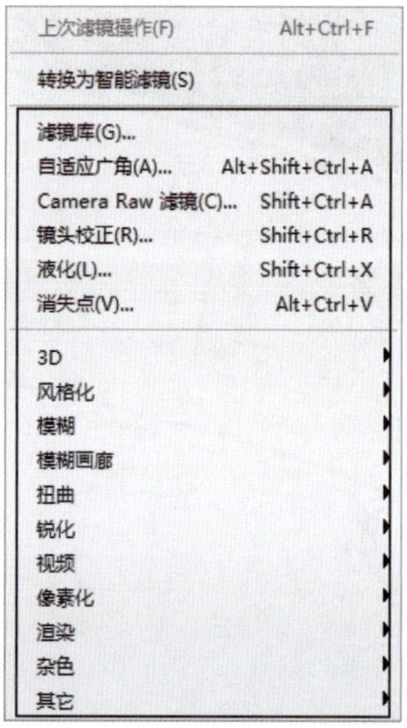

图5-2　“滤镜”菜单

在图5-2所示的“滤镜”菜单中，包含了多个滤镜和滤镜组，选择对应的滤镜，即可为图像应用滤镜。在Photoshop中，应用滤镜有以下规则。

①应用滤镜前，必须选中图层，且图层必须是可见的。

②若图层中存在选区，应用滤镜后，滤镜只应用在选区范围内。

③大多数滤镜必须应用在包含像素的图层中。

此外，当滤镜显示灰色，代表该滤镜不可使用，通常情况下，是颜色模式的问题，只有RGB颜色模式的图像才能应用全部滤镜。在应用滤镜时，按【Alt+Ctrl+F】组合键可以重复应用上一步应用的滤镜。

2. 智能滤镜

智能滤镜是指应用在智能对象图层中的滤镜。与普通滤镜相比，智能滤镜的优点是：不但不会破坏图像，还可以对滤镜进行反复编辑。当为智能对象图层应用滤镜后，智能对象图层的下方会显示滤镜的名称，为智能对象图层应用滤镜示例如图5-3所示。

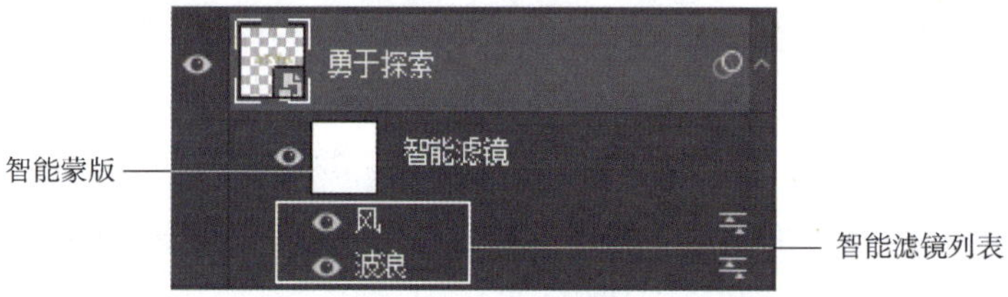

图5-3　为智能对象图层应用滤镜示例

观察图5-3可以发现，在为智能对象应用滤镜后，在图层右侧会显示图标，下方会显示智能蒙版和智能滤镜列表。智能蒙版，可以隐藏滤镜处理后的图像效果；智能滤镜列表中包括图层中应用的滤镜。

为了更好地使用智能滤镜，需要掌握智能滤镜的基本操作，下面对智能滤镜的基本操作进行讲解。

（1）转换为智能滤镜

当图层为普通图层时，应用的滤镜是普通滤镜，它不具备智能滤镜的优点，若要为其应用智能滤镜，则需要将其转换为智能对象。除了在前面介绍的转换智能对象的方法外，还可以选择“滤镜”→“转换为智能滤镜”命令，将普通图层转换为智能对象。

（2）编辑智能滤镜

编辑智能滤镜是指设置滤镜效果的混合模式和不透明度。双击“图层”面板中智能滤镜名称右侧所对应的“混合选项”按钮，弹出“混合选项”对话框，如图5-4所示。

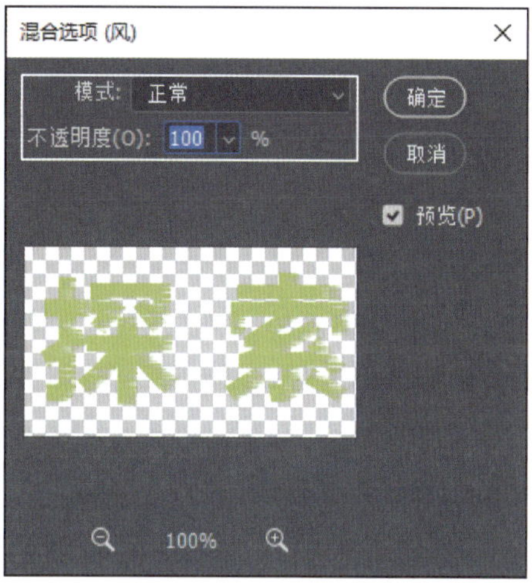

图5-4　“混合选项”对话框

在混合选项对话框中，对话框名称右侧显示的“（风）”代表滤镜的名称，说明正在调整“风”的滤镜效果；“模式”用于设置滤镜与原图像之间的混合模式；“不透明度”用于设置滤镜效果的不透明度。

（3）更改智能滤镜参数

更改智能滤镜参数是指在再次打开的滤镜对话框中，重新设置智能滤镜的参数。双击智能滤镜名称，可以再次打开智能滤镜所对应的对话框，在对话框中重新设置参数即可。

（4）编辑智能蒙版

通过编辑智能蒙版，能够隐藏智能滤镜中的指定区域。智能蒙版的操作原理与图层蒙版完全相同，即填充黑色隐藏图像，填充白色显示图像，填充灰色半透明显示图像，应用智能蒙版后的图像效果如图5-5所示。

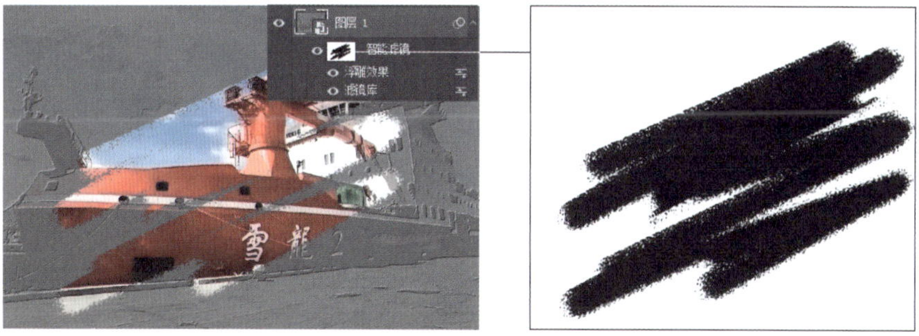

图5-5　应用智能蒙版后的图像效果

（5）排列智能滤镜

滤镜排列的顺序不同，得到的最终效果也不同。在Photoshop中，默认新应用的滤镜排列在上方，效果优先显示。可以利用排列智能滤镜的方法，调整图像的最终效果。

排列智能滤镜的方法和排列图层的方法类似，单击并拖动一个智能滤镜至目标位置，即可完成智能滤镜的重排。不同顺序的滤镜效果示例如图5-6所示。

图5-6 不同顺序的滤镜效果示例

（6）隐藏与显示智能滤镜

单击智能滤镜名称左侧的“智能滤镜可见性”按钮，可以隐藏该智能滤镜。单击“智能滤镜”左侧“智能滤镜可见性”按钮，可以隐藏图层中的所有智能滤镜。反之，显示“智能滤镜可见性”按钮，则会显示智能滤镜。

（7）删除智能滤镜

删除智能滤镜时，可以删除图层的单个智能滤镜，也可以删除图层的所有智能滤镜，具体介绍如下：

①删除图层的单个智能滤镜：将智能滤镜的名称拖动至“删除图层”按钮，释放鼠标，完成单个智能滤镜的删除操作。

②删除图层的所有智能滤镜：单击并拖动图层右侧的图标至“删除图层”按钮，释放鼠标，完成所有智能滤镜的删除操作。

3. 扭曲滤镜组

“扭曲”滤镜组中包含了多个可以将图像进行几何扭曲的滤镜。选择“滤镜”→“扭曲”命令，展开“扭曲”滤镜列表，如图5-7所示。

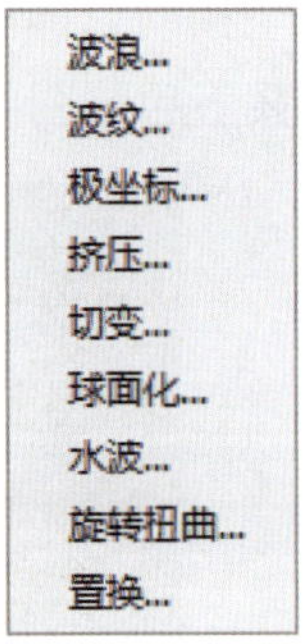

图5-7 “扭曲”滤镜列表

在图5-7所示的“扭曲”滤镜列表中包括“波浪”“波纹”等多个滤镜，下面对常用的滤镜进行讲解。

（1）波浪

“波浪”可以在图像上创建波状起伏的图案，生成波浪效果。图5-8所示为“波浪”对话框。

在图5-8所示的“波浪”对话框中，包括“生成器数”“波长”“波幅”等参数，对这些参数的解释如下：

①“生成器数”：用于设置波纹的多少，数值越大，波纹越多。

②“波长”：用于设置相邻两个波峰的水平距离。包括“最小”和“最大”两个选项，在设置时，“最小”波长不能超过“最大”波长。

③“波幅”：用于设置最小和最大的波动幅度。

④“比例”：用于控制水平和垂直方向的波动幅度。

⑤“类型”：用于设置波浪的形态，包括“正弦”“角形”“方形”。

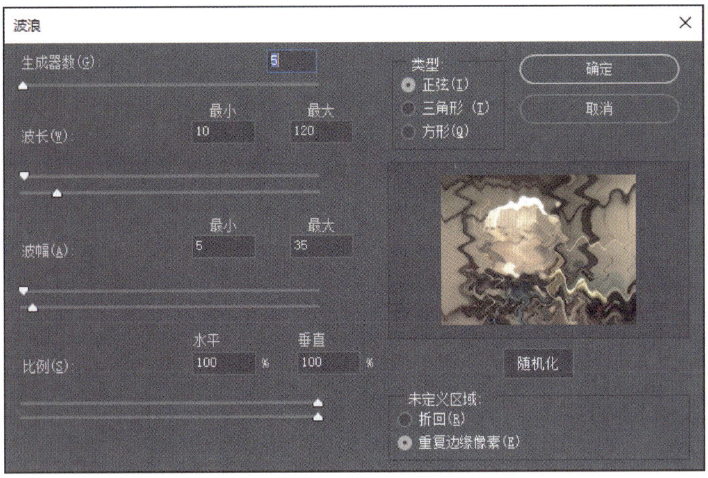

图5-8　“波浪”对话框

设置好“波浪”参数后，单击“确定”按钮，即可应用“波浪”。应用“波浪”示例如图5-9所示。

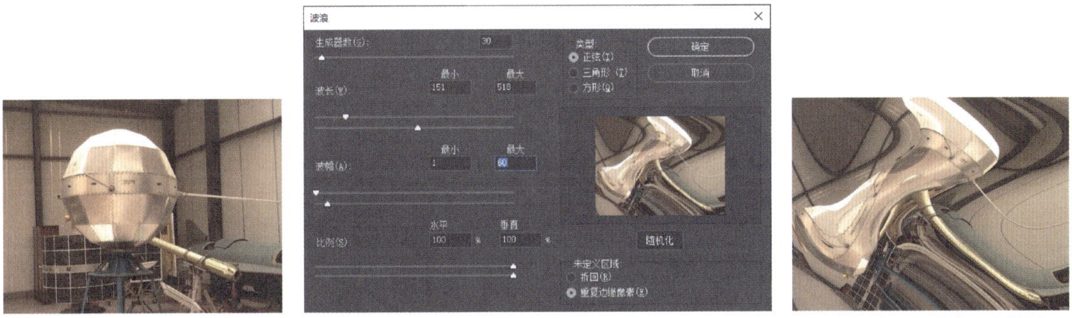

（a）原图　（b）参数设置　（c）应用“波浪”的效果

图5-9　应用“波浪”示例

（2）波纹

“波纹”与“波浪”的工作方式相同，但提供的选项较少，只能控制波纹的数量和波纹大小，应用“波纹”示例如图5-10所示。

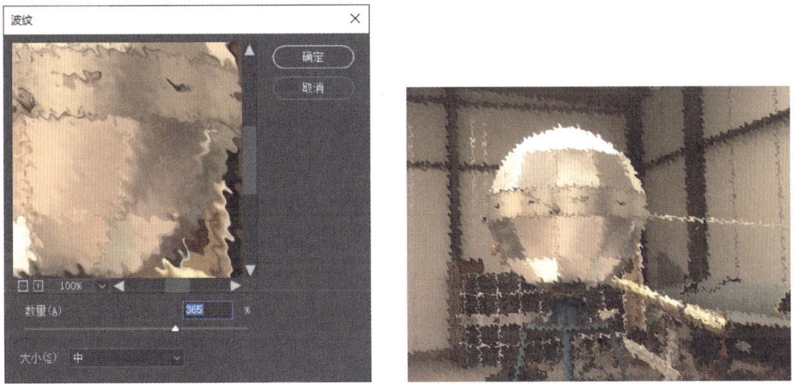

（a）参数设置　（b）应用“波纹”的效果

图5-10　应用“波纹”示例

（3）极坐标

“极坐标”可以创建曲面扭曲效果。图5-11所示为“极坐标”对话框。

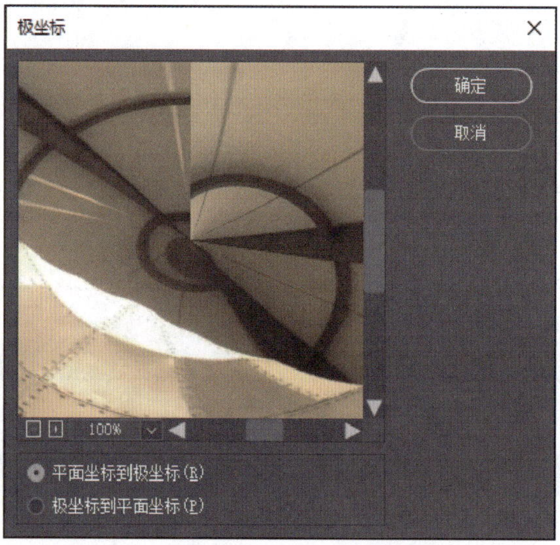

图5-11 “极坐标”对话框

在图5-11所示的“极坐标”对话框中，选中“平面坐标到极坐标”单选按钮可以将图像从平面坐标转换为极坐标；选中“极坐标到平面坐标”单选按钮可以将图像从极坐标转换为平面坐标。转换为平面坐标和极坐标的效果分别如图5-12和图5-13所示。

图5-12 转换为平面坐标效果

图5-13 转换为极坐标的效果

（4）挤压

“挤压”主要用于生成凹陷样式。图5-14所示为“挤压”对话框。

在“挤压”对话框中，“数量”用于控制凹陷的程度。绘制一个圆选区，为选区应用“挤压”的效果如图5-15所示。

（5）球面化

“球面化”主要用于生成凸起样式。图5-16所示为“球面化”对话框。

在图5-16所示的“球面化”对话框中，“数量”用于控制凸起的程度。绘制一个圆选区，为选区应用“球面化”的效果如图5-17所示。

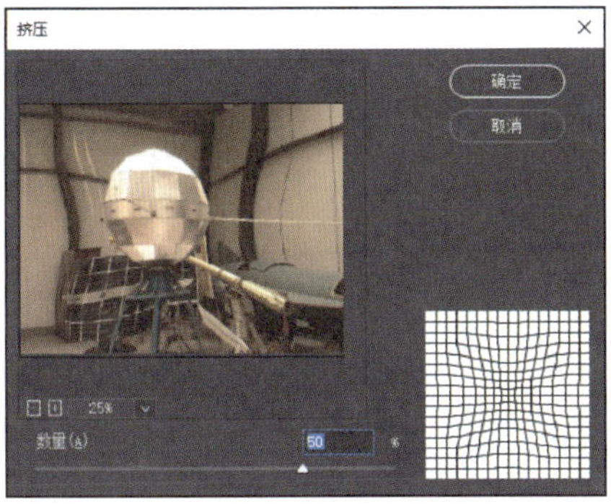

图5-14　“挤压”对话框

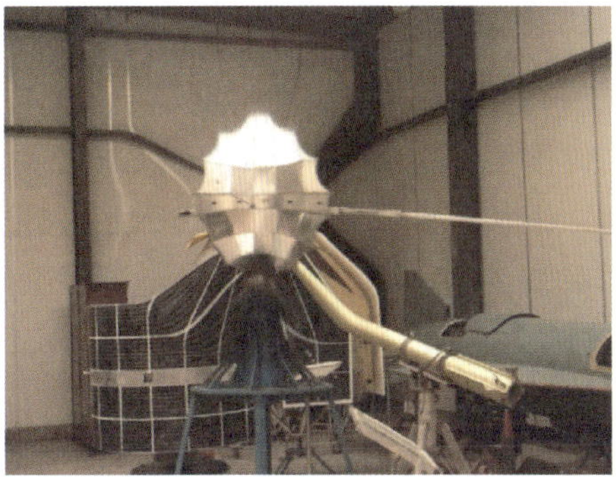

图5-15　为选区应用“挤压”的效果

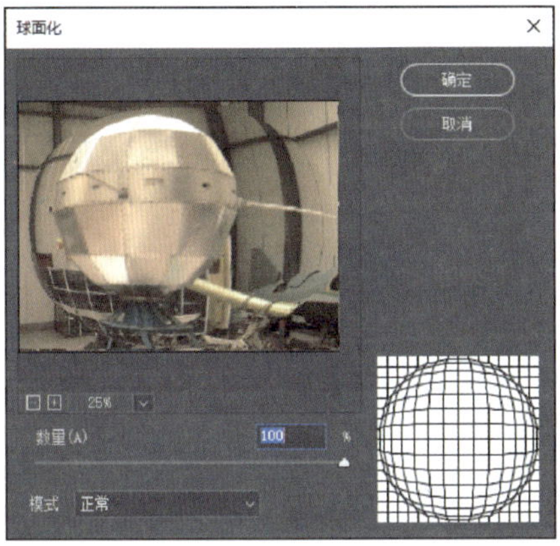

图5-16　“球面化”对话框

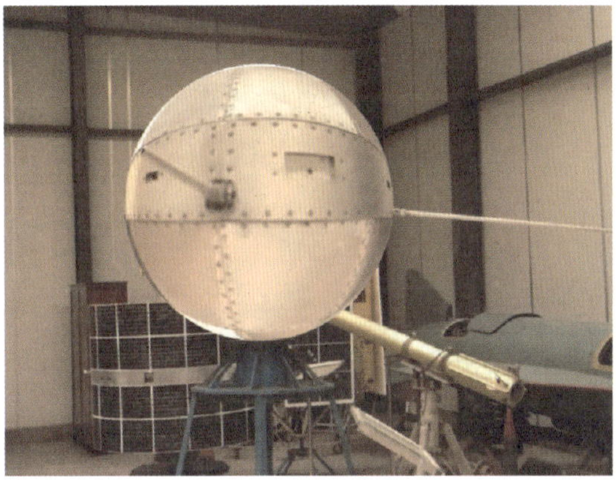

图5-17　为选区应用“球面化”的效果

（6）旋转扭曲

“旋转扭曲”可以围绕图像的中心对图像进行旋转。图5-18所示为“旋转扭曲”对话框。

在图5-18所示的“旋转扭曲”对话框中，“角度”用于控制“旋转扭曲”的程度，数值越大，旋转的程度越大。“角度”的取值为-999°～999°，当数值为正数时，图像顺时针进行旋转；当数值为负数时，图像逆时针进行旋转。例如，设置“角度”为500°，图像的旋转效果如图5-19所示。

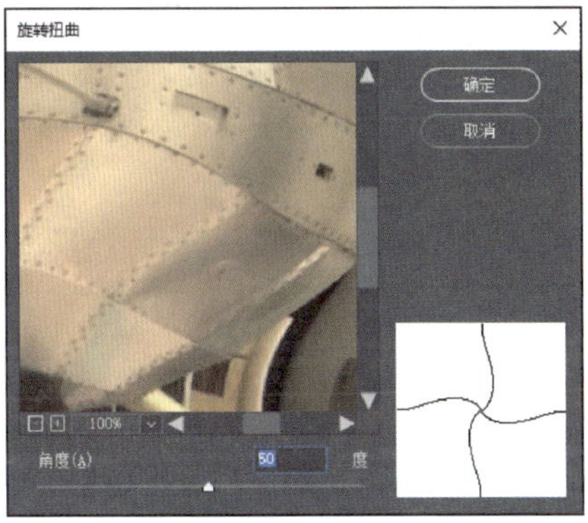

图5-18　“旋转扭曲”对话框

图5-19　图像的旋转效果

4. 风格化滤镜组

“风格化”滤镜组中的滤镜是通过置换像素和查找并增加图像的对比度，生成绘画或印象派的效果。选择“滤镜”→“风格化”命令，展开“风格化”滤镜列表，如图5-20所示。

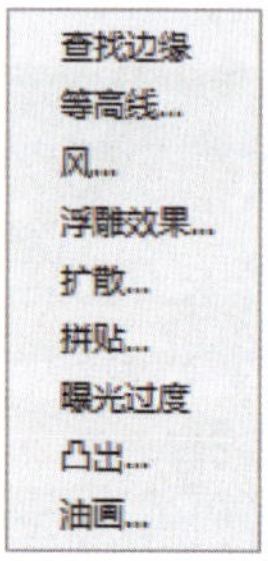

图5-20 “风格化”滤镜列表

在图5-20所示的“风格化”滤镜列表中包括“查找边缘”“风”“凸出”“油画”等常用滤镜，下面以图5-21所示的原图像为例，对常用的“风格化”滤镜进行讲解。

（1）查找边缘

“查找边缘”可以自动搜索图像中对比强烈的边界，形成一个清晰的轮廓。应用“查找边缘”示例如图5-22所示。

图5-21 原图像

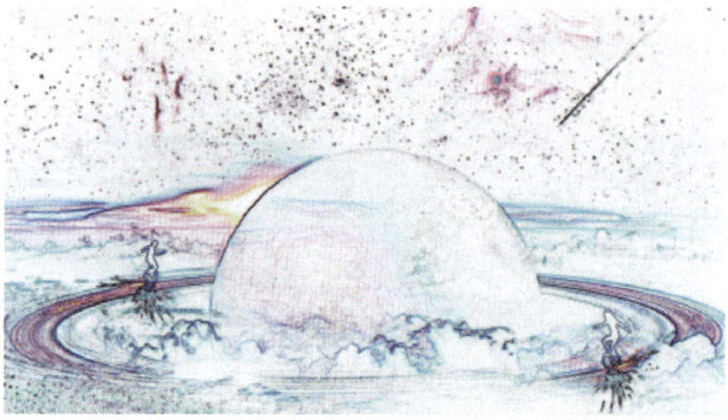

图5-22 应用“查找边缘”示例

（2）风

“风”可以使图像产生细小的水平线，以达到不同的风吹效果。“风”对话框和应用“风”示例如图5-23和图5-24所示。

图5-23 “风”对话框

图5-24 应用“风”示例

（3）凸出

“凸出”可以将图像分成一系列大小相同且有机重叠的立方体或椎体。“凸出”对话框和应用“凸出”示例如图5-25和图5-26所示。

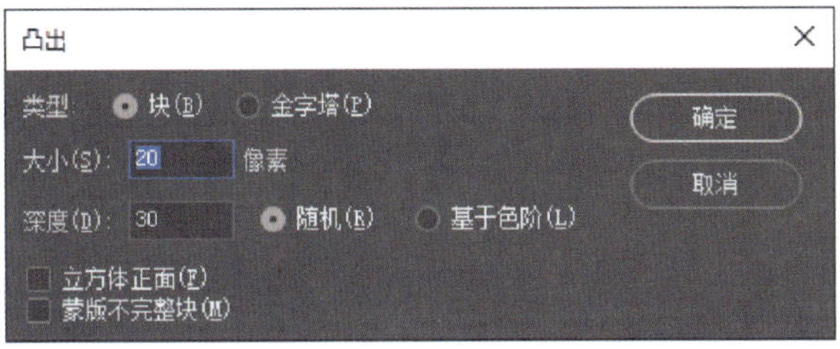

图5-25 “凸出”对话框

图5-26 应用“凸出”示例

（4）油画

“油画”可以快速让图像呈现油画效果。“油画”对话框和应用“油画”示例如图5-27和图5-28所示。

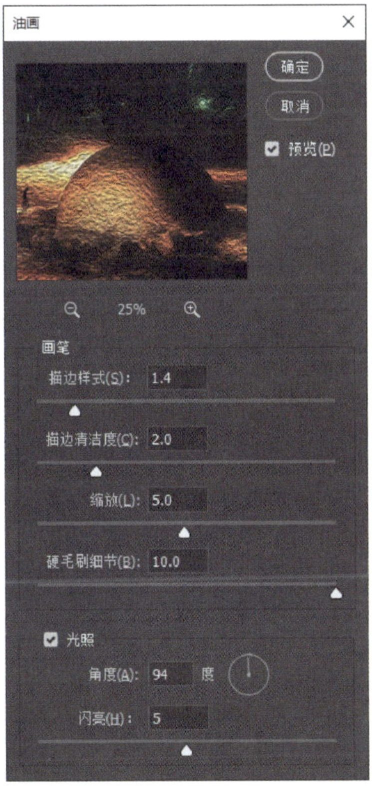

图5-27 “油画”对话框

图5-28 应用“油画”示例

注意：

在应用滤镜时，不需要记忆滤镜的参数，可以根据图像效果，调整各个选项的参数。

5. 橡皮擦工具

使用“橡皮擦工具”（或按【E】键）可以擦除普通图层中指定的区域。如果擦除的是背景图层或锁定了透明像素的图层，擦除区域会显示为背景色，否则为透明。擦除背景图层和擦除非锁定透明像素的图层示例如图5-29所示。

（a）擦除背景图层　　（b）擦除非锁定透明像素的图层

图5-29　擦除背景图层和擦除非锁定透明像素的图层示例

了解了“橡皮擦工具”的基本使用方法后，接下来熟悉“橡皮擦工具”选项栏，如图5-30所示。

图5-30　“橡皮擦工具”选项栏

在图5-30所示的“橡皮擦工具”选项栏中，包括“画笔预设”“模式”“不透明度”“抹到历史记录”等选项，具体介绍如下：

（1）画笔预设

用于设置“橡皮擦工具”的笔刷样式，单击“画笔预设”下拉按钮，弹出设置笔刷的面板，如图5-31所示。

在设置笔刷的面板中，可以设置笔刷的大小、硬度和笔刷的样式。另外，按【[】键可以缩小笔刷；按【]】键可以放大笔刷；按【Shift+[】组合键可以降低笔刷的硬度；按【Shift+]】组合键可以增加笔刷的硬度。

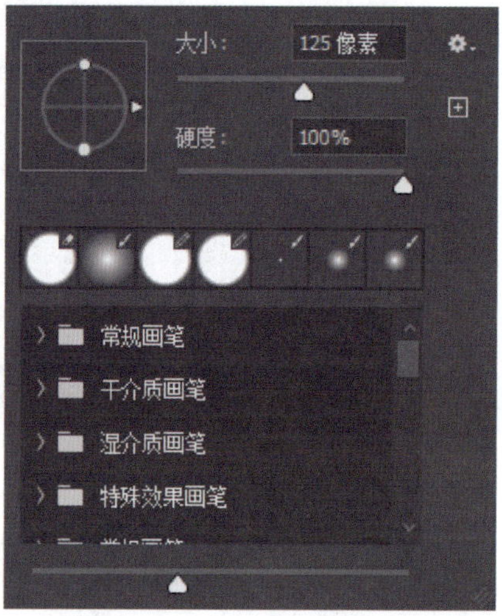

图5-31　设置笔刷的面板

（2）模式

用于设置橡皮擦的种类，包括“画笔”“铅笔”“块”选项，具体介绍如下：

①“画笔”：可以创建柔边擦除效果。

②“铅笔”：可以创建硬边擦除效果。

④“块”：可以创建块状擦除效果。

（3）不透明度

用于设置“橡皮擦工具”的擦除强度，“不透明度”为100%时，可以完全擦除图层的指定区域。

（4）抹到历史记录

勾选“抹到历史记录”复选框，“橡皮擦工具”就具有“历史记录画笔工具”的功能，可以有选择地将图像恢复到指定步骤。

5.1.2　实现步骤

1．制作背景样式

Step 01 打开素材“背景.jpg”，如图5-32所示。

Step 02 新建文档，设置“宽度”和“高度”分别为900像素和1 600像素，按【Shift+Ctrl+S】组合键，以名称“【案例5-1】星际穿越效果.psd”保存文档。

Step 03 复制背景图层，得到“图层1”，将“图层1”顺时针旋转90°。

Step 04 调整图像大小，图像大小示例如图5-33所示。

图5-32　素材“背景.jpg”

图5-33　图像大小示例

Step 05 选择“滤镜”→“风格化”→“凸出”命令，弹出“凸出”对话框，“凸出”参数设置和凸出效果如图5-34和图5-35所示。

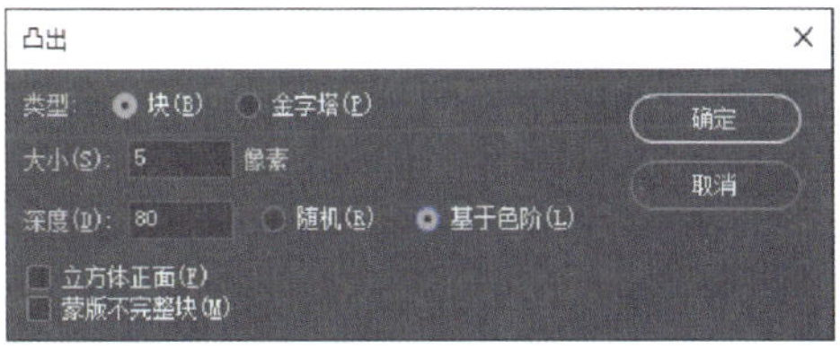

图5-34　“凸出”参数设置

图5-35　凸出效果

Step 06 选择“滤镜”→“风格化”→“油画”命令，弹出“油画”对话框，“油画”参数设置和油画效果如图5-36和图5-37所示。

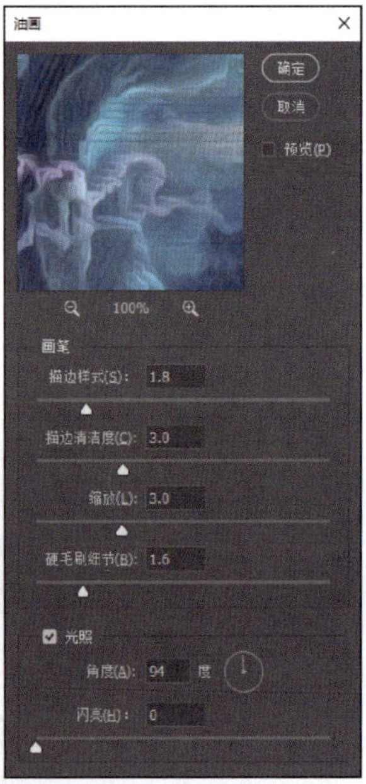

图5-36 “油画”参数设置

图5-37 油画效果

Step 07 选择“滤镜”→“扭曲”→“极坐标”命令，弹出“极坐标”对话框，选择“平面坐标到极坐标”单选按钮，得到扭曲效果，如图5-38所示。

图5-38 扭曲效果

Step 08 复制“图层1”图层，得到“图层1拷贝图层”，将“图层1拷贝图层”垂直翻转，使用“橡皮擦工具”擦除图5-39中的分界明显区域，擦除效果如图5-40所示。

图5-39 隐藏区域

图5-40 擦除效果

Step 09 合并“图层1”图层和“图层1拷贝”图层，得到“图层1拷贝”图层。

Step 10 对“图层1拷贝”图层进行变换操作，使“图层1拷贝”图层变圆，变圆示例如图5-41所示。

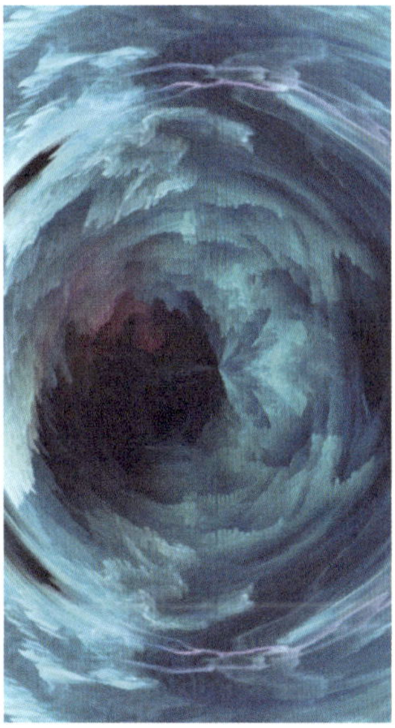

图5-41 变圆示例

Step 11 选择“滤镜”→“扭曲”→“挤压”命令，弹出“挤压”对话框，设置“数量”为15%。

2. 添加宇航员

Step 01 将素材“宇航员.png”置入文档窗口，调整素材的大小、位置和旋转角度。素材的大小、位置和旋转角度示例如图5-42所示。

Step 02 输入文字“欢迎回家”，样式如图5-43所示。

图5-42　素材的大小、位置和旋转角度示例

图5-43　文字样式

Step 03 为文字图层编组，单击“添加图层样式”按钮fx，在弹出的列表中选择“图案叠加”命令，弹出“图层样式”对话框，设置图案，如图5-44所示。

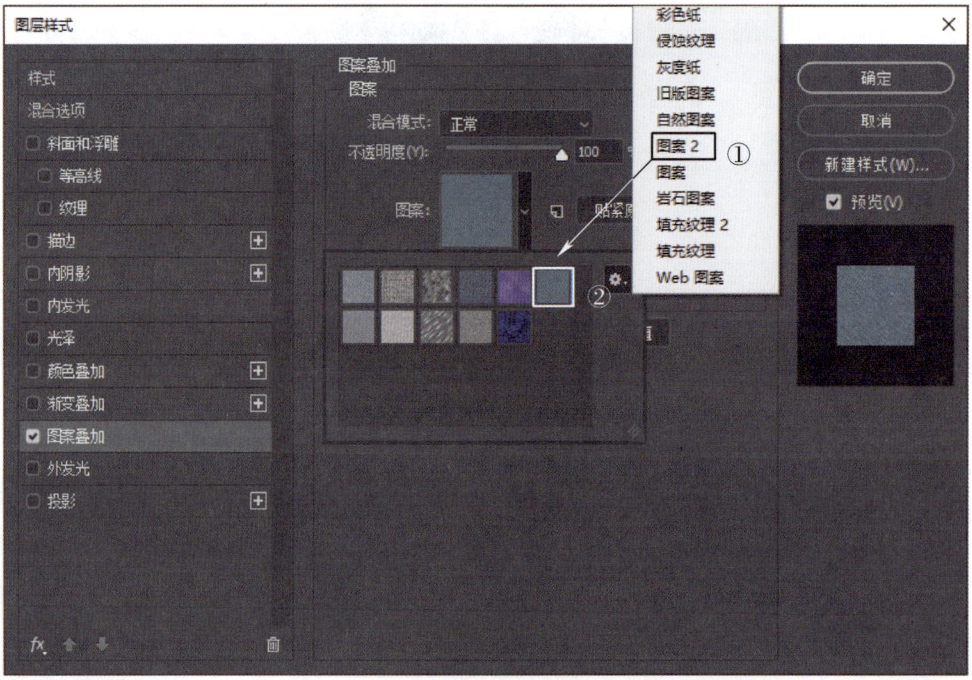

图5-44　设置图案

Step 04 依次勾选“光泽”“投影”“斜面和浮雕”复选框，并分别调整图层样式的参数，如图5-45~图5-47所示。

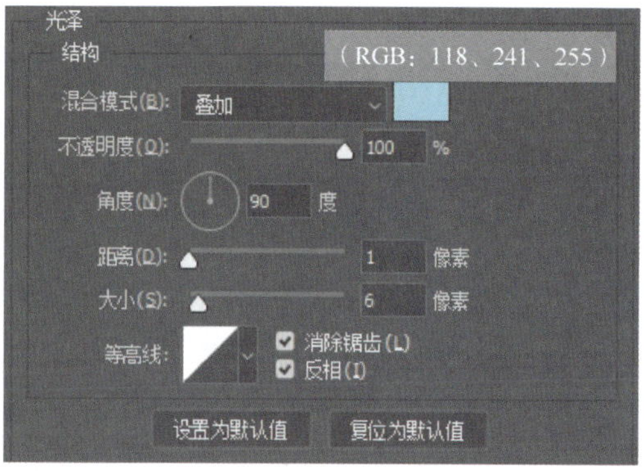

图5-45　“光泽”参数

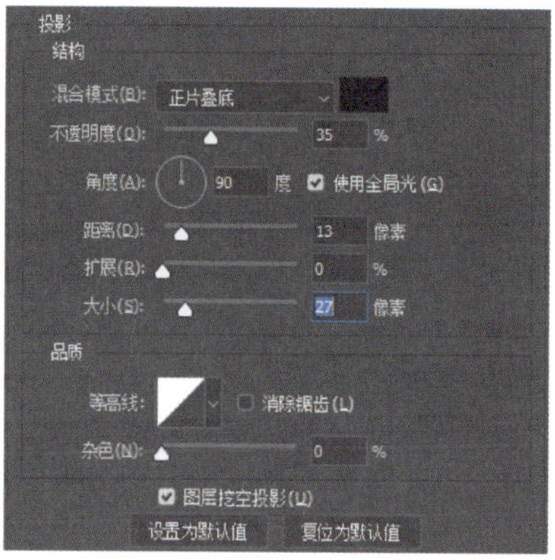

图5-46　“投影”参数

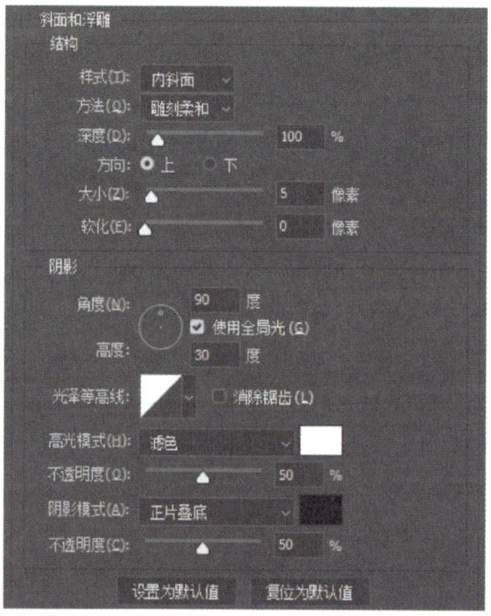

图5-47　“斜面和浮雕”参数

至此，星际穿越效果制作完成。

练一练：科技感文字效果

运用滤镜绘制图5-48所示的科技感文字效果。

图5-48　科技感文字效果

5.2 【案例5-2】太空球体效果

我国在太空领域的进展不仅促进了科学研究和技术创新，也为国家经济发展和国际合作提供了新的机遇和平台。但取得这种成就离不开探索者的冒险精神、责任感和使命感，本案例将使用Photoshop的滤镜库制作一幅太空球体效果。“滤镜库”是滤镜的重要组成部分，在“滤镜库”对话框中，不仅可以查看滤镜预览效果，而且能够设置多种滤镜效果的叠加。通过学习本案例，读者能够使用“滤镜库”及一些常见的滤镜效果处理图像。太空球体效果如图5-49所示。

图5-49　太空球体效果

5.2.1　知识点讲解

1. 滤镜库

滤镜库提供了许多滤镜，在滤镜库中，可以为同一幅图像应用多个滤镜，并查看效果。选择“滤镜”→“滤镜库”命令，弹出滤镜库对话框，如图5-50所示。

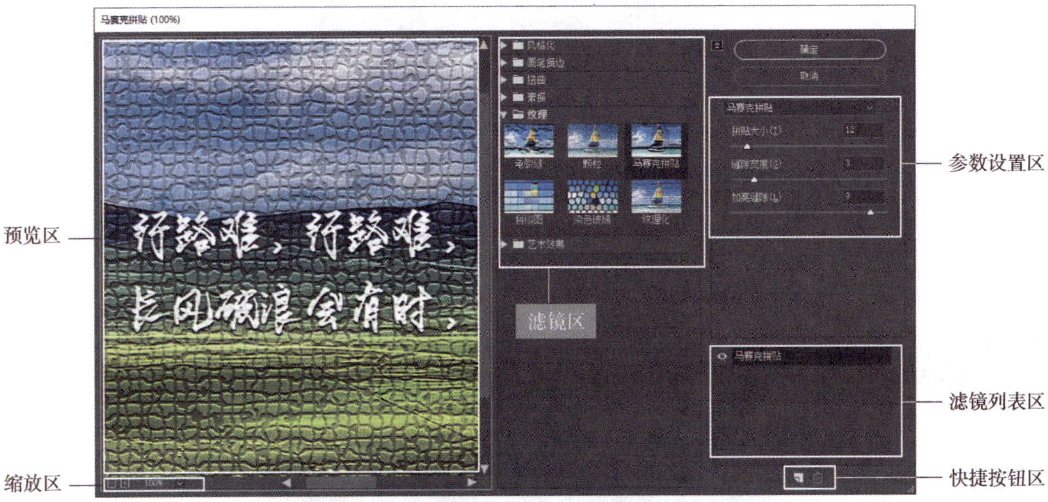

图5-50　滤镜库对话框

在使用滤镜库前，需要先熟悉滤镜库，为了便于学习，这里将滤镜库分为熟悉滤镜库和使用滤镜库两个模块进行讲解。

（1）熟悉滤镜库

在图5-50所示滤镜库对话框中，包含预览区、缩放区、滤镜区等6个区域，具体介绍如下：

①预览区：用于预览滤镜效果。

②缩放区：缩放区用于缩放预览区中图像的显示比例。单击⊞按钮，可以放大预览区中图像的显示比例；单击⊟按钮，则可以缩小预览区中图像的显示比例。

③滤镜区：滤镜区共包含6个滤镜组，每个滤镜组包含多个滤镜，在滤镜区可以选择滤镜进行应用。

④参数设置区：参数设置区用于设置滤镜的参数，以调整效果。

⑤滤镜列表区：滤镜列表区用于存放效果图层，效果图层类似于“图层”面板中的图层，应用滤镜后，滤镜会作为效果图层，显示在滤镜列表区中，单击效果图层左侧的👁按钮，可以隐藏或显示滤镜效果。

⑥快捷按钮区：快捷按钮区用于新建或删除滤镜。对快捷按钮的介绍如下：

- “新建效果图层”按钮：用于新建效果图层。
- “删除效果图层”按钮：用于删除效果图层。

（2）使用滤镜库

①应用单个滤镜：在滤镜库中的滤镜区，单击滤镜组左侧的▶按钮，可以展开滤镜组；单击滤镜组中的滤镜，可以应用滤镜。应用滤镜后，滤镜作为效果图层显示在滤镜列表区中。

②应用多个滤镜：首先在快捷按钮中单击“新建效果图层”按钮，此时会复制当前的效果图层；然后选择需要的滤镜，新滤镜会替换原滤镜。重复操作可以添加多个滤镜，图像效果也会变得更加丰富。应用多个滤镜示例如图5-51所示。

③更改效果图层的顺序：上下拖动效果图层可以调整它们的顺序，调整效果图层的顺序后，最终的图像效果也会发生改变。

图5-51 应用多个滤镜示例

2. 液化滤镜

“液化”滤镜具有强大的变形和创建特效的功能。通过“液化”滤镜可以推、拉、旋转、反射、折叠和膨胀图像的任意区域，以修饰图像或创建艺术效果。选择“滤镜”→“液化”命令（或按【Shift+Ctrl+X】组合键），弹出“液化”对话框，如图5-52所示。

在“液化”对话框中包括工具按钮、工具选项、人脸识别、蒙版选项、视图选项、重建选项等六部分，对各选项的解释如下：

（1）工具按钮

工具按钮中包含用于液化的各种工具，包括“向前变形工具”“重建工具”等，通过这些工具可以直接调整图像。对常用工具的使用说明如下：

①“向前变形工具”：在图像上拖动，可以推动图像而产生变形。

②“重建工具”：在已经变形的区域上拖动，能够恢复图像的原始状态。

③“冻结蒙版工具”：在图像上拖动，可以将不需要液化的区域创建为冻结的蒙版，使之不被编辑。

④“解冻蒙版工具”：可以擦除冻结的蒙版区域，使之能够被编辑。

⑤“脸部工具”：可以直接在预览区粗略地调整人物的脸部和五官的状态。

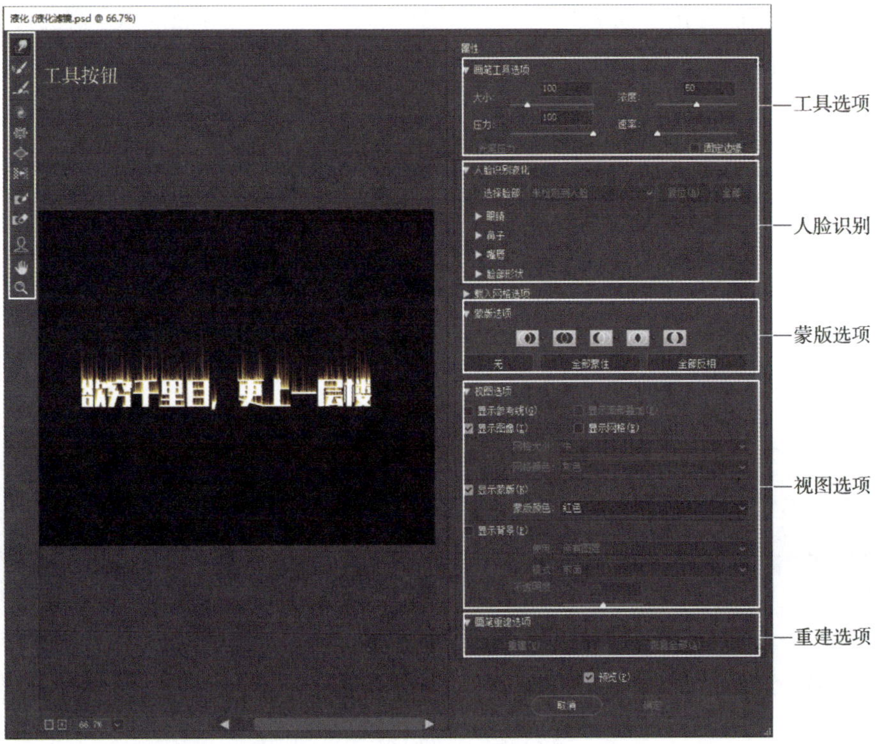

图5-52 “液化”对话框

（2）工具选项

工具选项用于设置当前工具的各种属性，如画笔大小、画笔压力等。

（3）人脸识别

人脸识别可以精确地调整人物脸部和五官的参数，包含眼睛、鼻子、嘴唇和脸部形状4个选项。

（4）蒙版选项

蒙版选项用于设置蒙版的创建方式。其中，单击“全部蒙住”会冻结整个图像；单击“全部反相”会反相冻结区域。

（5）视图选项

用于定义当前图像、蒙版以及背景图像的显示方式。

（6）重建选项

用于选择重建液化的方式。“重建”可以将未冻结的区域逐步恢复为初始状态；“恢复全部”可以一次性恢复全部未冻结的区域。

熟悉了“液化”对话框中常用工具和选项，接下来通过“液化”滤镜变形图像，变形图像示例如图5-53所示。

3. 杂色滤镜组

“杂色”滤镜组中的滤镜可以添加或去除杂色，以创建特殊的图像效果。例如，可以通过“杂色”滤镜组中的滤镜制作下雨效果。选择“滤镜”→“杂色”命令，展开“杂色”滤镜列表，如图5-54所示。

图5-53　变形图像示例

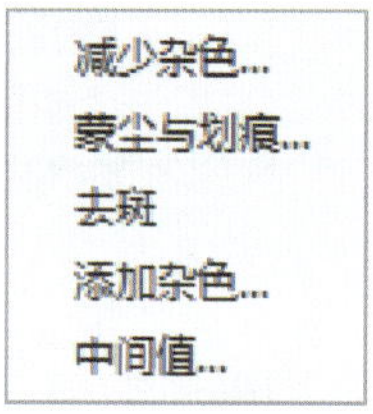

图5-54　“杂色”滤镜列表

在图5-54所示的“杂色”滤镜列表中，较为常用的滤镜是“添加杂色”。“添加杂色”用于添加一些细小的颗粒，以产生杂色效果。选择“滤镜”→“杂色”→“添加杂色”命令，弹出“添加杂色”对话框，如图5-55所示。

在图5-55所示的“添加杂色”对话框中，包括“数量”“分布”“单色”选项，具体介绍如下：

①“数量”：用于设置杂色的数量。

②“分布”：用于设置杂色的分布方式。选择“平均分布”单选按钮，系统会随机地在图像中加入杂色；选择“高斯分布”单选按钮，系统会沿一条钟形曲线分布的方式来添加杂色。

③“单色”：勾选“单色”复选框后，只为图像添加单一颜色的杂色，杂色只影响原有像素的亮度，并不会改变图像的颜色。例如，图5-56所示为原图，在“添加杂色”对话框中，未勾选“单色”复选框和勾选“单色”复选框的效果如图5-57和图5-58所示。

图5-55　“添加杂色”对话框

图5-56　原图

图5-57　未勾选“单色”复选框效果

图5-58　勾选“单色”复选框效果

4. 模糊滤镜组

“模糊”滤镜组中的滤镜可以降低相邻像素之间的对比，使图像模糊。选择“滤镜”→“模糊”命令，展开“模糊”滤镜列表，如图5-59所示。

在图5-56所示的“模糊”滤镜列表中，包括“动感模糊”“高斯模糊”等常用的滤镜，下面对这些滤镜进行讲解。

（1）动感模糊

“动感模糊”可以使图像产生速度感效果，类似于给一个移动的对象拍照。图5-60所示为“动感模糊”对话框。

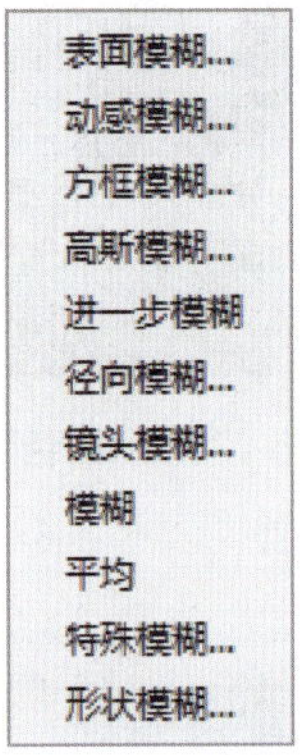

图5-59　“模糊”滤镜列表

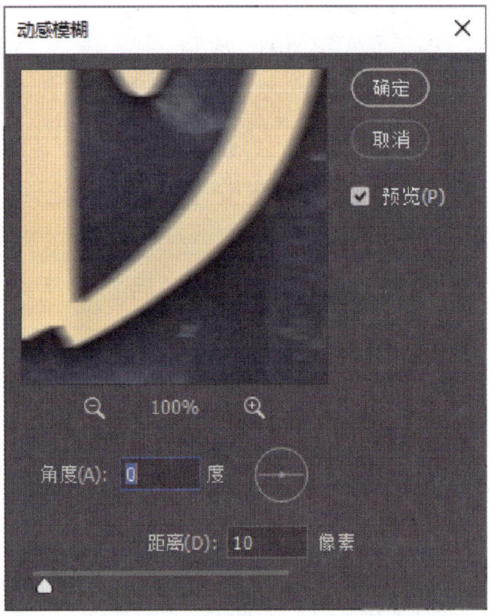

图5-60　“动感模糊”对话框

在图5-60所示的“动感模糊”对话框中，包括“角度”和“距离”两个选项，具体介绍如下：

①“角度”：用于设置模糊的方向。

②“距离”：用于设置像素移动的距离。

例如，设置“角度”为60°，“距离”为288像素，原图和图像的模糊效果如图5-61和图5-62所示。

（2）高斯模糊

“高斯模糊”可以使图像产生朦胧的效果。选择“滤镜”→“模糊”→“高斯模糊”命令，弹出“高斯模糊”对话框，如图5-63所示。

图5-61 原图

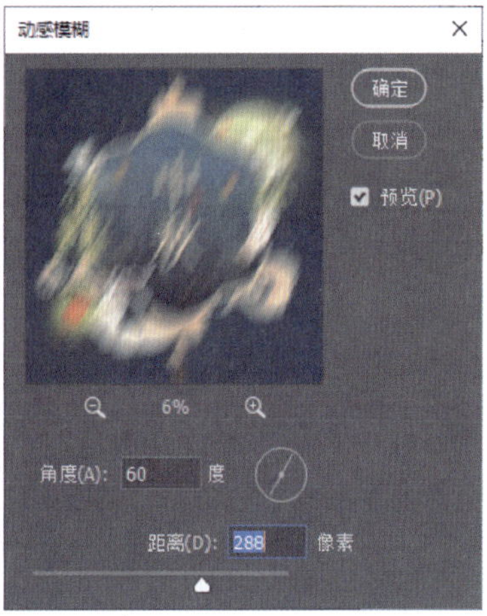

图5-62 图像的模糊效果

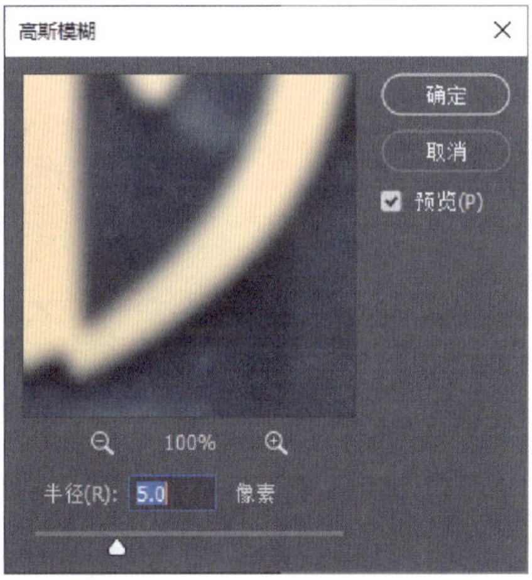

图5-63 “高斯模糊”对话框

在图5-63所示的对话框中，“半径”用于设置模糊的程度，数值越大，模糊效果越强烈。例如，设置“半径”为20像素和“半径”为100像素的图像效果如图5-64和图5-65所示。

图5-64 设置“半径”为20像素的图像效果

图5-65 设置“半径”为100像素的图像效果

（3）径向模糊

“径向模糊”可以模拟在拍摄过程中，移动、旋转后所产生的模糊效果。图5-66所示为“径向模糊”对话框。

在图5-66所示的“径向模糊”对话框中，包括“数量”“模糊方法”两个常用选项。具体介绍如下：

①“数量”：用于设置模糊的强度，数值越大，模糊效果越强烈。

②“模糊方法”：包括“旋转”和“缩放”两个方法。

- “旋转”：能够使图像产生旋转的模糊效果。
- “缩放”：能够使图像产生向四周发射的模糊效果。

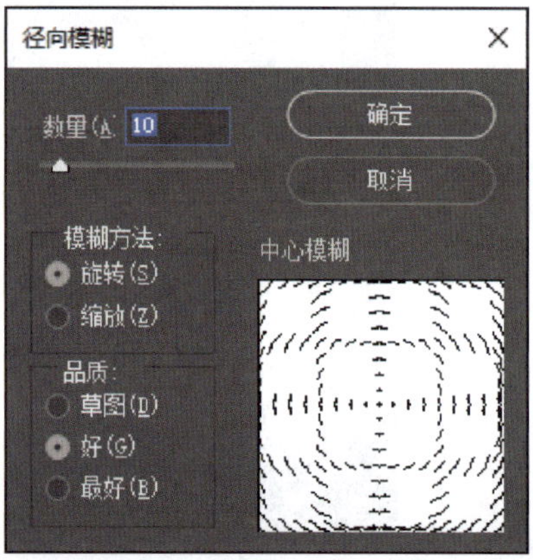

图5-66 “径向模糊”对话框

选择“旋转”和“缩放”所得到的图像效果如图5-67和图5-68所示。

图5-67 “旋转”效果

图5-68 “缩放”效果

5. 渲染滤镜组

“渲染”滤镜组中的滤镜可以创建灯光、云彩等效果。选择“滤镜”→“渲染”命令，展开“渲染”滤镜列表，如图5-69所示。

在图5-69所示的“渲染”滤镜列表中，常用的滤镜包括“云彩”“分层云彩”“镜头光晕”等，具体说明如下：

（1）云彩

通过“云彩”可以根据前景色和背景色随机生成云彩图案。应用“云彩”时，不需要设置任何参数。原图像与应用“云彩”示例如图5-70和图5-71所示。

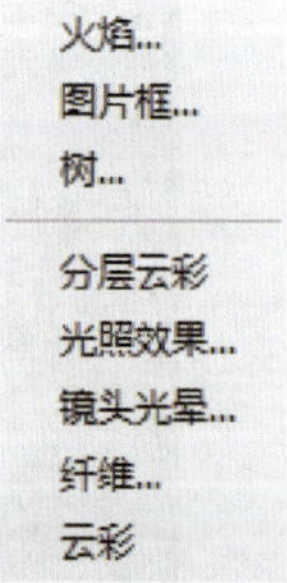

图5-69 “渲染”滤镜列表

图5-70 原图像

图5-71 应用“云彩”示例

（2）分层云彩

“分层云彩”的原理与“云彩”的原理类似，但与“云彩”不同的是，“分层云彩”不能应用于空图层中。在使用“分层云彩”的过程中，生成的云彩图案会和现有的图像像素进行混合，图像的某些区域会被反相为云彩图案。

例如，依旧以图5-70所示的原图像为例，为图像应用“分层云彩”后的效果如图5-72所示。

（3）镜头光晕

“镜头光晕”能够模拟亮光照射到相机镜头所产生的折射。图5-73所示为“镜头光晕”对话框。

图5-72 为图像应用“分层云彩”后的效果

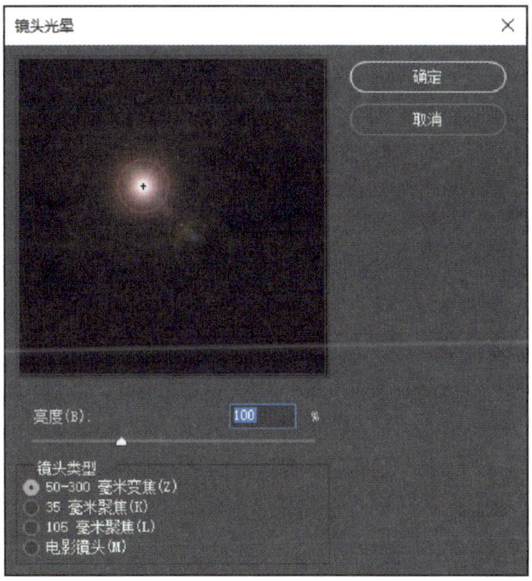

图5-73 “镜头光晕”对话框

在图5-73所示的“镜头光晕”对话框中，通过拖动预览图中的+，可以改变光晕的位置；通过“亮度”选项，可以改变光晕的亮度；通过“镜头类型”选项组，可以改变光晕的样式。

6. 画笔工具

“画笔工具”类似于传统的毛笔，它使用前景色绘制笔触或线条。“画笔工具”不仅能够绘画，还可以修改通道和蒙版。

选择“画笔工具”，在画布中按住鼠标左键并拖动即可进行绘制，若想设置画笔样式，可以在“画笔工具”选项栏中进行设置。“画笔工具”选项栏如图5-74所示。

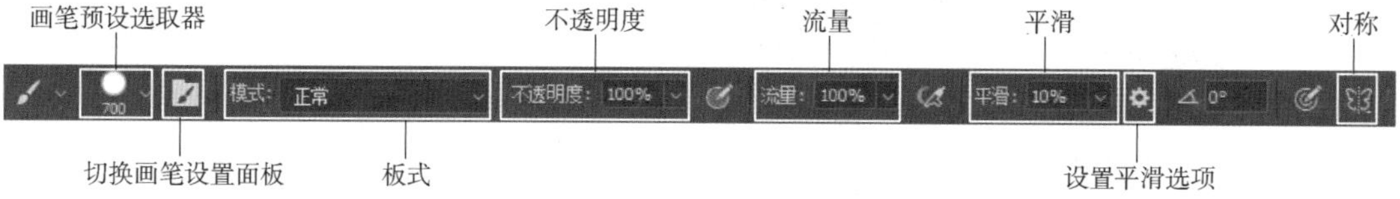

图5-74 “画笔工具”选项栏

图5-74中展示了“画笔工具”的相关选项，对各个选项的具体介绍如下：

①画笔预设选取器：“画笔预设选取器”用于设置笔刷的大小、硬度，以及笔刷形状。单击可打开画笔下拉面板，如图5-75所示。

单击图5-75所示画笔下拉面板右上角的⚙按钮，弹出面板菜单，在面板菜单中，可以进行导出画笔、载入画笔、使用旧版画笔等操作。

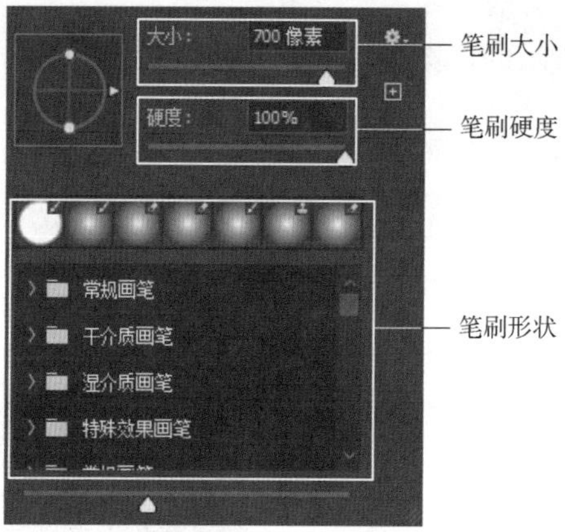

图5-75 画笔下拉面板

②“切换画笔设置面板”：可以快速调出或隐藏“画笔设置”面板。

③“模式”：“模式”用于设置“画笔工具”绘制的颜色与同图层中的原像素的混合模式。

④“不透明度”：“不透明度”用于设置笔刷的不透明度。

⑤“流量”：用于设置应用颜色的速率。流量越大，应用颜色的速率越快。

⑥“平滑”：“平滑”用于设置绘制线条的平滑度，数值越大，绘制出的线条越平滑，平滑线条示例如图5-76所示。

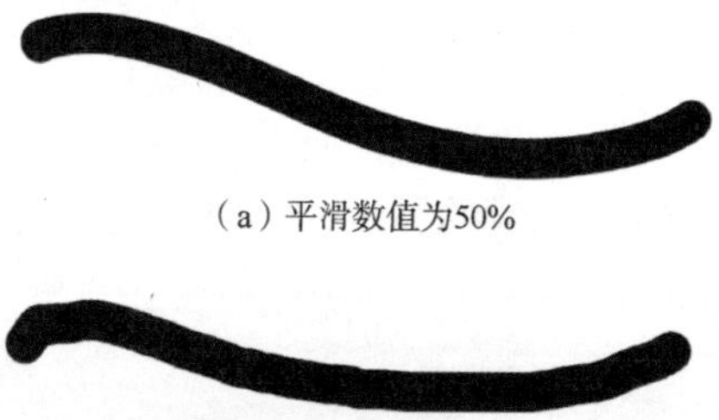

（a）平滑数值为50%

（b）平滑数值为0%

图5-76 平滑线条示例

⑦“设置平滑选项”：“设置平滑选项”用于设置平滑的方式，单击该选项，弹出平滑选项列表，包括“拉绳模式”“描边补齐”“补齐描边末端”等。

⑧“对称”：选中“对称”选项，在使用“画笔工具”绘制笔触或线条时，可绘制对称图案，对称图案示例如图5-77所示。

图5-77　对称图案示例

7. 画笔设置面板

通过“画笔设置”面板可以详细地设置画笔，如笔刷的形状、动态等。选择“窗口”→“画笔设置”命令（或按【F5】键），可以调出“画笔设置”面板，如图5-78所示。

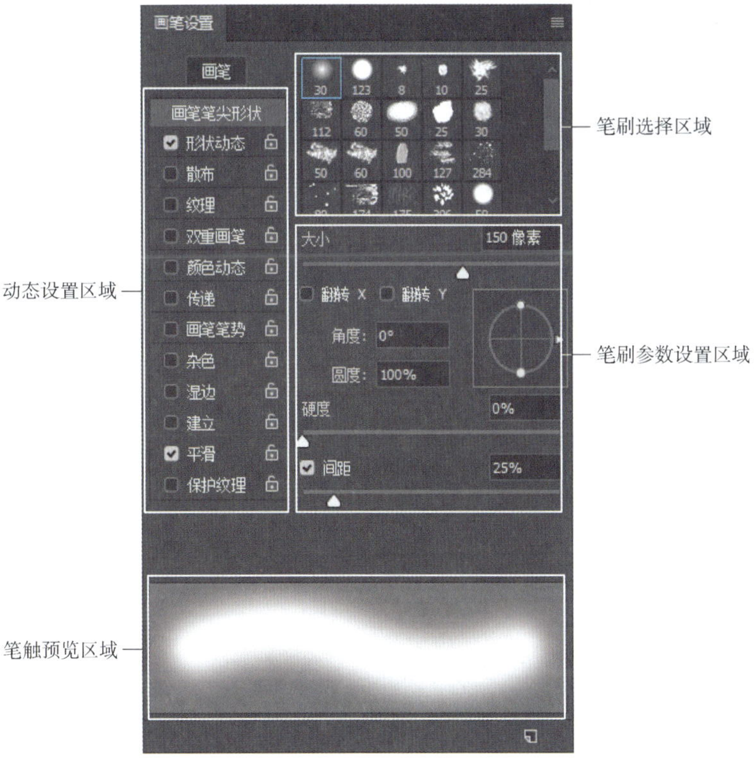

图5-78　“画笔设置”面板

图5-78所示的“画笔设置”面板包含笔刷选择区域、笔刷参数设置区域、笔触预览区域和动态设置区域4个区域，对这4个区域的介绍如下：

①笔刷选择区域：该区域提供了多种预设好的笔刷，单击某个预设好的笔刷，可以选择笔刷。

②笔刷参数设置区域：用于设置笔刷的参数，如笔刷大小、硬度等。

③笔触预览区域：用于预览当前笔刷的样式示例。

④动态设置区域：画笔动态设置区域用于设置笔刷的动态效果，包含了“形状动态”“散布”等选项，下面对常用选项进行介绍。

- “形状动态”：用于控制笔刷在绘制过程中的大小抖动、角度抖动等。选中“形状动态”，展开“形状动态”参数设置面板，如图5-79所示。
- “散布”：用于设置笔触的分布和位置。选择“散布”，展开“散布”参数设置面板，如图5-80所示。

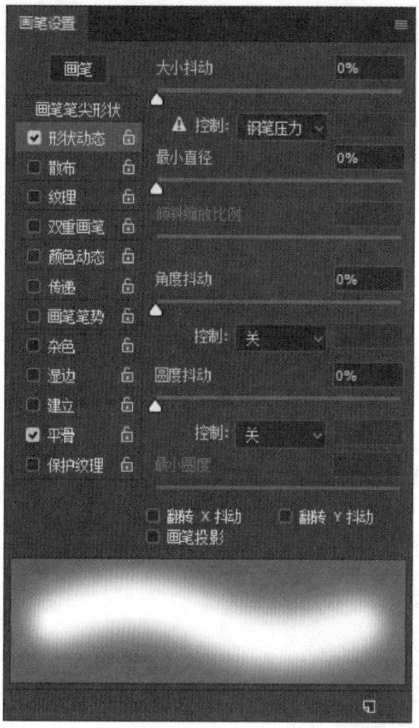

图5-79 “形状动态”参数设置面板

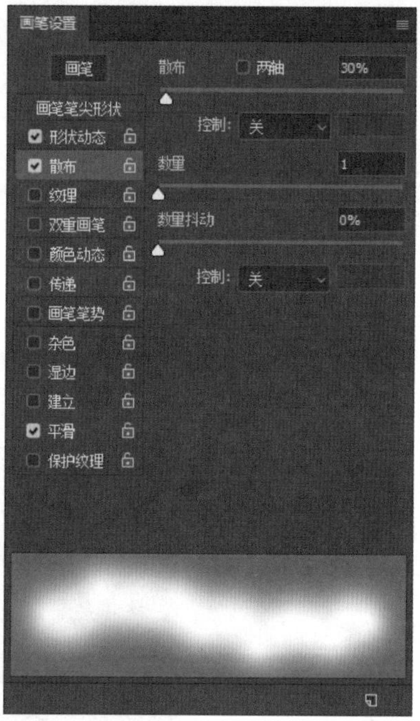

图5-80 “散布”参数设置面板

在“散布”参数设置面板中，通过拖动图5-80所示的“散布”滑块，可以调整笔触分布的密度，值越大，散布越稀疏。调整“散布”示例如图5-81所示。

（a）“散布”滑块

（b）对应效果

图5-81 调整散布示例

当勾选“两轴”复选框时，画笔的笔触范围将被缩小。

- “纹理”：设置该选项后，能够绘制出带有纹理的笔触。
- “颜色动态”：设置该选项后，能够绘制出颜色、饱和度和明度不断变化的笔触。
- “传递”：设置该选项后，能够绘制出不透明度和流量不断变化的笔触。

例如，打开图像“枫树.jpg”，如图5-82所示。

选择“画笔工具”，在选项栏中设置笔刷为散布枫叶（需要先载入“旧版画笔”）。设置“前景色”为红色（RGB：232、56、23），设置画笔后，在画布中按住鼠标拖动绘制枫叶，枫叶示例如图5-83所示。

图5-82 图像“枫树.jpg”

图5-83 枫叶示例

8. 画笔面板

“画笔”面板中提供了各种预设的笔刷，在“画笔”面板中，若知道笔刷的名称，还可以直接搜索笔刷。选择“窗口”→“画笔”命令，弹出“画笔”面板，如图5-84所示。

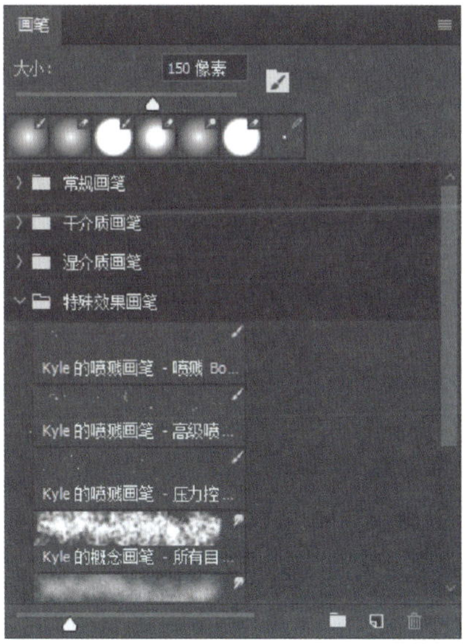

图5-84 “画笔”面板

使用绘画或修饰工具时，打开“画笔”面板，在“画笔”面板中，单击面板中的一个笔刷，将其选中，拖动“大小”滑块调整笔刷的大小，完成对笔刷的简单设置。

另外，使用“画笔工具”绘制内容后，选择“编辑”→“定义画笔预设”命令，可以将当前画布中的图像或选区预设为笔刷，完成预设笔刷后，笔刷会在“画笔”面板的最下方显示。

多学一招：选择合适的笔刷

在选择笔刷时，系统有时会跳转到其他工具。例如，选择“画笔工具”，在“画笔”面板中选择“Kyle的真实油画-01”笔刷时，“画笔工具”会切换至“混合器画笔工具”。这是因为系统为笔刷定义了与之对应的工具。

观察图5-84所示的“画笔”面板，会发现每个笔刷的右上角显示“画笔工具”图标或“涂抹工具”图标等，这表示该笔刷为对应的工具专用。

若想使用其他工具专用的笔刷，需要新建笔刷，具体步骤如下：

①选择需要使用的笔刷。

②单击按钮，在弹出的面板菜单中选择“新建画笔预设”命令。

③在弹出的“新建画笔”对话框中，设置笔刷名称，取消勾选“包含工具设置”复选框。

“新建画笔”对话框如图5-85所示。

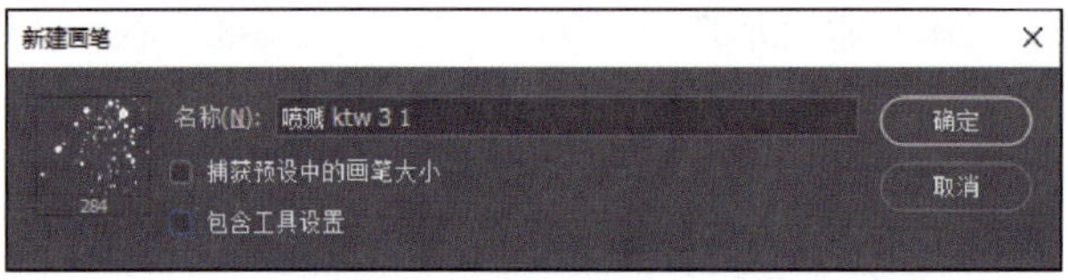

图5-85 “新建画笔”对话框

④单击图5-85中的“确定”按钮，完成笔刷的新建。

此时，选择新建的笔刷时，工具不会切换。此外，在“画笔设置”面板中选择笔刷，工具不会切换。

如果未显示工具图标，单击“画笔”面板中的按钮，在弹出的面板菜单中选择“显示其他预设信息”命令，会显示工具样式。另外，将鼠标指针悬停在笔刷上，系统也会提示该笔刷为哪个工具专用，系统提示示例如图5-86所示。

图5-86 系统提示示例

9. 减淡工具和加深工具

使用“减淡工具”，可以提亮图像的局部区域。选择“减淡工具”（或按【O】键），显示“减淡工具”选项栏，如图5-87所示。

图5-87 “减淡工具”选项栏

在图5-87所示的“减淡工具”选项栏中包括“范围”和“曝光度”两个常用选项，对这两个选项的解释如下：

①“范围”：用于选择需要修改的色调，分为“阴影”“中间调”“高光”三个选项。具体介绍如下：

- 选择“阴影”选项时处理图像的暗色调。
- 选择“中间调”选项时处理图像的中间色调。
- 选择“高光”选项时处理图像的亮部色调。

②“曝光度”：用于指定“减淡工具”的曝光度。“曝光度”数值越高，效果越明显。

③“保护色调”：用于保护图像的色调。

选择“减淡工具”，将鼠标指针放置在需要提亮的区域，待鼠标指针变为○形状时，单击并拖动鼠标，可以提亮图像，提亮图像示例如图5-88所示。

（a）提亮图像前　　（b）提亮图像后

图5-88　提亮图像示例

“加深工具”和“减淡工具”恰好相反，“加深工具”能够将图像的局部区域变暗。右击“减淡工具”，在弹出的工具列表中选择“加深工具”。“加深工具”与“减淡工具”的使用方法相同，选项栏与“减淡工具”选项栏中的选项功能类似，此处不再赘述。将图像的局部区域变暗示例如图5-89所示。

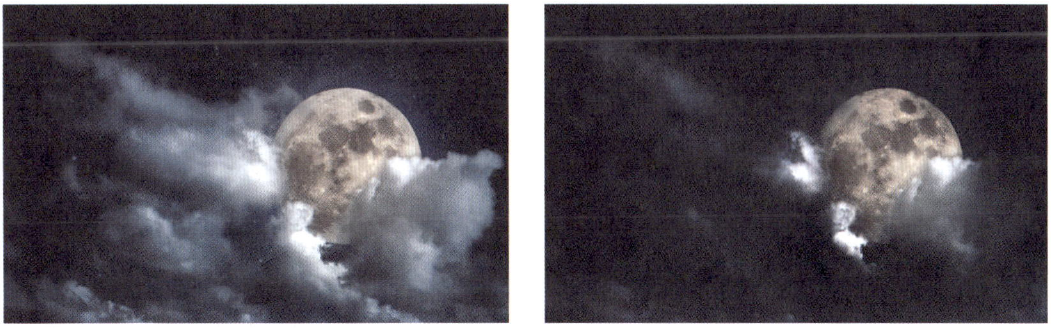

（a）图像的局部区域变暗前　　（b）图像的局部区域变暗后

图5-89　将图像的局部区域变暗示例

5.2.2　实现步骤

1. 制作背景

Step 01 新建一个600×800像素的文档。

Step 02 按【Shift+Ctrl+S】组合键，以名称“【案例5-2】太空球体效果.psd”保存文档。

Step 03 将背景填充为黑色。复制背景图层，得到“图层1”。

Step 04 将“图层1”转换为智能对象。选择“滤镜”→“杂色”→“添加杂色”命令，弹出“添加杂色”对话框，杂色参数设置示例如图5-90所示。

Step 05 单击图5-90中的“确定”按钮，添加杂色。

Step 06 选择“滤镜”→“模糊”→“高斯模糊”命令，设置“半径”为0.5像素。

Step 07 按【Ctrl+L】组合键调出“色阶”对话框，在“色阶”对话框中调整滑块，调整滑块示例如图5-91所示。杂色效果如图5-92所示。

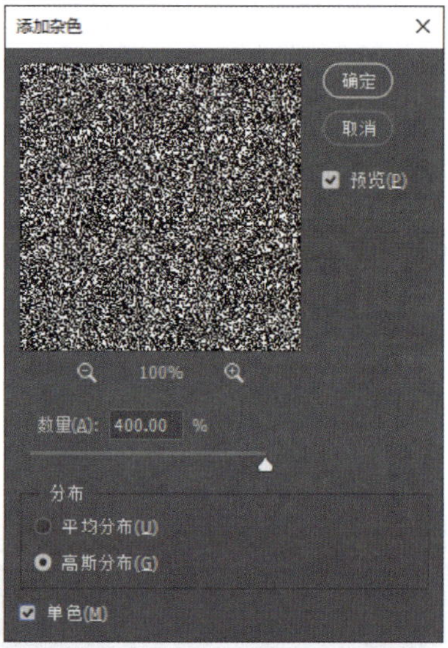

图5-90　杂色参数设置示例

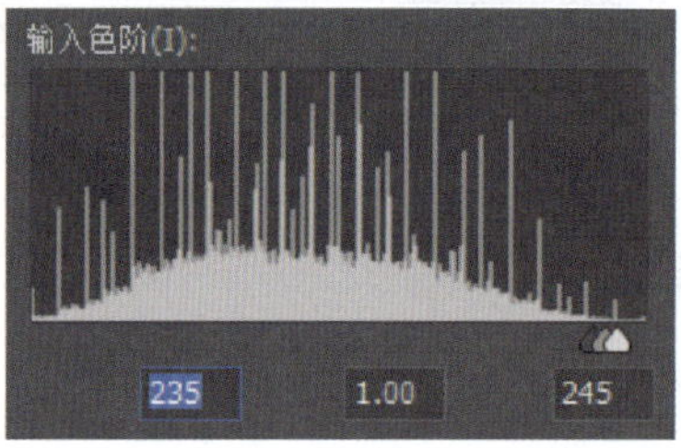

图5-91　调整滑块示例1

图5-92　杂色效果1

Step 08 复制“图层1”图层，得到“图层1拷贝”图层，更改“图层1拷贝”图层的“高斯模糊”滤镜的“半径”为2.5像素，并重新调整色阶的滑块，调整滑块示例如图5-93所示。杂色效果如图5-94所示。

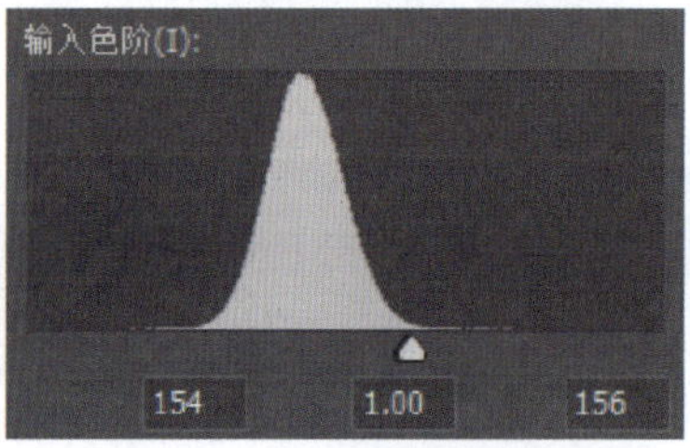

图5-93　调整滑块示例2

图5-94　杂色效果2

Step 09 设置“图层1拷贝”图层的图层混合模式为“线性减淡（添加）”。

2. **绘制球体**

Step 01 新建图层，得到“图层3”，使用“画笔工具” 绘制颜色条（样式任意），颜色条示例如图5-95所示。

Step 02 选择“滤镜”→“液化”命令，弹出“液化”对话框，使用“向前变形工具”进行涂抹，液化效果示例如图5-96所示。

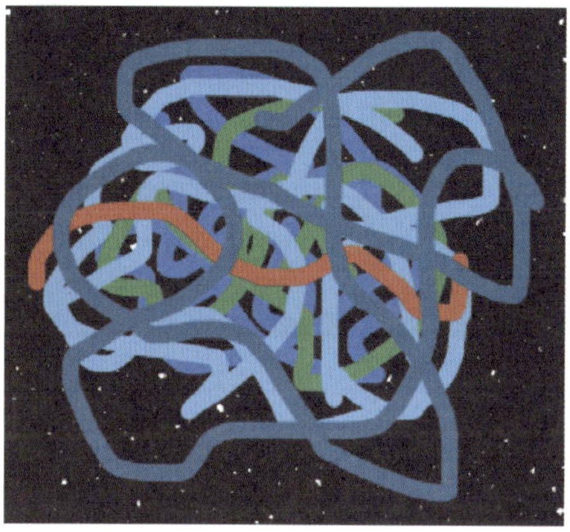

图5-95 颜色条示例

图5-96 液化效果示例

Step 03 新建“图层4”，将其填充为蓝色（RGB：44、25、186），将“图层3”置于顶层，合并“图层3”和“图层4”，得到“图层3”。

Step 04 绘制一个圆选区，圆选区示例如图5-97所示。

Step 05 选择“滤镜”→“扭曲”→“球面化”命令，弹出“球面化”对话框，设置“数量”为100%，应用“球面化”滤镜。

Step 06 按【Alt+Ctrl+F】组合键再次应用“球面化”滤镜，按【Ctrl+J】组合键复制选区，得到球体，球体示例如图5-98所示。

图5-97 圆选区示例

图5-98 球体示例

Step 07 为球体添加“内阴影”图层样式，内阴影参数及其对应的效果分别如图5-99和图5-100所示。

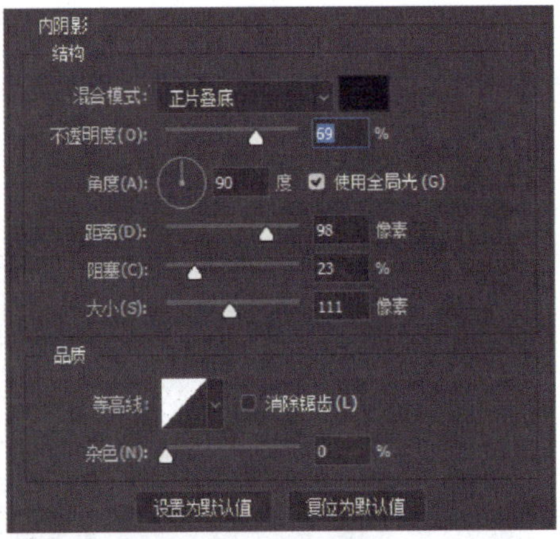

图5-99　内阴影参数

图5-100　内阴影对应的效果

3. 制作光效

Step 01 新建“图层4”，将“图层4”填充为黑色。

Step 02 选择“滤镜”→“渲染”→“镜头光晕”命令，弹出“镜头光晕”对话框，参数设置示例如图5-101所示。

Step 03 选择“滤镜”→“扭曲”→“极坐标”命令，弹出“极坐标”对话框，选中“从平面坐标到极坐标”单选按钮，得到光效，光效示例如图5-102所示。

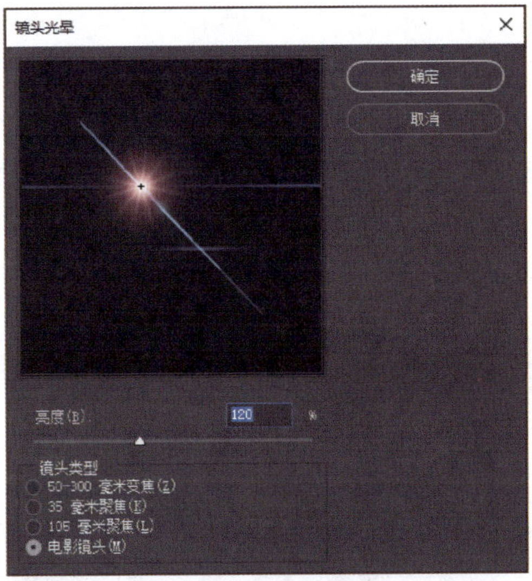

图5-101　参数设置示例

图5-102　光效示例1

Step 04 设置光效所在图层的图层混合模式为“滤色”，调整光效的缩放比例，调整比例后的光效示例如图5-103所示。

Step 05 复制光效所在图层，并调整角度，光效示例如图5-104所示。

Step 06 使用“橡皮擦工具”擦除光效中的多余线条，擦除效果如图5-105所示。

图5-103　调整比例后的光效示例

图5-104　光效示例2

Step 07 新建"图层5"，使用"画笔工具"绘制流光，流光示例如图5-106所示。

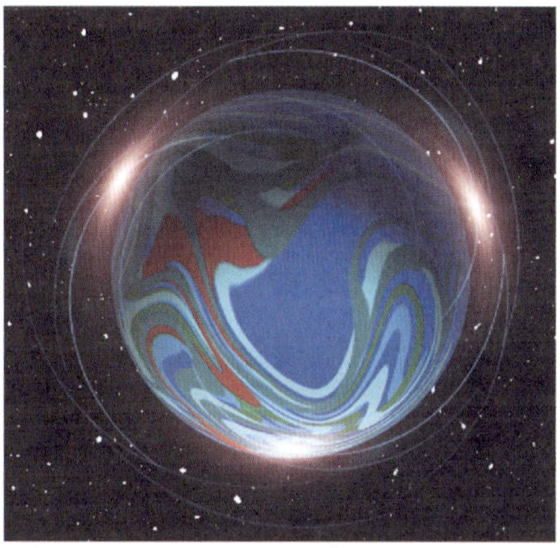

图5-105　擦除效果

图5-106　流光示例

Step 08 按照同样的方法，绘制多个流光效果，流光效果示例如图5-107所示。

图5-107　流光效果示例

Step 09 选中光所在的所有图层，按【Ctrl+G】组合键进行编组。

Step 10 缩小光和球所在图层。

Step 11 置入图5-108所示的素材“太空.jpg”，使用“橡皮擦工具”擦除多余像素，如图5-109所示。

图5-108　素材“太空.jpg”

图5-109　隐藏多余像素示例

Step 12 置入图5-110所示的素材“宇航员.png”，调整其位置、角度和大小，宇航员的位置、角度和大小示例如图5-111所示。

图5-110　素材“宇航员.png”

图5-111　宇航员的位置、角度和大小示例

4. 制作小球

Step 01 新建一个500×500像素的文档。

Step 02 将背景填充为“黄色”（RGB：228、228、193）。

Step 03 选择“滤镜”→“滤镜库”命令，弹出“滤镜库”对话框，在滤镜区选择“纹理”→“龟裂缝”选项，龟裂缝预览图如图5-112所示。

Step 04 单击“新建效果图层”按钮⊞，复制效果图层，在滤镜区选择“素描”→“便条纸”选项。

Step 05 在参数设置区设置“图像平衡”为44，“粒度”为20，“凸现”为14，参数设置示例如图5-113所示。

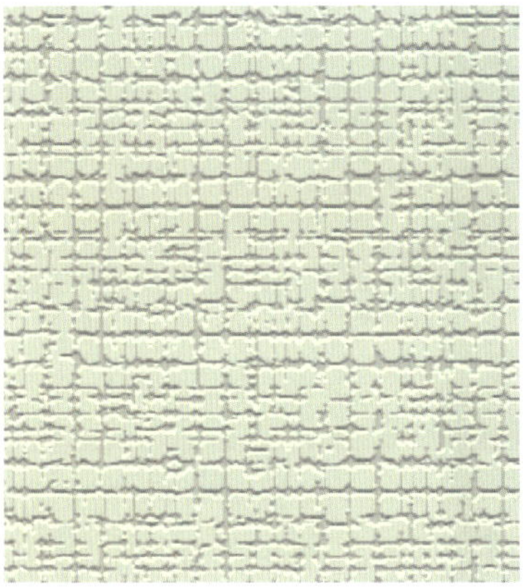

图5-112　龟裂缝预览图

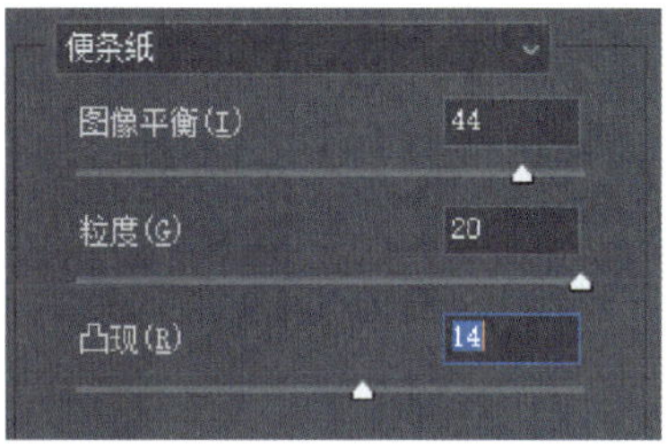

图5-113　参数设置示例

Step 06 单击“滤镜库”对话框中的“确定”按钮，完成滤镜的应用，应用滤镜后的效果如图5-114所示。

Step 07 绘制一个圆选区，选择“滤镜”→“扭曲”→“球面化”命令，应用“球面化”滤镜，得到图5-115所示的球状效果。

图5-114　应用滤镜后的效果

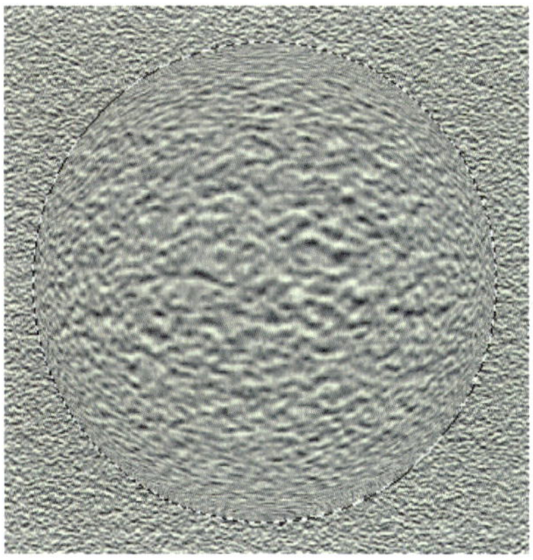

图5-115　球状效果

Step 08 复制选区，取消选区，将复制的图层拖动至“【案例5-2】太空球体效果.psd”文档窗口中。

Step 09 在“【案例5-2】太空球体效果.psd”文档窗口复制球，并分别调整其大小、色相、不透明度等。

至此，太空球体效果制作完成。

练一练：手机屏保

结合前面所学知识，根据提供的素材，制作图5-116所示的手机屏保。

图5-116　手机屏保效果

小　结

本章主要讲解了滤镜的应用，包括智能滤镜、滤镜库以及常用滤镜组。通过学习本章内容，读者不仅能够掌握不同滤镜的使用技巧，还能理解如何通过滤镜实现特定的视觉效果。能够完成星际穿越效果和太空球体效果两个案例。

第6章 图像修饰

学习目标

知识目标

◎ 了解通道，能够说出通道的作用和种类。

能力目标

◎ 掌握色彩调节的方法，可以调节图像的色相、亮度、饱和度等；

◎ 掌握通道的原理，可以使用通道调色和抠图；

◎ 掌握修饰工具的使用方法，可以修饰图像中的污点。

素质目标

◎ 掌握中华优秀传统文化元素和符号的含义，能够在设计中恰当地运用和传承这些元素，展现中华优秀传统文化的魅力；

◎ 坚定文化自信和民族自豪感。

在Photoshop中，除了可以通过调色选项调整图像的色彩以营造不同的氛围和意境外，还能利用通道进行抠图，从而拼合出更符合预期的图像。若图像存在瑕疵，还可以运用修饰工具进行修复。本章将介绍调色选项、通道和修饰工具相关知识。

6.1 【案例6-1】京剧宣传海报

京剧是中国传统戏曲的重要形式之一，具有悠久的历史和深厚的文化底蕴。京剧不仅在中国拥有广泛的影响力和观众基础，也在国际上作为中国文化的重要使者，备受关注和喜爱。本节将利用Photoshop中的调色选项制作一款京剧宣传海报。通过本案例的学习，读者可以掌握调色选项的使用方法。京剧宣传海报效果如图6-1所示。

6.1.1 知识点讲解

1. 色相/饱和度

“色相/饱和度”可以对图像的色相、饱和度和明度进行调整。选择“图像”→“调整”→“色相/饱和度”命令（或按【Ctrl+U】组合键），弹出“色相/饱和度”对话框，如图6-2所示。

图6-1　京剧宣传海报

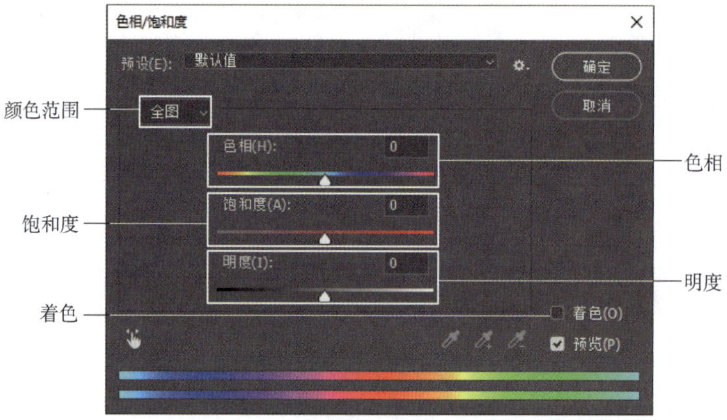

图6-2　“色相/饱和度”对话框

在图6-2所示的“色相/饱和度”对话框中，可以看到颜色范围、色相、饱和度等选项，对这些选项的介绍如下：

①颜色范围：用于设置需要调整的颜色范围，包括“全图”“红色”“黄色”等七个选项，其中，选择“全图”选项后，可以调整图像中的所有颜色；选择“红色”“黄色”等任意一个选项，可以针对选项所对应的颜色区域进行调整。

②色相：用于调整图像的颜色。

③饱和度：用于调整图像的鲜艳程度。

④明度：用于调整图像的明暗程度。

⑤着色：勾选“着色”复选框，可以将彩色图像变为单一颜色的图像，拖动滑块对图像的整体颜色进行设置。

例如，打开图像“国画.jpg”，如图6-3所示。

选择“图像”→“调整”→“色相/饱和度”命令（或按【Ctrl+U】组合键），弹出“色相/饱和度”对话框，在“色相/饱和度”对话框中，拖动“色相”滑块示例如图6-4所示。

图6-3　图像“国画.jpg”

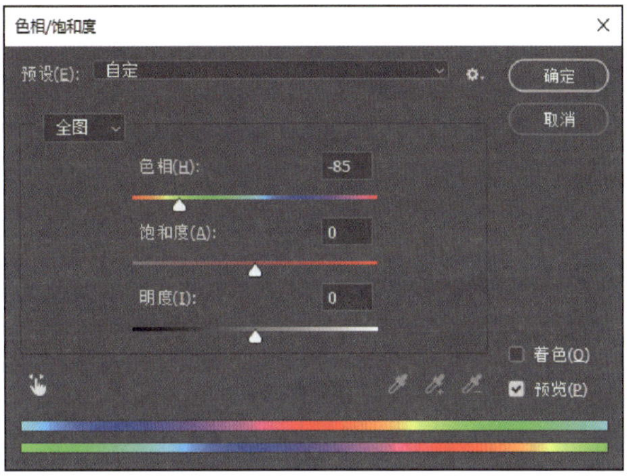

图6-4　拖动“色相”滑块示例

单击图6-4中的“确定”按钮，完成对图像色相的调整。调整色相后的图像示例如图6-5所示。

观察图6-5可以发现，图像中所有颜色的色相均被改变。

在Photoshop中还可以对图像中某一种颜色的色相、饱和度和明度进行调整。依旧以图6-3所示的图像“国画.jpg”为例，在“色相/饱和度”对话框中，单击“颜色范围”选项，在“全图”下拉列表中选择“红色”选项，如图6-6所示。

图6-5　调整色相后的图像示例

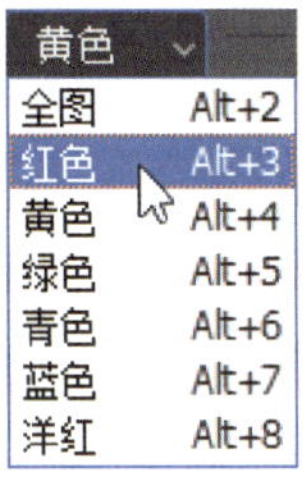

图6-6　选择“红色”选项

拖动“色相”滑块至图6-7所示位置。

单击图6-7中的“确定”按钮，完成调整。调整“红色”色相的效果如图6-8所示。

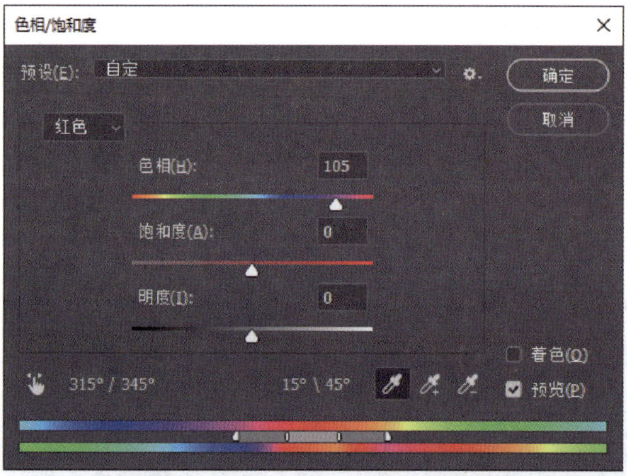

图6-7　拖动“色相”滑块示例

图6-8　调整“红色”色相的效果

观察图6-8可以发现，图像中的红色被改变，而其他颜色没有变化。

2. 色彩平衡

“色彩平衡”能够校正图像中的偏色现象。选择“图像”→“调整”→“色彩平衡”命令（或按【Ctrl+B】组合键），弹出“色彩平衡”对话框，如图6-9所示。

在图6-9所示的“色彩平衡”对话框中，可以看到“色彩平衡”“色调平衡”“保持明度”三个选项，对各选项的解释如下：

①“色彩平衡”：用于平衡图像中的颜色。若需要在图像中添加哪种颜色，就拖动滑块至指定颜色处。

②“色调平衡”：用于选择需要调整的色调范围，包括“阴影”“中间调”“高光”。

③“保持明度”：勾选“保持明度”复选框，可以在调整颜色平衡的过程中保持图像整体明度不变。

例如，打开图像“雕漆.jpg”，如图6-10所示。

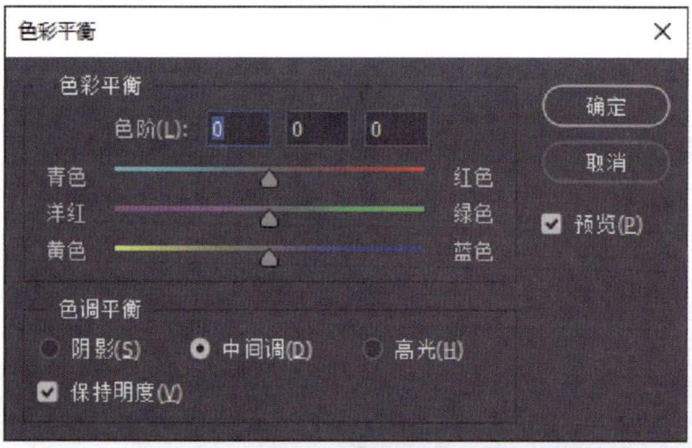

图6-9　“色彩平衡”对话框

图6-10　图像“雕漆.jpg”

观察图6-10，可以看出，图像略偏青色，为了校正图像中的偏色，可以为图像增加红色。选择“图像”→“调整”→“色彩平衡”命令（或按【Ctrl+B】组合键），弹出“色彩平衡”对话框，拖动滑块增加红色，增加红色示例如图6-11所示。

单击图6-11中的“确定”按钮，完成设置。校正偏色示例如图6-12所示。

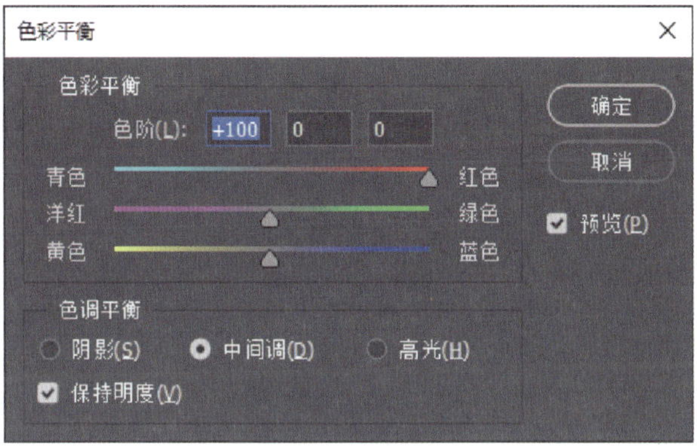

图6-11　增加红色示例

图6-12　校正偏色示例

3. 去色

“去色”可以去除图像中的彩色，将图像转换为黑白效果。选择“图像”→“调整”→“去色”命令（或按【Shift+Ctrl+U】组合键），可直接将图像转换为黑白效果。图像去色前后对比效果示例如图6-13所示。

（a）去色前　（b）去色后

图6-13　图像去色前后对比效果示例

需要注意的是，在Photoshop中，图像一般由多个图层组成，“去色”选项只作用于被选中的图层或选区。

4. 曲线

“曲线”用于调整图像的阴影、中间调和高光，它和“色阶”选项相似，但比“色阶”选项对图像的调整更加精确。选择“图像”→“调整”→“曲线”命令（或按【Ctrl+M】组合键），弹出“曲线”对话框，如图6-14所示。

观察图6-14所示的“曲线”对话框，可以发现位于左侧的图形区域中包含一条对角线。

在调整RGB颜色模式的图像时，右上角区域代表高光，左下角区域代表阴影。图形区域的水平轴表示输入色阶；垂直轴表示输出色阶。当曲线整体向上弯曲时，图像变亮；曲线整体向下弯曲时，图像变暗。

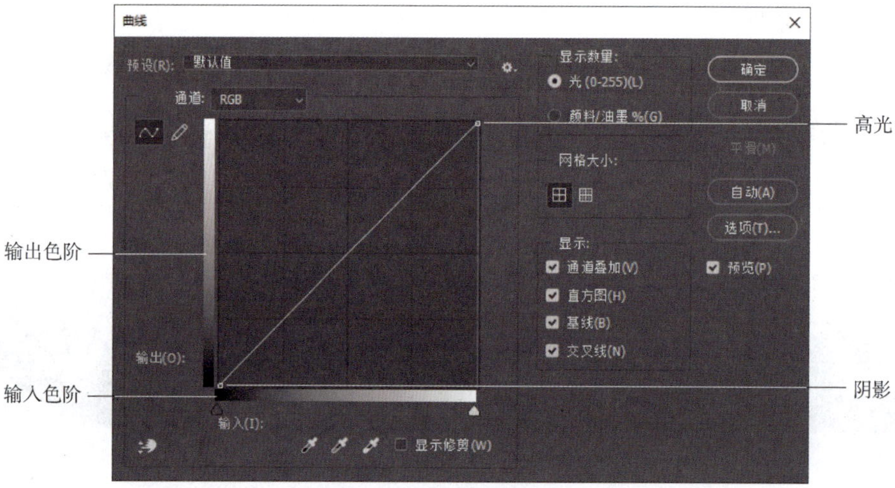

图6-14 “曲线”对话框

除此之外，“曲线”对话框还包含多个用于调整曲线的选项，如图6-15所示。

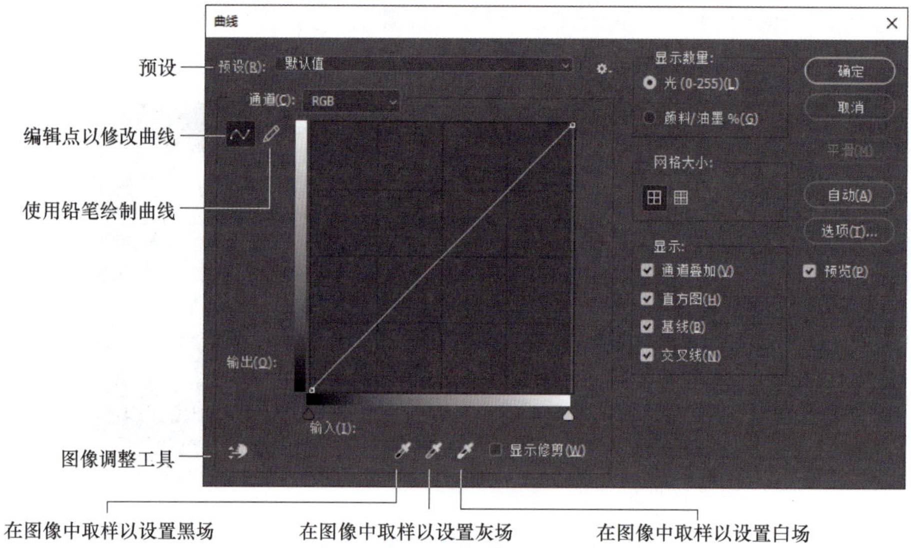

图6-15 用于调整曲线的选项

“曲线”对话框中包含“预设”“编辑点以修改曲线”“使用铅笔绘制曲线”等调整曲线的选项，对这些选项的解释如下：

①“预设”：包含了Photoshop提供的各种预设，选择预设可以直接调整图像。在“预设”中选择“默认值”还可以将调整过的曲线恢复为默认。

②“编辑点以修改曲线”：单击选中“编辑点以修改曲线”选项，在曲线上单击可以添加控制点，移动控制点可以改变曲线的形状，从而调整图像色调。该选项为默认选中状态。

③“使用铅笔绘制曲线”：单击选中“使用铅笔绘制曲线”选项，可以在图形中自由绘制曲线，从而调整图像色调。

④“图像调整工具”：单击选中“图像调整工具”选项，将鼠标指针移至图像上，此时，曲线上会出现图标，该图标代表了鼠标指针处的色调在曲线上的位置，单击并拖动鼠标可添加控制点并调整曲线形状，从而调整图像色调。

⑤“在图像中取样以设置黑场”：单击选中“在图像中取样以设置黑场”选项，将鼠标指针移至图像上单击，Photoshop将定义单击处的像素为黑点，并重新分布图像中的像素值，从而使图像变暗。

⑥“在图像中取样以设置灰场”：单击选中“在图像中取样以设置灰场”选项，将鼠标指针移至图像上单击，可以在图像中消除这种颜色，从而能够校正图像的偏色现象。

⑦“在图像中取样以设置白场”：单击选中“在图像中取样以设置白场”选项，将鼠标指针移至图像上单击，Photoshop将定义单击处的像素为白点，并重新分布图像中的像素值，从而使图像变亮。

在使用“曲线”选项调整图像时，可以在曲线上添加多个控制点，从而对图像的色彩进行精确调整，曲线较陡的部分表示该区域对比度较强；曲线中较平缓的部分表示该区域对比度较弱。

例如，若想增加图像中间调的对比度，只需将曲线的中间区域调陡即可。调整图像中间调前后对比示例如图6-16所示。

（a）调整图像中间调前　　（b）调整图像中间调后

图6-16　调整图像中间调前后对比示例

注意：如果图像是CMYK模式，那么当曲线向上弯曲时，图像会变暗，向下弯曲时，图像会变亮，这种情况恰好与RGB颜色模式的图像相反。

5. 亮度/对比度

“亮度/对比度”可以快速调整图像的亮度和对比度。选择“图像”→“调整”→“亮度/对比度”命令，弹出“亮度/对比度”对话框，如图6-17所示。

在图6-17所示的“亮度/对比度”对话框中，可以看到“亮度”和“对比度”两个用于调整图像的选项，对这两个选项的介绍如下：

（1）亮度

用于调整图像的亮度，取值范围是-150~150。向左拖动滑块，数值为负数，图像亮度降低；向右拖动滑块，数值为正值，图像亮度提高。

（2）对比度

用于调整图像亮部和暗部之间的亮度差异，取值范围是-50~100。向左拖动滑块，数值显示为负值，图像对比度降低；向右拖动滑块，数值显示为正值，图像对比度提高。

例如，打开图像“茶.jpg”，如图6-18所示。

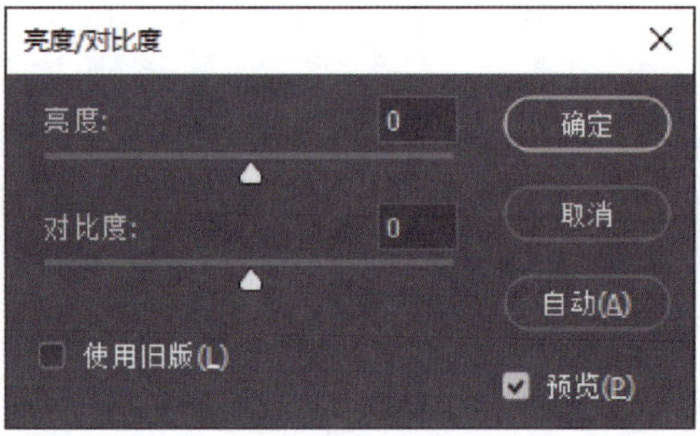

图6-17 “亮度/对比度”对话框

图6-18 图像“茶.jpg”

观察图6-18所示的图像，会发现图像较暗，这时需要提高图像的亮度。选择“图像”→“调整”→“亮度/对比度”命令，弹出“亮度/对比度”对话框，向右拖动“亮度”滑块，设置“亮度”为80。“亮度/对比度”参数示例如图6-19所示。

单击图6-19所示的“亮度/对比度”对话框中的“确定”按钮，完成设置。调整图像亮度示例如图6-20所示。

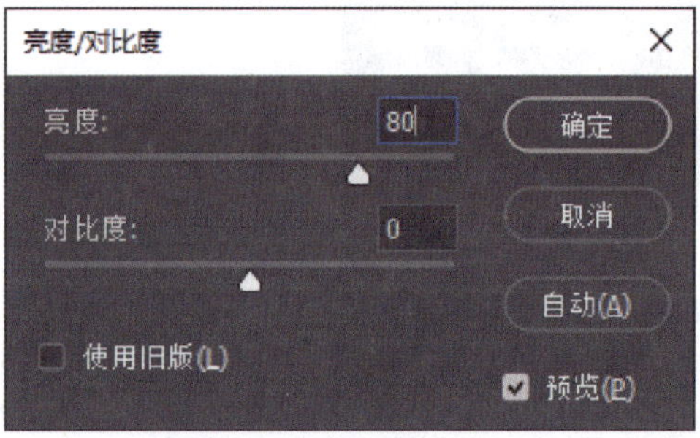

图6-19 “亮度/对比度”参数示例

图6-20 调整图像亮度示例

6. 色阶

“色阶”可以调整图像的阴影、中间调和高光的强度级别。打开图像“百宝嵌.jpg”，如图6-21所示。

选择“图像”→“调整”→“色阶”命令（或按【Ctrl+L】组合键），弹出“色阶”对话框，如图6-22所示。

图6-21　素材“百宝嵌.jpg”

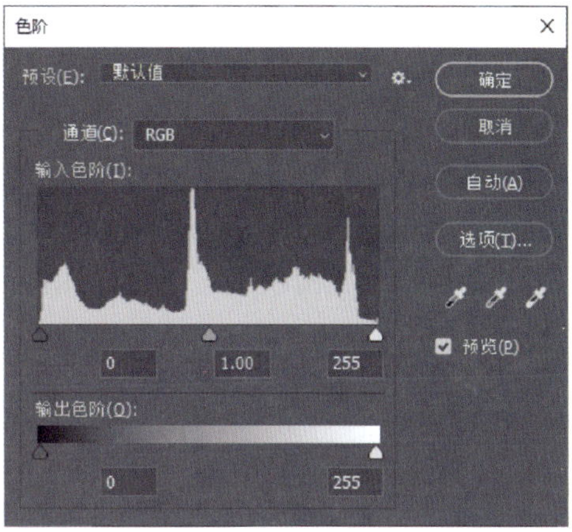

图6-22　“色阶”对话框

在图6-22所示的“色阶”对话框中，可以看到“预设”“通道”“输入色阶”“输出色阶”四个选项，对这四个选项的介绍如下：

（1）预设

“预设”选项中包含了多个系统预设好的调色选项，选择不同的调色选项，系统会自动对图像进行调整。

（2）通道

通过“通道”选项，可以选择图像中的单个颜色通道进行调整。单击“通道”下拉按钮，展开“通道”下拉列表，如图6-23所示。

图6-23　“通道”下拉列表

在调整RGB颜色模式图像的色阶时，在“通道”下拉列表中选择任意一个通道，拖动下方滑块时，即可针对该通道进行调整。例如，调整素材“百宝嵌.jpg”的“红”通道示例如图6-24所示。

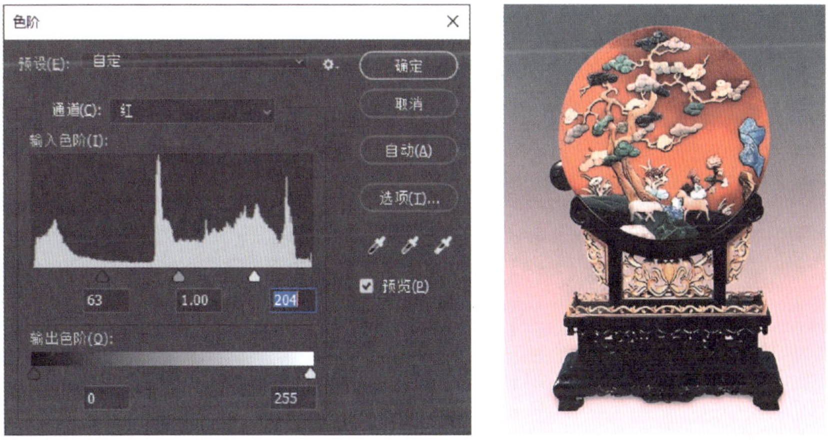

图6-24　调整素材“百宝嵌.jpg”的“红”通道示例

（3）输入色阶

“输入色阶”用于调整图像的阴影、中间调和高光区域，从而提高图像的对比度。在

“输入色阶”中，深灰色滑块代表阴影、浅灰色滑块代表中间调、白色滑块代表高光区域。向左拖动白色滑块或浅灰色滑块，可以提高图像的亮度；向右拖动深灰色滑块或浅灰色滑块，可以降低图像的亮度。

（4）输出色阶

“输出色阶”可以限制图像的亮度范围，从而降低对比度，使图像呈现出类似褪色的效果。向右拖动深灰色滑块，可以降低图像暗部的对比度，向左拖动白色滑块，可以降低图像亮部的对比度。

6.1.2 实现步骤

1. 合成海报

Step 01 新建一个尺寸为600 mm × 800 mm、分辨率为150像素/英寸的文档。

Step 02 按【Ctrl+S】组合键以名称“【案例6-1】京剧宣传海报.psd”保存文档。

Step 03 依次置入素材“京剧人物.png”“青花图案.png”“中式花纹背景.png”，素材展示如图6-25所示。

京剧人物.png

青花图案.png

中式花纹背景.png

图6-25 素材展示

Step 04 调整画布中各个素材的大小和位置，各个素材的大小和位置示例如图6-26所示。

Step 05 调整“青花图案”的大小并将其水平翻转，得到图6-27所示的样式。

图6-26 各个素材的大小和位置示例

图6-27 将“青花图案”水平翻转

Step 06 复制“青花图案”图层，并调整两个青花图案的位置、角度和图层的顺序，青花图案的样式示例如图6-28所示。

2. 调整素材颜色

Step 01 选中“中式花纹背景”图层，将其栅格化。

Step 02 选择“图像”→“调整”→“去色”命令，将背景去色，去色示例如图6-29所示。

图6-28　青花图案的样式示例

图6-29　去色示例

Step 03 选择“图像”→“调整”→“色相/饱和度”命令（或按【Ctrl+U】组合键），弹出“色相/饱和度”对话框，如图6-30所示。

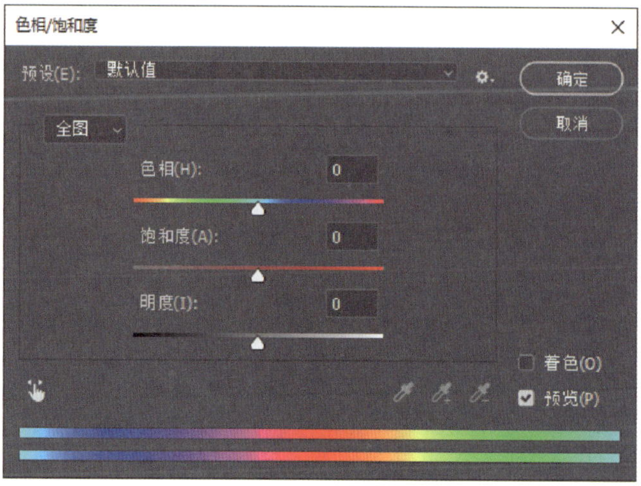

图6-30　“色相/饱和度”对话框

Step 04 在图6-30所示的“色相/饱和度”对话框中，设置“明度”为80，单击“确定”按钮，调整明度的效果如图6-31所示。

Step 05 选择“京剧人物”图层，选择“图像”→“调整”→“色相/饱和度”命令（或按【Ctrl+U】组合键），弹出“色相/饱和度”对话框，设置饱和度为34，设置饱和度效果如图6-32所示。

图6-31　调整明度的效果

图6-32　设置饱和度效果

Step 06 选择“图像”→“调整”→“色彩平衡”命令（或按【Ctrl+B】组合键），弹出“色彩平衡”对话框，设置参数。设置“色彩平衡”参数如图6-33所示。

Step 07 单击图6-33中的“确定”按钮，完成设置，调整“色彩平衡”的效果如图6-34所示。

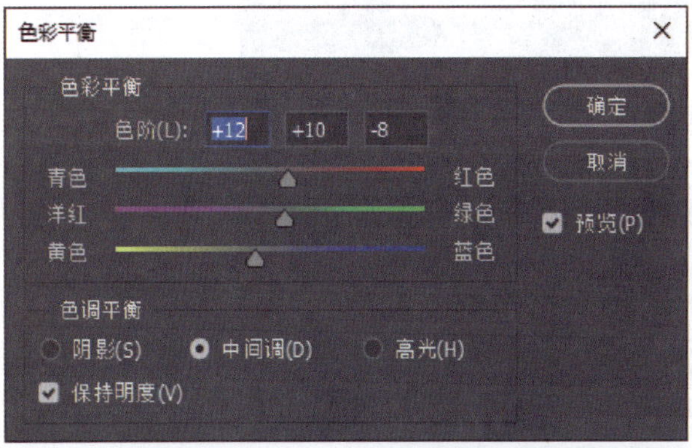

图6-33　设置“色彩平衡”参数

图6-34　调整“色彩平衡”的效果

Step 08 选择“图像”→“调整”→“曲线”命令（或按【Ctrl+M】组合键），弹出

“曲线”对话框，调整曲线。曲线示例如图6-35所示。

Step 09 单击图6-35中的“确定”按钮，完成设置。调整“曲线”的效果示例如图6-36所示。

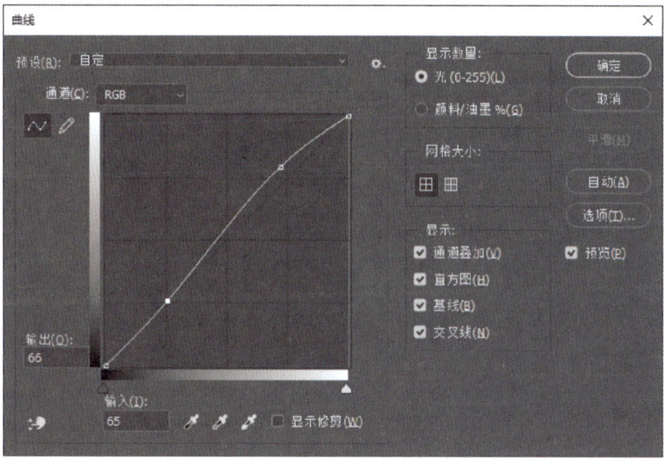

图6-35　曲线示例

图6-36　调整“曲线”的效果示例

Step 10 选择“青花图案”图层，选择“图像”→“调整”→“色相/饱和度”命令（或按【Ctrl+U】组合键），弹出“色相/饱和度”对话框，设置“色相/饱和度”参数如图6-37所示。

Step 11 单击图6-37中的“确定”按钮，完成设置，调整“色相/饱和度”的效果如图6-38所示。

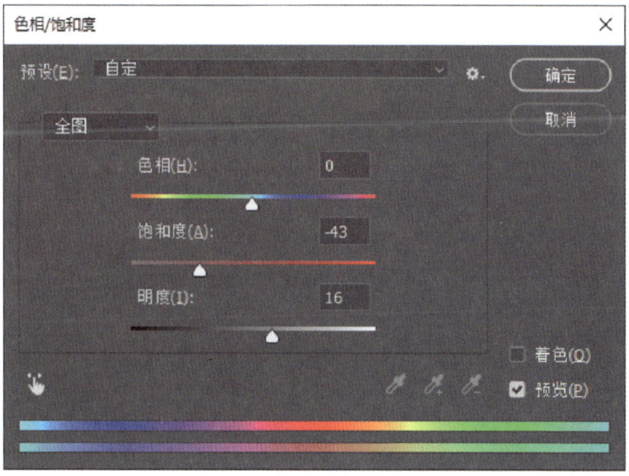

图6-37　设置“色相/饱和度”参数

图6-38　调整“色相/饱和度”的效果

Step 12 根据Step10和Step11的步骤调整另一个青花图案的“色相/饱和度”，另一个青花图案的效果如图6-39所示。

图6-39　另一个青花图案的效果

3. 为海报添加元素

Step 01 使用“椭圆工具”绘制一个深蓝色（RGB：11、30、88）的圆形，将其放在“中式花纹背景”图层的上方。圆形示例如图6-40所示。

Step 02 使用“横排文字工具”T输入文字，并设置字体为“字魂49号”、颜色为黑色，文字示例如图6-41所示。

图6-40　圆形示例

图6-41　文字示例

Step 03 继续输入文字，使用“矩形工具”绘制矩形，文字和矩形示例如图6-42所示。

Step 04 选中文字的相关图层，按【Ctrl+G】组合键，将选中图层编组，并将图层组重命名为文字。

Step 05 选中“中式花纹背景”图层，新建图层，得到“图层2”，选中“渐变工具”，弹出“渐变编辑器”对话框，在“渐变编辑器”对话框中设置渐变，如图6-43所示。

图6-42 文字和矩形示例

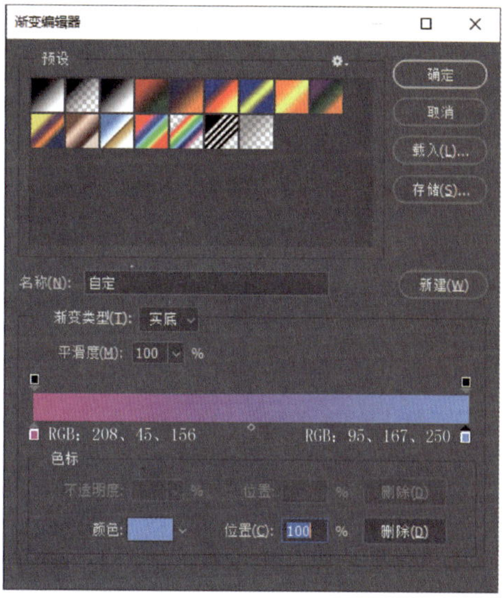

图6-43 设置渐变

Step 06 在画布中绘制渐变，渐变示例如图6-44所示。

图6-44 渐变示例

Step 07 设置“图层2”的图层混合模式为“叠加”。

至此，京剧宣传海报完成。

练一练：汽车海报

结合前面所学知识，根据提供的素材，制作图6-45所示的汽车海报。

图6-45　汽车海报

6.2 【案例6-2】孔雀展宣传海报

孔雀在中国传统文化中象征美丽、吉祥和荣耀，被视为华美与高贵的象征，常用来装饰宫廷和寺庙，反映了人们对美好生活和祥和境界的向往。本节将使用Photoshop制作一款孔雀展览宣传海报。通过本案例的学习，读者能够掌握“画笔工具”的使用方法，以及通道的基本操作。孔雀展宣传海报效果如图6-46所示。

图6-46　孔雀展宣传海报

6.2.1　知识点讲解

1. 认识通道

通道是处理图像的一个重要方法，在设计中，常用的通道包括颜色通道和Alpha通道。下面对这两个通道进行讲解。

（1）颜色通道

颜色通道是打开或新建文档时系统自动创建的，主要用于保存图像中的颜色信息。RGB颜色模式的图像包含“红”“绿”“蓝”和一个“RGB”复合通道；CMYK颜色模式的图像包含“青色”“洋红”“黄色”“黑色”和一个“CMYK”复合通道。颜色通道示例如图6-47所示。

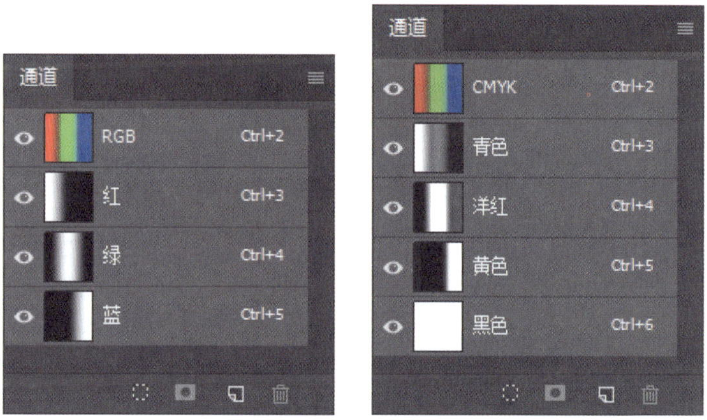

（a）RGB颜色模式下的颜色通道　（b）CMYK颜色模式下的颜色通道

图6-47　颜色通道示例

其实，每个颜色通道都是一幅灰度图像，只代表一种颜色的明暗变化。颜色通道能反映出图像中所包含某种颜色的程度。例如，画布中存在红绿蓝三种颜色，且图像为RGB颜色模式。红绿蓝颜色示例如图6-48所示。

在“通道”面板中，单击“红”通道时，可以看到，“红”通道的显示状态如图6-49所示。

图6-48　红绿蓝颜色示例

图6-49　“红”通道的显示状态

观察图6-48和图6-49，可以发现，原本红色的区域呈现出白色，而红色和绿色融合的区域呈现出灰色，原本绿色区域和蓝色区域则呈现出黑色，即在“红”通道中，包含的红色越多，通道所呈现出的颜色越白；包含的红色越少，通道所呈现的颜色越黑。依此类推，“绿”通道和“蓝”通道所呈现的黑白灰关系分别如图6-50和图6-51所示。

图6-50 “绿”通道所呈现的黑白灰关系

图6-51 “蓝”通道所呈现的黑白灰关系

当图像为CMYK颜色模式，且画布中存在青色、洋红色和黄色时，在“青色”通道中，包含的青色越多，通道所呈现出的颜色越黑；包含的青色越少，则通道所呈现的颜色越白，这种情况恰好与RGB颜色模式通道中的黑白灰关系相反。CMYK颜色模式下各通道的黑白灰关系示例如图6-52所示。

（a）CMYK颜色模式下“青色”通道的黑白灰关系　（b）CMYK颜色模式下“洋红”通道的黑白灰关系　（c）CMYK颜色模式下“黄色”通道的黑白灰关系

图6-52 CMYK颜色模式下各通道的黑白灰关系示例

实际生活中，在使用调色选项调整颜色时，通常都是通过通道影响颜色的。例如，图6-53所示为一个RGB颜色模式的图像和它所对应的通道。

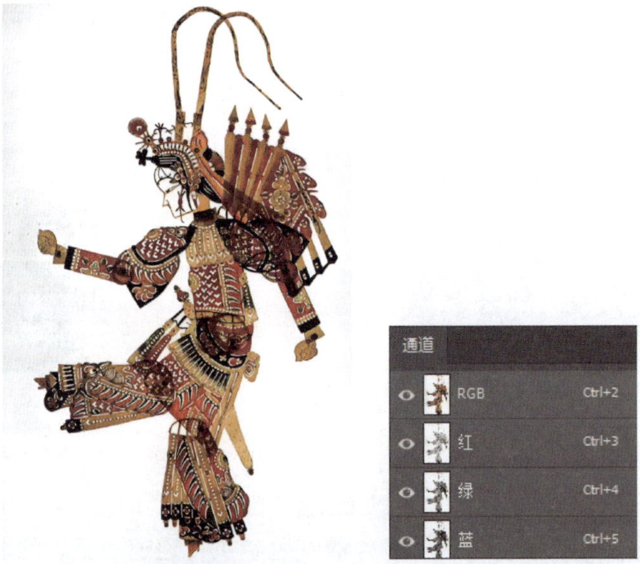

（a）RGB颜色模式的图像　（b）图像对应的通道

图6-53 一个RGB颜色模式的图像和它所对应的通道

使用“色相/饱和度”选项调整它的整体颜色时，调整色相后的图像和通道如图6-54所示。

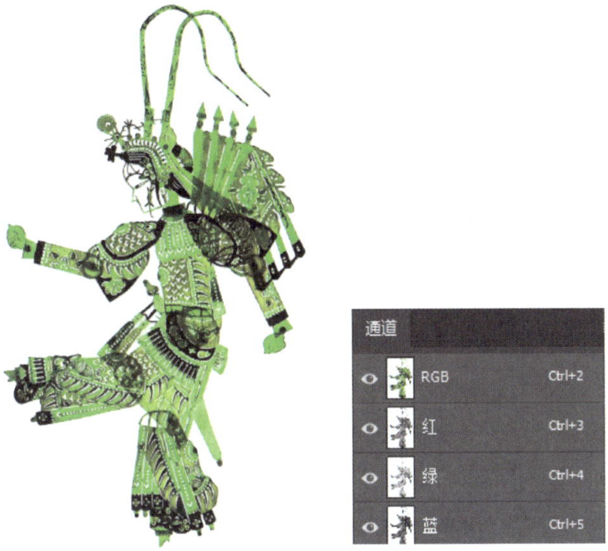

（a）调整色相后的图像　　（b）调整色相后的通道

图6-54　调整色相后的图像和通道

对比图6-53和图6-54，可以看出，各个通道的黑白关系都发生了变化。由此可见，使用调色选项调整图像颜色时，其实是Photoshop在内部处理通道，使之变白或者变黑，从而实现颜色的变化。

（2）Alpha通道

Alpha通道是用户自建的通道，主要用于保存选区。在Alpha通道中，白色代表被选择的区域，黑色代表没有被选择的区域，灰色代表没有完全被选择的区域。

例如，打开图像“风筝.jpg”，在图像中绘制选区，选区示例如图6-55所示。

右击选区，在弹出的快捷菜单中选择“存储选区”命令，如图6-56所示。

图6-55　选区示例

图6-56　选择“存储选区”命令

此时，会弹出“存储选区”对话框，如图6-57所示。

在图6-57所示的“存储选区”对话框中单击“确定”按钮，即可保存选区。保存选区后，在“通道”面板中可以看到一个名称为“Alpha 1”的通道，如图6-58所示。

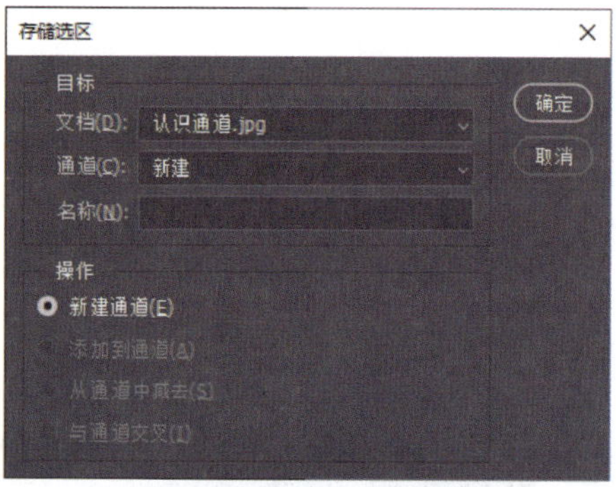

图6-57 “存储选区”对话框

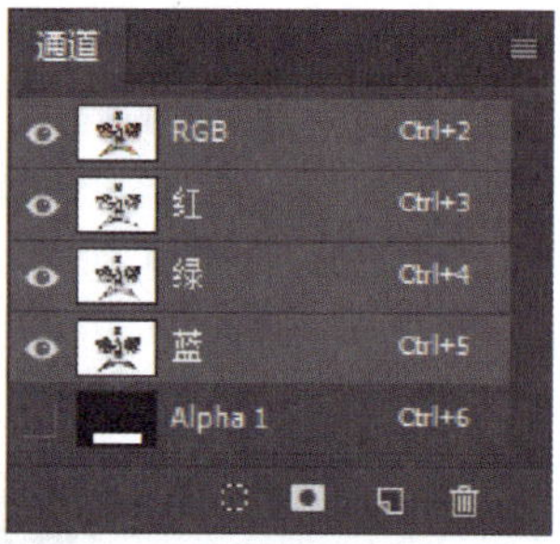

图6-58 名称为“Alpha 1”的通道

按【Ctrl+D】组合键取消选区。单击图6-58所示的“Alpha 1”通道，图像呈现为黑白，黑白图像示例如图6-59所示。

图6-59 黑白图像示例

观察图6-59，可以发现，白色的区域是之前绘制的选区。

当然，在Photoshop中还能够自由地扩大或收缩选区的范围：用白色笔刷涂抹Alpha通道可以扩大选区的范围；用黑色笔刷涂抹Alpha通道则会收缩选区；用灰色笔刷涂抹可以增加选区羽化的范围。

例如，设置前景色为白色，使用“画笔工具”在图6-59所示的黑白图像中绘制，即可扩大选区范围，扩大选区范围示例如图6-60所示。

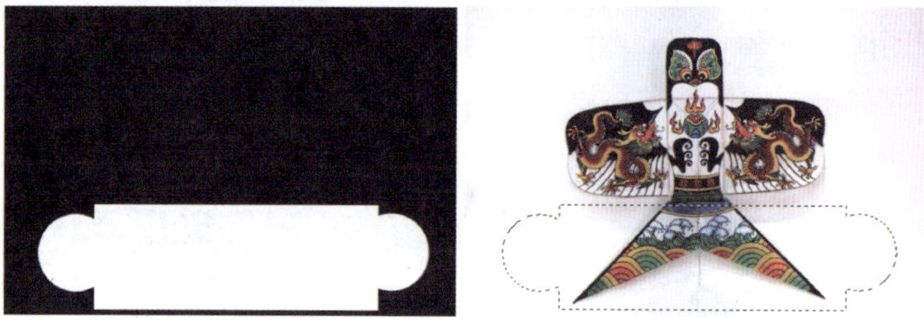

图6-60 扩大选区范围示例

2. “通道”面板

“通道”面板可以对所有通道进行管理和编辑。当打开一个图像时，Photoshop会自动创建该图像的颜色通道，选择“窗口”→“通道”命令，打开“通道”面板，“通道”面板如图6-61所示。

在图6-61所示的“通道”面板中，除了颜色通道外，还包含一些按钮，如“将通道作为选区载入”“将选区存储为通道”“创建新通道”“删除通道”等，下面对这些按钮进行介绍。

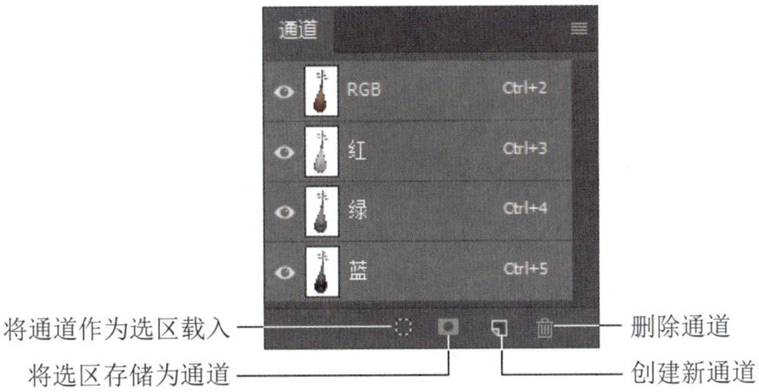

图6-61　“通道”面板

①“将通道作为选区载入”：单击该按钮，可以将选中通道载入选区。

②“将选区存储为通道”：单击该按钮，可以将图像中的选区保存在通道内，并自动创建1个Alpha通道。

③“创建新通道”：单击该按钮，可以创建新的Alpha通道。

④“删除通道”：单击该按钮，可以删除当前选中的通道。

3. 通道的基本操作

通道的基本操作包括新建Alpha通道、复制通道和删除通道等，下面对通道的基本操作进行讲解。

（1）新建Alpha通道

单击“通道”面板右上方的按钮，弹出图6-62所示的面板菜单。

选择图6-62中的“新建通道”命令，弹出“新建通道”对话框，如图6-63所示。

图6-62　面板菜单

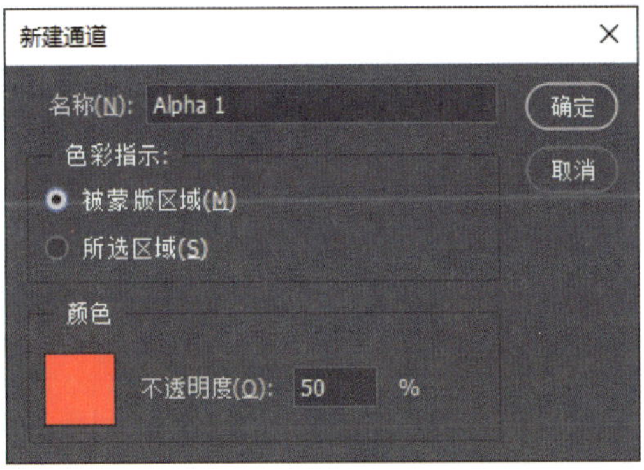

图6-63　“新建通道”对话框

在图6-63所示的“新建通道”对话框中，可以自定义通道名称，单击“确定”按钮，即可成功新建Alpha通道，新通道的默认名称为“Alpha 1”，“Alpha 1”通道如图6-64所示。

另外，单击“通道”面板下方的“创建新通道”按钮，同样可以新建一个Alpha通道。

（2）复制通道

在图6-62所示的面板菜单中选择“复制通道”命令，弹出“复制通道”对话框，如图6-65所示。

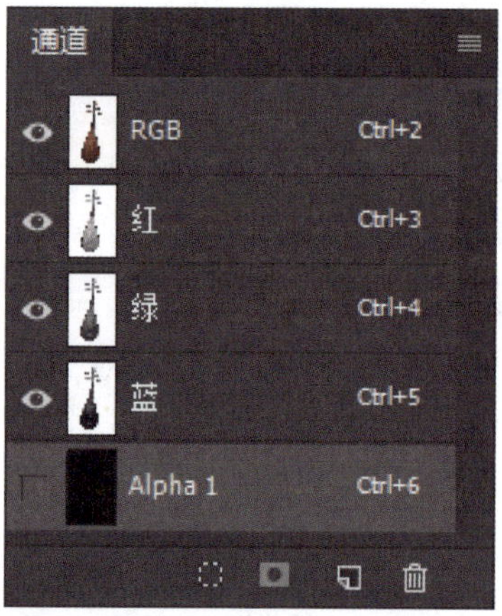

图6-64 “Alpha 1”通道

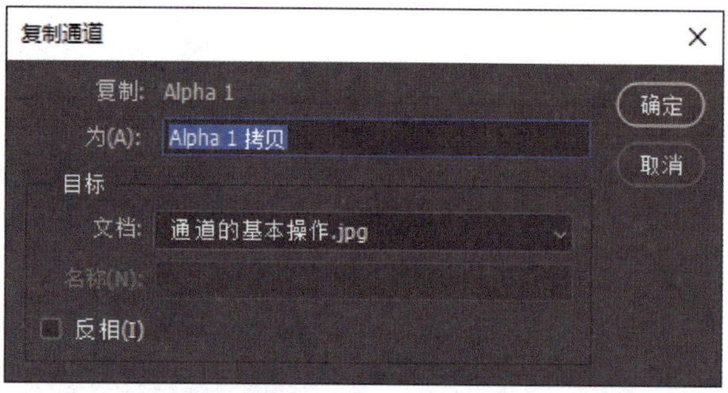

图6-65 “复制通道”对话框

单击图6-65中的“确定”按钮，完成通道的复制，复制通道示例如图6-66所示。

另外，拖动通道至“创建新通道”按钮上，当鼠标指针变成形状时，释放鼠标，同样可以复制通道。

（3）删除通道

删除通道的方法有以下几种。

①在图6-62所示的面板菜单中选择“删除通道”命令，可以删除选中通道。

②单击“通道”面板下方的“删除当前通道”按钮，在弹出的图6-67所示的提示框中单击“是”按钮，可以删除选中通道。

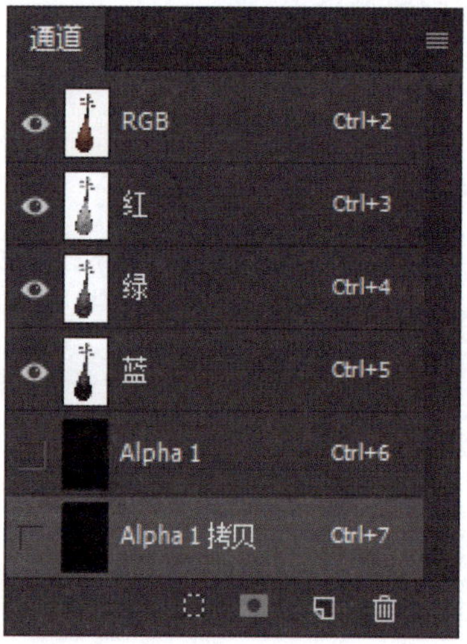

图6-66 复制通道示例

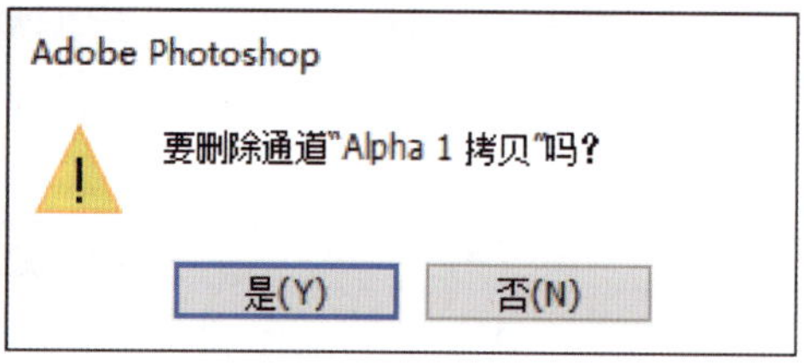

图6-67 提示框

③将通道拖动至“删除当前通道”按钮上，可以删除选中通道。

④按住【Alt】键，单击“删除当前通道”按钮，可以删除选中通道。

（4）将通道载入选区

将通道载入选区的方法有以下两种：

①按住【Ctrl】键单击通道，可以将通道载入选区。

②单击“通道”面板下方的“将通道作为选区载入”按钮，可以将通道载入选区。

4. 利用通道抠图

在Photoshop中，可以利用“通道”进行抠图，具体步骤如下：

①逐一单击颜色通道，找出对比最强烈的通道，复制通道。

②选中复制的通道，使用调色选项，使通道的黑白对比强烈。

③使用“画笔工具”在图像中的灰色区域进行绘制，使图像中只有白色或黑色（非黑即白）。

④将通道载入选区。

了解了通道抠图的步骤，下面以抠取椰子树为例，演示通道抠图的方法。

Step 01 打开图像“椰子树.jpg”，如图6-68所示。

Step 02 打开“通道”面板，复制“蓝”通道，得到“蓝 拷贝”图层。

Step 03 选中“蓝 拷贝”图层，按【Ctrl+L】组合键，弹出“色阶”对话框，在对话框中调整色阶，调整色阶示例如图6-69所示。

图6-68 图像“椰子.jpg”

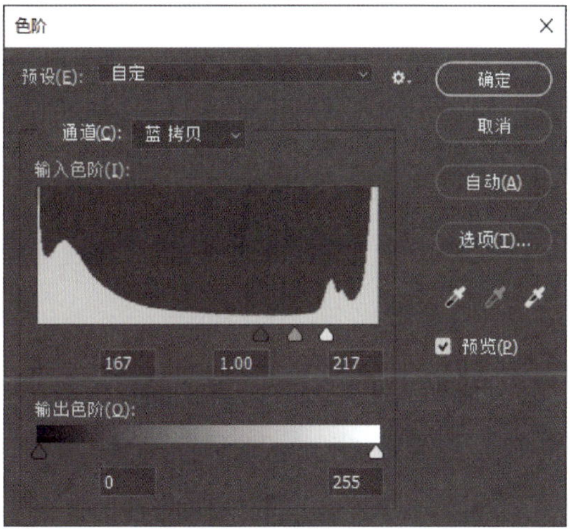

图6-69 调整色阶示例

Step 04 单击图6-69中的“确定”按钮，完成色阶的调整。调整色阶效果如图6-70所示。

Step 05 按住【Ctrl】键的同时，单击“蓝 拷贝”通道，将通道载入选区。

Step 06 单击“RGB”复合通道，按【Ctrl+J】组合键复制选区中的像素，隐藏背景图层，抠图完成效果如图6-71所示。

图6-70 调整色阶效果

图6-71 抠图完成效果

至此，抠取椰子树完成。

5. 使用“选择并遮住”选项抠图

“选择并遮住”选项通常用于抠取复杂的边缘，如人物头发、动物毛发等。打开图像“贵宾犬.jpg”，如图6-72所示。

图6-72 图像“贵宾犬.jpg”

选择“选择”→“选择并遮住”命令（或按【Alt+Ctrl+R】组合键）进入调整区域，如图6-73所示。

图6-73的调整区域共包含3个模块，分别是工具选择区域、工具选项区域和参数设置区

域，下面对这三个模块进行介绍。

图6-73　调整区域

（1）工具选择区域

工具选择区域包含6个工具，在这6个工具中，较为常用的是“快速选择工具”和“调整边缘画笔工具”。对这两个工具的介绍如下：

①“快速选择区域”可以根据颜色和纹理的相似性快速选择图像中的区域。

②“调整边缘画笔工具”可以更精确地抠取图像中主体的边缘。

（2）工具选项区域

工具选项区域可以针对某个工具的参数进行调整，对工具进行进一步设置。例如，选择“快速选择工具”时，“快速选择工具”的工具选项区域如图6-74所示。

图6-74　“快速选择工具”的工具选项区域

在图6-74所示的“快速选择工具”的工具选项区域中，“添加到选区”和“从选区减去”

这两个选项与选区工具选项栏中的对应功能一致，此处不作过多讲解。单击“选择主体”按钮，系统可以自动分析出图像中的主体，并快速选择。

（3）参数设置区域

参数设置区域可以调整选区细节，参数设置区域如图6-75所示。

图6-75所示的参数设置区域包含“视图模式”“边缘检测”“全局调整”“输出设置”四个模块，接下来对这四个模块进行简单介绍。

①“视图模式”：主要用于设置选区的显示样式。对“视图模式”中的常用选项介绍如下：

- 单击“视图”下拉按钮，展开“视图”下拉列表，在“视图”下拉列表中选择合适的视图，以便更好地观察选区效果。
- 勾选“显示边缘”复选框可以显示使用调整边缘工具绘制的边缘范围。
- 勾选“显示原稿”复选框可以查看进入调整区域前绘制的选区。
- 勾选“高品质预览”复选框可以查看高品质的图像效果。
- 设置“透明度”可以设置视图的透明程度。

②“边缘检测”：用于设置需要调整的选区边缘的范围。边缘检测模块包括“半径”和“智能半径”两个选项，具体介绍如下：

- “半径”用于确定选区范围的大小。调整“半径”时，当图像主体边缘较为锐利，可将半径调小，当图像主体边缘较为柔和，可将半径调大。
- 勾选“智能半径”复选框时，系统可根据主体自动调整选区边缘的宽度。

值得注意的是，只有勾选“显示边缘”复选框时，调整“半径”或勾选“智能半径”复选框才能看到选区的边缘。

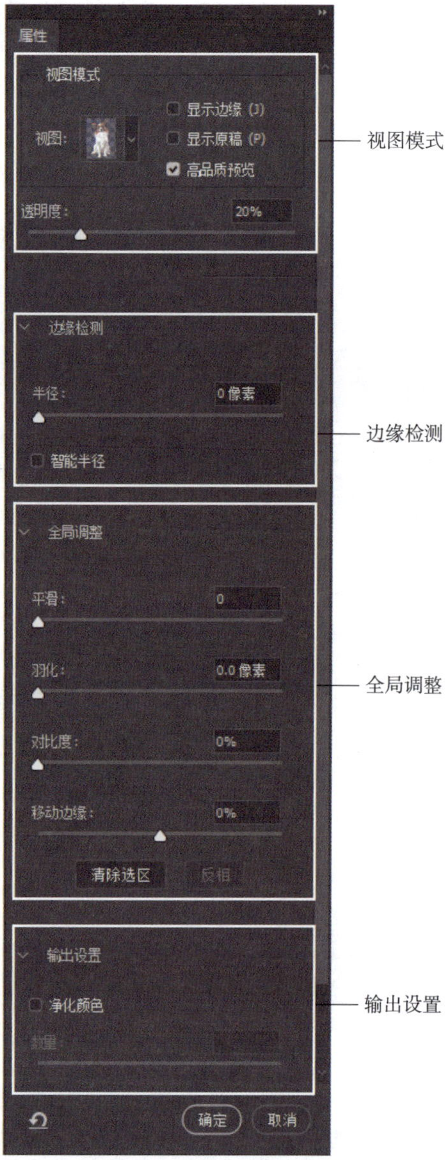

图6-75 参数设置区域

③“全局调整”：可以针对图像中的选区边缘进行综合调整，该模块中包含“平滑”“羽化”“对比度”“移动边缘”四个滑块。具体介绍如下：

- “平滑”用于平滑选区边缘，当选区边缘凹凸不平或参差不齐，可调整“平滑”的值使边缘变平滑。
- “羽化”用于控制选区边缘的虚实程度，当选区边缘较锐利，那么调整“羽化”值可适当模糊选区与周围像素之间的过渡效果。

- “对比度”与“羽化”相反，用于将选区边缘变得更清晰。
- “移动边缘”用于移动选区的边缘，当值为负数时，边框向内移动；值为正数时，边框向外移动。向内移动有助于移除不想要的背景。

④输出设置：“输出设置”用于设置输出选项，包括“净化颜色”和“输出到”两个选项，具体介绍如下：

- “净化颜色”是将选区边缘不符合选中像素的颜色替换成选中像素的像素颜色，下方的滑块可以调整颜色替换程度，默认值为最大强度100%。
- “输出到”中的选项能够决定调整后的选区是变为当前图层上的选区或蒙版，还是生成一个新图层或文档。

了解了“选择并遮住”相关选项的功能，继续对图像“贵宾犬.jpg”进行调整。为了方便查看选区效果，在选项设置区域中，设置“视图”为“叠加”，并调整叠加的不透明度为100%。具体操作步骤如下：

Step 01 使用“快速选择工具”在主体上进行绘制选区，选区示例如图6-76所示。

Step 02 使用“调整边缘画笔工具”在边缘处进行涂抹，涂抹效果如图6-77所示。

图6-76　选区示例

图6-77　涂抹效果

Step 03 在参数设置区域勾选“净化颜色”复选框，并设置“输出到”为“新建带有图层面板的图层”，净化颜色后的效果示例如图6-78所示。

Step 04 单击调整区域中的“确定”按钮，可看到抠除背景后的图像，抠图后的图像效果示例如图6-79所示。

图6-78 净化颜色后的效果示例

图6-79 抠图后的图像效果示例

至此，使用“选择并遮住”选项抠图完成。

6.2.2 实现步骤

1. 抠取孔雀主体

Step 01 打开素材“孔雀素材.jpg”，如图6-80所示。

图6-80 素材“孔雀素材.jpg”

Step 02 选择“窗口”→“通道”命令，打开“通道”面板，在“通道”面板中复制“蓝”通道，得到“蓝 拷贝”通道，复制“蓝”通道示例如图6-81所示。

Step 03 选择“图像”→“调整”→“色阶”命令（或按【Ctrl+L】组合键），弹出“色阶”对话框，在“色阶”对话框中调整色阶，调整色阶示例如图6-82所示。

Step 04 单击图6-82中的“确定”按钮，得到黑白关系对比强烈的图像，如图6-83所示。

图6-81 复制“蓝”通道示例

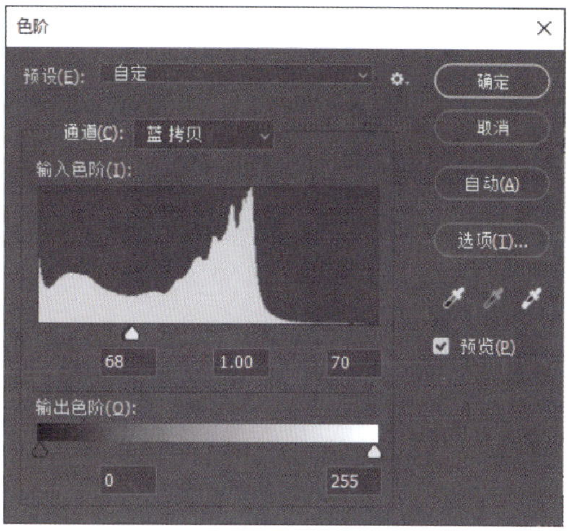

图6-82 调整色阶示例

图6-83 黑白关系对比强烈的图像

Step 05 选择“画笔工具”，设置笔刷硬度为100%，在素材中的黑色区域绘制白色，在孔雀主体中的白色区域绘制黑色，使背景中无黑色，主体中无白色，图像示例如图6-84所示。

图6-84 无黑色区域的图像

Step 06 按住【Ctrl】键单击“蓝 拷贝”通道，将“蓝 拷贝”通道载入选区。

Step 07 选择“RGB”复合通道。

Step 08 按【Shift+Ctrl+I】组合键反选，选择“选择”→“修改”→“羽化”命令，弹出“羽化选区”对话框，设置“羽化半径”为1像素，设置选区羽化示例如图6-85所示。

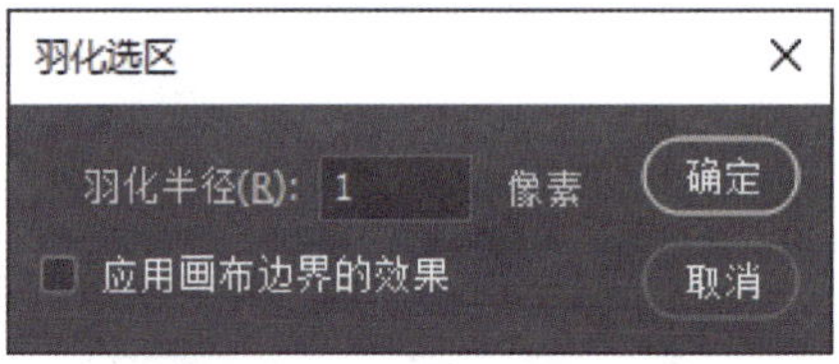

图6-85　设置选区羽化示例

Step 09 按【Ctrl+J】组合键，复制选区中的内容。

2. 融合海报

Step 01 新建一个尺寸为300 mm × 400 mm、分辨率为150像素/英寸的文档。

Step 02 按【Ctrl+S】组合键以名称“【案例6-2】孔雀展宣传海报.psd”保存文档。

Step 03 置入素材“海报背景.png”，调整素材大小与画布等大，素材展示如图6-86所示。

Step 04 将“孔雀素材.jpg”文档窗口中的“图层1”拖动至“【案例6-2】孔雀展宣传海报.psd”文档窗口中，调整“图层1”大小，“图层1”大小示例如图6-87所示。

图6-86　素材展示

图6-87　“图层1”大小示例

Step 05 复制“图层1”，得到“图层1拷贝”。

Step 06 选中“图层1”，向右移动，设置图层的不透明度为20%。

Step 07 选择“图像”→“调整”→“色相/饱和度”命令（或按【Ctrl+U】组合键），

弹出“色相/饱和度”对话框，设置“饱和度”和“明度”参数，设置参数示例如图6-88所示。

Step 08 单击图6-88中的“确定”按钮，完成设置，得到图6-89所示的影子效果。

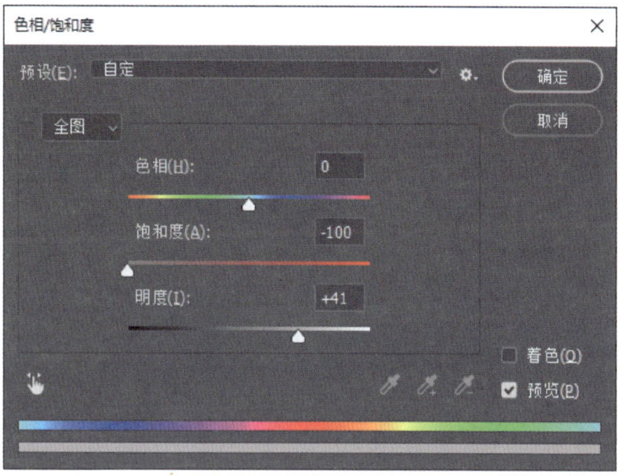

图6-88　设置参数示例

图6-89　影子效果

3. 输入文字

Step 01 输入文字“孔”“雀”“展”，设置字体为“默陌狂傲手迹”，文字示例如图6-90所示。

Step 02 继续输入文字，设置字体为“包图粗黑体”，文字示例如图6-91所示。

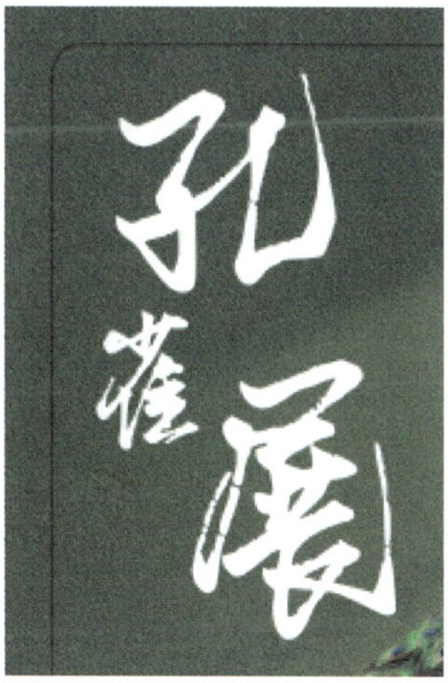

图6-90　文字示例1

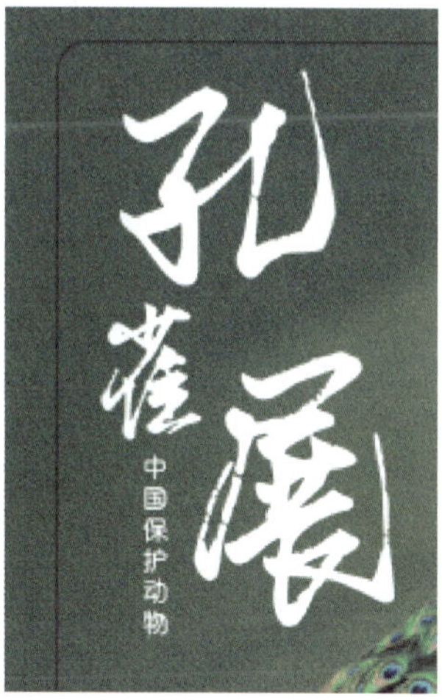

图6-91　文字示例2

Step 03 将Step01~Step02输入的文字编组，将组命名为主体文字，为“主体文字”图层组添加“渐变叠加”图层样式，“渐变叠加”图层样式参数设置如图6-92所示。

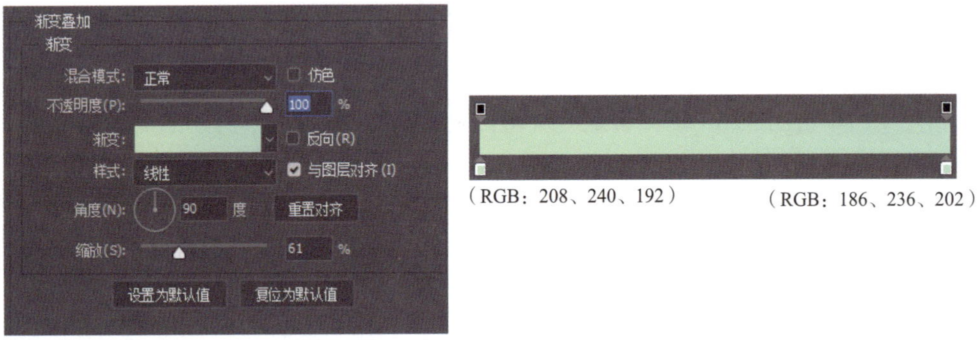

图6-92 “渐变叠加”图层样式参数设置1

Step 04 完成“渐变叠加”图层样式的参数后，文字样式如图6-93所示。

Step 05 绘制白色矩形，设置白色矩形的不透明度为10%，矩形示例如图6-94所示。

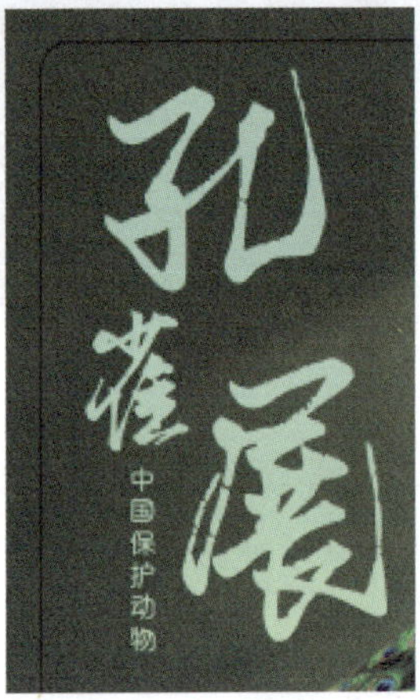

图6-93 文字样式

图6-94 矩形示例

Step 06 输入直排段落文字，设置字体为“包图粗黑体”，文字示例如图6-95所示。

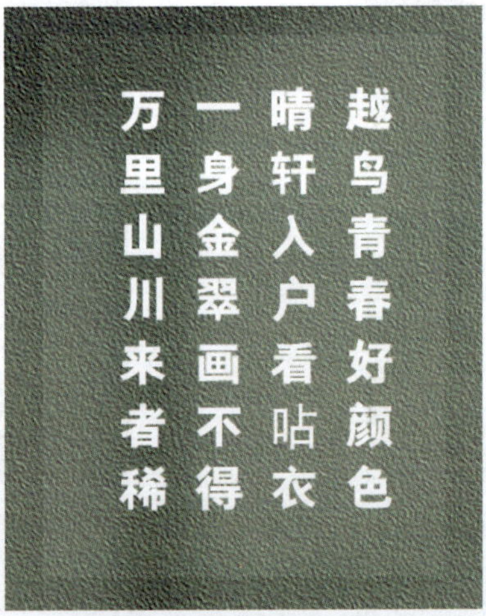

图6-95 文字示例3

Step 07 复制“渐变叠加”图层样式，并粘贴到直排段落文字中。

至此，孔雀展宣传海报制作完成。

练一练：领养海报

结合前面所学知识，根据提供的素材，制作图6-96所示的领养海报。

图6-96　领养海报

6.3 【案例6-3】吉祥物宣传图

在Photoshop中，不仅可以去除图像中的污点，还能够通过一些工具复制图像的内容。例如，复制图像中的指定区域至另一区域，且无任何痕迹。本节将制作吉祥物宣传图，通过本任务的学习，读者能够掌握复制图像内容的方法。吉祥物宣传图效果如图6-97所示。

图6-97　吉祥物宣传图效果

6.3.1　知识点讲解

1. 填充图层和调整图层

填充图层和调整图层是两个单独的图层，单击“图层”面板中的“创建新的填充或调整图层”按钮◐，弹出如图6-98所示菜单。

在图6-98所示的菜单中，“纯色”“渐变”“图案”三个命令用于创建填充图层，其余命令用于创建调整图层。下面对填充图层和调整图层进行讲解。

（1）填充图层

创建填充图层后，颜色、渐变或图案会在本图层进行填充，不作用于下方图层。选择用于创建填充图层的命令，会弹出相应的对话框，以便对填充图层进行设置。例如，选择“纯色”命令，弹出“拾色器（纯色）”对话框；选择“渐变”命令，弹出“渐变填充”对话框。

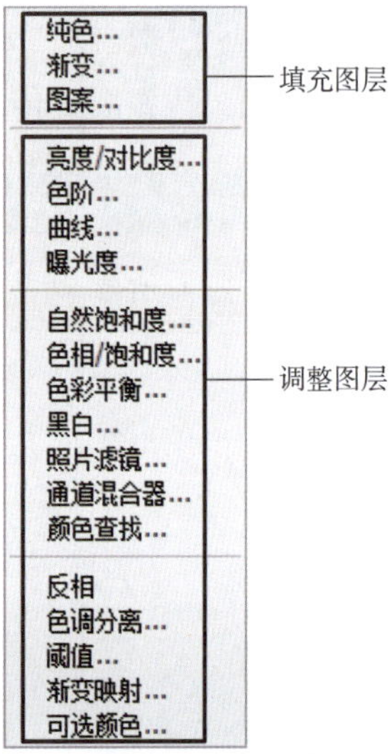

图6-98 菜单

（2）调整图层

调整图层可将颜色调整应用于图像，而不会更改像素值。默认情况下，调整图层会作用于其下方的所有图层，以便对多个图层的颜色进行统一管理。

完成调整图层的创建后，在“属性”面板中可以对调整图层进行设置，除了共有的功能按钮外，不同的调整图层，“属性”面板所显示的选项不同。“色相/饱和度”调整图层的“属性”面板示例如图6-99所示。

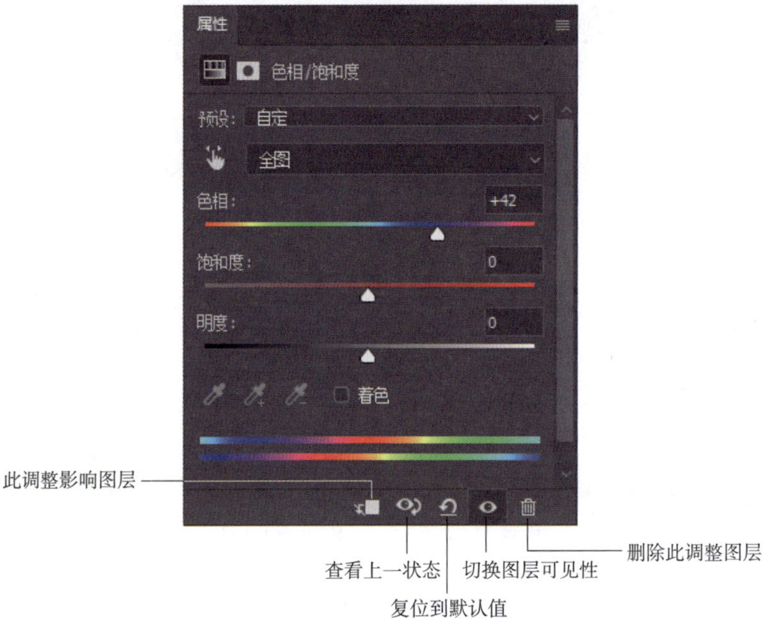

图6-99 “色相/饱和度”调整图层的“属性”面板示例

图6-99所示的“属性”面板中，包括五个调整图层共有的功能按钮，对这些功能按钮的具体介绍如下：

①“此调整影响图层”：用于设置调整图层影响的范围，该功能按钮为选中状态下，调整图层只作用于下方的相邻图层；该功能按钮为非选中状态下，调整图层作用于下方的所有图层。

②“查看上一状态”：用于查看图像调整前后的对比，单击该功能按钮，可以预览图

像的上一状态。

③“复位到默认值”：单击该功能按钮，可以将所有选项恢复到默认值。

④“切换图层可见性”：用于设置调整图层的可见性，该功能按钮为选中状态下，显示该调整图层，否则隐藏该调整图层。

⑤“删除此调整图层”：用于删除调整图层。

2. 污点修复画笔工具

“污点修复画笔工具”可以快速去除图像中的污点。选择“污点修复画笔工具”，在图像中有污点的地方单击，可以快速去除污点。

使用“污点修复画笔工具”去除污点时，系统会从单击点周围自动选取样本，对污点进行修复，不需要手动选取样本。选择“污点修复画笔工具”，显示“污点修复画笔工具”选项栏，如图6-100所示。

图6-100　“污点修复画笔工具”选项栏

在图6-100所示的“污点修复画笔工具”选项栏中，可以看出，样本的类型有“内容识别”“创建纹理”“近似匹配”三种，对这三种类型的解释如下：

①“内容识别”：选择该类别时，系统会自动根据单击点周围的像素进行取样，对图像进行修复。

②“创建纹理”：选择该类别时，系统会自动根据单击点周围的像素生成一个纹理，对图像进行修复时，会使用纹理对单击点内的像素进行覆盖。

③“近似匹配”：该类别与选区有关，若未创建选区，系统会自动对单击点周围的像素进行取样；如果创建选区，则系统对选区周围的像素进行取样。

熟悉了“污点修复画笔工具”选项栏，下面以去除人物面部的红点为例，演示“污点修复画笔工具”的使用方法。

Step 01 打开图像“嘴巴.jpg”，如图6-101所示。

Step 02 选择“污点修复画笔工具”，在选项栏中设置笔刷大小，其他选项保持默认设置。将鼠标指针放在污点处，如图6-102所示。

Step 03 单击，即可去除污点，去除污点效果如图6-103所示。

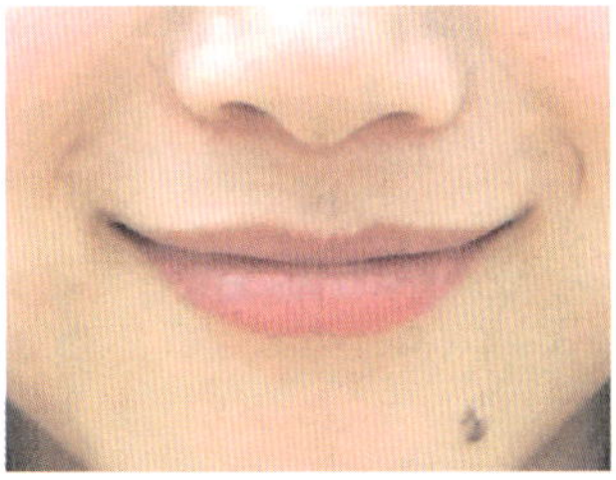

图6-101　图像“嘴巴.jpg”

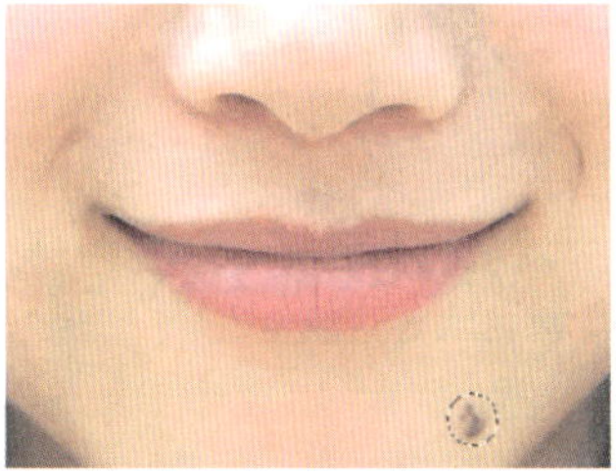

图6-102　将鼠标指针放在污点处

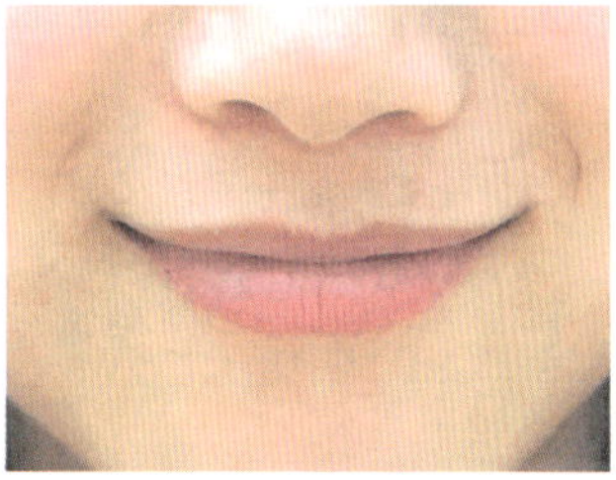

图6-103　去除污点效果

至此，去除污点完成。

3. 修复画笔工具

“修复画笔工具”是通过从图像中取样，达到修复瑕疵的目的。“修复画笔工具”与“污点修复画笔工具”不同的是，使用“修复画笔工具”时需要按住【Alt】键进行取样，从而控制样本来源。选择“修复画笔工具”，显示“修复画笔工具”选项栏，如图6-104所示。

图6-104 “修复画笔工具”的选项栏

在图6-104所示的“修复画笔工具”选项栏中，包括“取样”“图案”等选项，对这些常用选项的解释如下：

①“取样”：选中该选项，可以从图像中取样，以修复瑕疵。

②“图案”：选中该选项，可以使用图案填充图像，并且根据周围的像素自动调整图案的色彩和色调，以修复瑕疵。

③“样本”：用于设置样本来源，包括“当前图层”“当前和下方图层”“所有图层”。

熟悉了“修复画笔工具”选项栏，下面以去除皱纹为例演示“修复画笔工具”的使用方法。

Step 01 打开图像“眼睛.png”，如图6-105所示。

Step 02 选择“修复画笔工具”，在选项栏中选择一个边缘柔和的笔刷，将鼠标指针定位在附近没有皱纹的皮肤上，按住【Alt】键，当鼠标指针变为⊕形状时，单击进行取样，取样示例如图6-106所示。

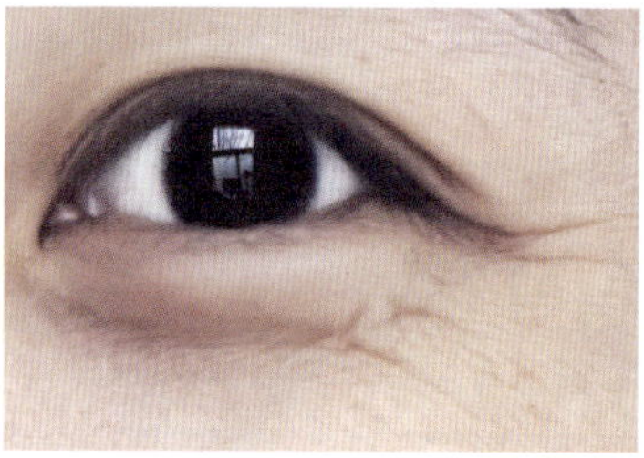

图6-105 图像“眼睛.png”

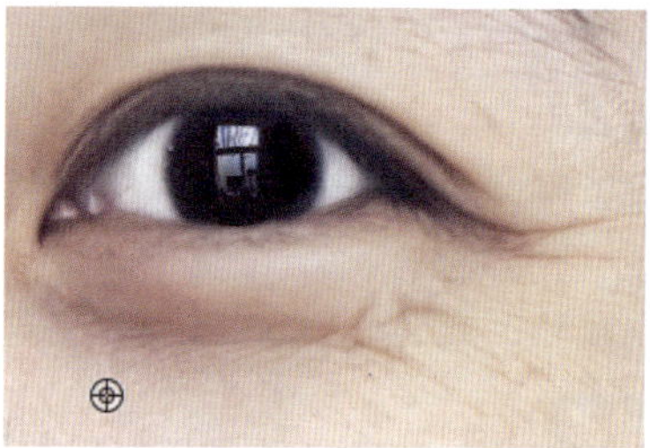

图6-106 取样示例

Step 03 在眼角的皱纹处单击并拖动鼠标，对皱纹进行修复，修复皱纹示例如图6-107所示。

Step 04 修复皱纹后的效果如图6-108所示。

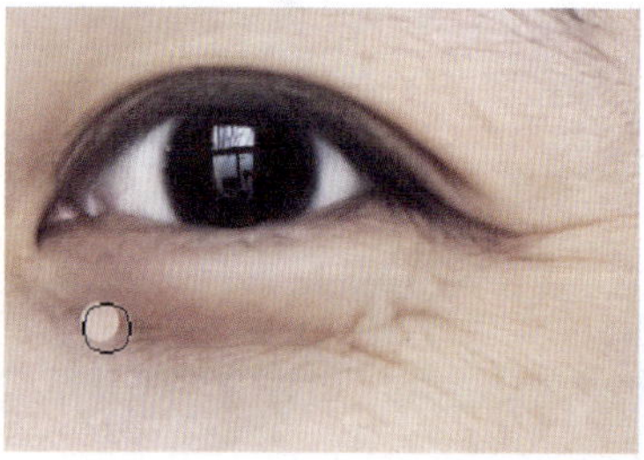

图6-107 修复皱纹示例

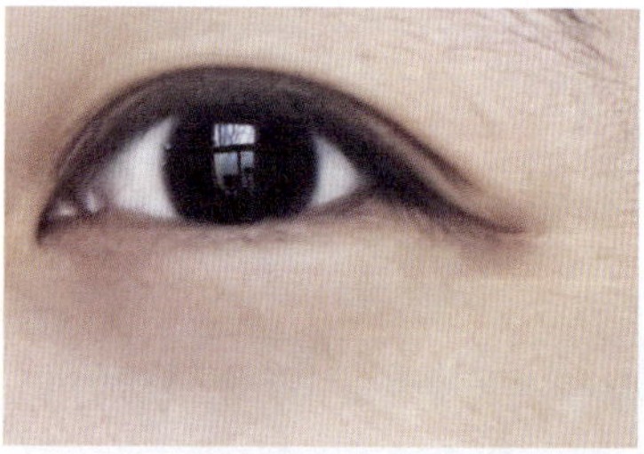

图6-108 修复皱纹的图像效果

至此，去除皱纹完成。

4. 修补工具

“修补工具” 主要是用同一图层中非选中区域的像素来修复选中的区域，并将样本的纹理、光照和阴影与修复之前的源像素进行匹配。

选择“修补工具”，显示“修补工具”选项栏，如图6-109所示。

图6-109　“修补工具”选项栏

在图6-109所示的“修补工具”选项栏中，包括“源”“目标”“使用图案”等常用选项，对常用选项的解释如下：

①“源”：选中该选项，可修复源选区内的像素。将源选区拖动至目标区域，则目标区域的像素将覆盖源选区中的像素，以此修复选区内的像素。

②“目标”：选中该选项，可复制源选区内像素。将源选区拖动至目标区域，则源选区内的像素会覆盖目标区域的像素，以此复制源选区内的像素。

③“使用图案”：创建选区后该选项将被激活，单击其右侧的“图案拾色器”下拉按钮 ，弹出图案列表，在图案列表中选择一种图案后，单击“使用图案”按钮，可以以选中图案填充选区。

熟悉了“修补工具”选项栏，下面以去除图像中的足球为例，演示“修补工具”的使用方法。

Step 01 打开图像“足球.jpg”，如图6-110所示。

Step 02 选择“修补工具”，在选项栏中选中“源”选项，在图像中单击并拖动鼠标绘制选区，绘制选区示例如图6-111所示。

图6-110　图像“足球.jpg”

图6-111　绘制选区示例

Step 03 将鼠标指针放在选区内，单击鼠标并向右上方拖动，拖动选区示例如图6-112所示。

Step 04 释放鼠标，即可去除源选区内的足球。按【Ctrl+D】组合键取消选区，修补完成效果示例如图6-113所示。

图6-112　拖动选区示例

图6-113　修补完成效果示例

至此，去除图像中的足球完成。

5. 内容感知移动工具

通过“内容感知移动工具” ，可以选择和移动图像中的指定区域，此时，图像重新组合，原来的区域会自动匹配周围的像素进行填充。使用“内容感知移动工具”的流程如下：

①使用“内容感知移动工具”在图像上单击并拖动鼠标，绘制选区。

②单击并拖动选区，移动选区至指定位置。

③按【Enter】键确认移动选区。

例如，移动图像中鸳鸯的步骤图例如图6-114所示。

（a）绘制选区　（b）移动选区　（c）完成移动

图6-114　移动图像中鸳鸯的步骤图例

观察图6-114，可以发现图像中的鸳鸯被移动至左上方，而原来的位置被智能填充。

选择“内容感知移动工具”，显示“内容感知移动工具”选项栏，如图6-115所示。

图6-115　“内容感知移动工具”选项栏

在图6-115所示的“内容感知移动工具”选项栏中，除了第2章中讲解的选区的布尔运算外，还包含“模式”“颜色”两个常用选项，对这两个选项的介绍如下：

（1）模式

用于设置移动的方式，包括“移动”和“扩展”两个选项。具体介绍如下：

①选择“移动”选项时，可以将选中的区域移动到其他位置，并自动填充原来的区域。

②选择“扩展”选项时，可以将选中的区域复制到其他位置，并自动填充原来的区域。

（2）颜色

用于设置颜色的混合程度。数值越大，混合程度越大。例如，设置“颜色”为0和“颜色”为10的混合示例如图6-116所示。

（a）原图　　（b）设置“颜色”为0　　（c）设置“颜色”为10

图6-116　设置“颜色”为0和“颜色”为10的示例

6. 仿制图章工具

通过“仿制图章工具”可以将一幅图像的全部或部分复制到同一幅图像或另一幅图像中。使用“仿制图章工具”时，需要先按住【Alt】键进行取样。

选择“仿制图章工具”，显示“仿制图章工具”选项栏，如图6-117所示。

图6-117　“仿制图章工具”选项栏

对图6-117所示的“仿制图章工具”选项栏中各选项的解释如下：

①“模式”：用于设置仿制图像与下方像素的混合方式。

②“不透明度”：用于设置图章的不透明度。

③“对齐”：用于设置是否连续进行取样，该选项默认勾选。勾选“对齐”复选框，释放鼠标后，再次绘制不会丢失当前取样点。取消勾选“对齐”复选框，释放鼠标后，再次绘制则会继续使用初始取样点中的样本像素。勾选“对齐”复选框和不勾选“对齐”复选框的效果示例如图6-118和图6-119所示。

图6-118　勾选“对齐”复选框的效果示例

图6-119　不勾选“对齐”复选框的效果示例

图6-118和图6-119均以小船作为样本。在图6-118中，绘制小船后释放鼠标，再次绘制时，会绘制小船周围的图像；而在图6-119中，绘制小船后释放鼠标，再次绘制时，仍然是小船，即最初取样点。

④“样本”：用于设置仿制的样本，分别为“当前图层”“当前和下方图层”“所有图层”。

掌握了“仿制图章工具”的使用方法，接下来以仿制玫瑰花为例，演示“仿制图章工具”的用法。

Step 01 打开图像“玫瑰花.jpg”，如图6-120所示。

Step 02 选择“仿制图章工具”，将鼠标指针定位在图像中需要复制的位置，按住【Alt】键，当鼠标指针变为⊕形状时，单击取样，取样示例如图6-121所示。

Step 03 释放鼠标。在玫瑰花的右侧绘制，即可仿制玫瑰花，仿制玫瑰花示例如图6-122所示。

图6-120 图像“玫瑰花.jpg”

图6-121 取样示例

图6-122 仿制玫瑰花示例

至此，仿制玫瑰花完成。

7. 图案图章工具

通过“图案图章工具”可以绘制图案。图案是一种图像，当使用图案填充图层或选区时，会重复或拼贴图案。在Photoshop中，可以从“图案”下拉面板中选择图案。选择“图案图章工具”后，显示“图案图章工具”选项栏，如图6-123所示。

图6-123 “图案图章工具”选项栏

单击图6-123中的“图案拾色器”下拉按钮，弹出“图案”下拉面板，如图6-124所示。

图6-124 “图案”下拉面板

在图6-124所示的“图案”下拉面板中，包含多个预设图案，选择其中一个图案，可以拾取该图案，拾取图案后，在画布上单击并拖动鼠标即可绘制图案。

另外，单击图6-124中的按钮，会弹出面板菜单，如图6-125所示。

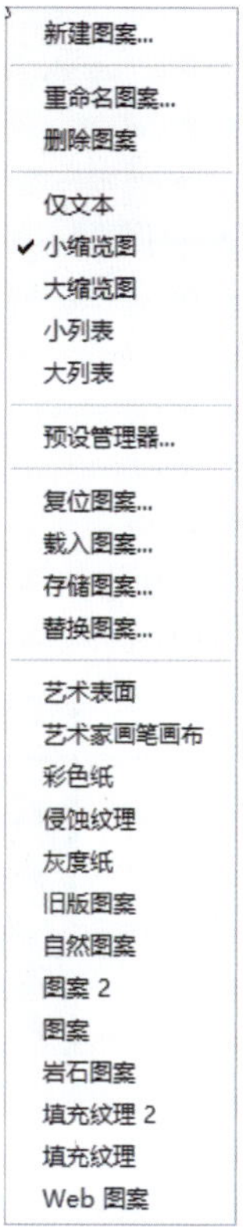

图6-125　面板菜单

在图6-125所示的面板菜单中，可以对图案进行操作，若想对图案进一步设置可以打开“图案”面板，在“图案”面板中进行设置。

8. 定义图案

通过“定义图案”命令可以将图层或选区中的图像定义为图案。绘制图案后，选择“编辑”→“定义图案”命令，弹出“图案名称”对话框，如图6-126所示。

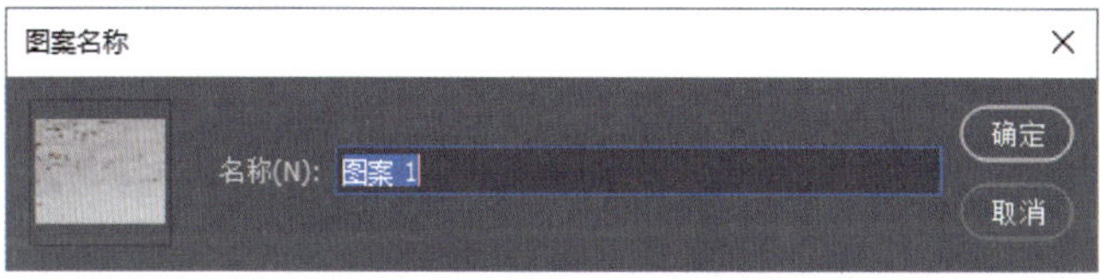

图6-126　“图案名称”对话框

单击图6-126中的“确定”按钮，完成定义图案的操作。定义好的图案会保存在图案拾取器中。

例如，打开图6-127所示的素材“线条图案.png”，选择“编辑”→“定义图案”命令，将图像定义为图案。

图案定义完成，可以使用“图案图章工具”绘制图案。绘制图案示例如图6-128所示。

图6-127　素材“线条图案.png”

图6-128　绘制图案示例

9. 涂抹工具

使用“涂抹工具”涂抹图像时，会自动拾取单击点的颜色，并沿拖动的方向展开这种颜色。在实际操作中，使用“涂抹工具”既可以绘制出毛发质感，又可以微调图像，还可以过渡颜色。若想得到不同的效果，需要在处理图像之前，设置笔刷的强度和笔刷的形状。

在工具栏中右击“模糊工具”，在弹出的工具组中选择“涂抹工具”，使用“涂抹工具”处理图像的效果示例如图6-129所示。

（a）原彩虹球　（b）毛发质感　（c）微调图像　（d）过渡颜色

图6-129　使用“涂抹工具”处理图像的效果示例

值得注意的是，若想自然地过渡颜色，需要在“画笔设置”面板中对“涂抹工具”进行设置，例如，设置“散布”和“传递”参数示例如图6-130所示。

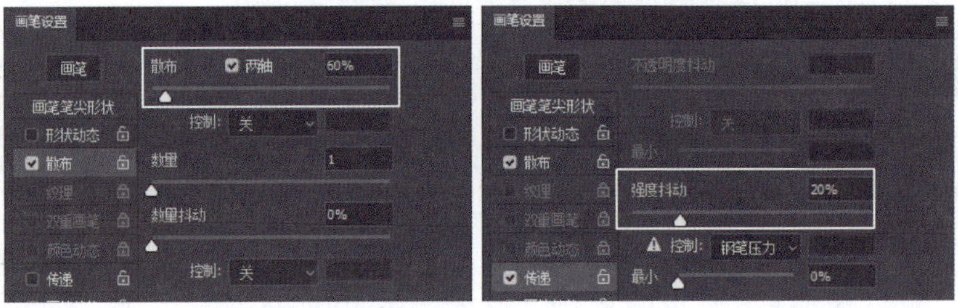

图6-130　设置“散布”和“传递”参数示例

6.3.2　实现步骤

1. 制作背景

Step 01 打开图像“背景.jpg”，如图6-131所示。

Step 02 选择“内容感知移动工具”，在其选项栏中，设置“模式”为“扩展”，“颜色”为3。

Step 03 在图像中的草地边缘绘制选区，选区示例如图6-132所示。

图6-131　图像“背景.jpg”

图6-132　选区示例

Step 04 单击并向上拖动选区，拖动选区示例如图6-133所示。

Step 05 按【Enter】键确定选区的移动，按【Ctrl+D】组合键取消选区，得到图像混合效果，图像混合效果示例如图6-134所示。

图6-133　拖动选区示例

图6-134　图像混合效果示例

Step 06 选择“仿制图章工具”，按住【Alt】键，在草地上单击进行取样，取样示例如图6-135所示。

Step 07 将鼠标指针定位在衔接不好的位置，按住鼠标进行拖动，修复图像，修复图像示例如图6-136所示。

图6-135　取样示例

图6-136　修复图像示例

Step 08 按照Step06和Step07的方法，继续修复图像，修复图像最终效果示例如图6-137所示。

Step 09 打开素材“图案.png”，如图6-138所示。

图6-137　修复图像最终效果示例

图6-138　素材“图案.png”

Step 10 选择“编辑”→“定义图案”命令，弹出“定义图案”对话框，设置“名称”为花纹，“定义图案”对话框如图6-139所示。

Step 11 单击图6-139中的“确定”按钮，完成定义图案。

Step 12 选择“图案图章工具”，在其选项栏中选择刚刚定义的图案，并设置“流量”为60%，在草地上单击，绘制花纹，绘制花纹示例如图6-140所示。

图6-139 “定义图案”对话框

图6-140 绘制花纹示例

2. 绘制吉祥物身体形状

Step 01 新建图层，得到“图层1”，使用“椭圆选框工具”绘制一个圆选区。

Step 02 选择“编辑”→“变换选区”命令，调出定界框，右击定界框，在弹出的快捷菜单中选择“变形”命令，对选区进行变形，变形选区示例如图6-141所示。

Step 03 按【Enter】键确定变形，使用“画笔工具”在选区中绘制色块，色块示例如图6-142所示。

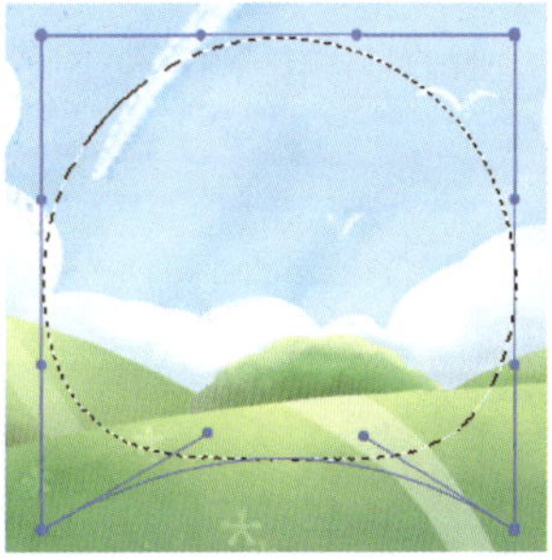
图6-141 变形选区示例

图6-142 色块示例

Step 04 选择“涂抹工具”，在“画笔设置”面板中设置笔刷参数，设置笔刷参数示例如图6-143所示。

Step 05 设置笔刷大小为50像素，硬度为0，“强度”为50%，在选区内混合颜色，混合颜色示例如图6-144所示。

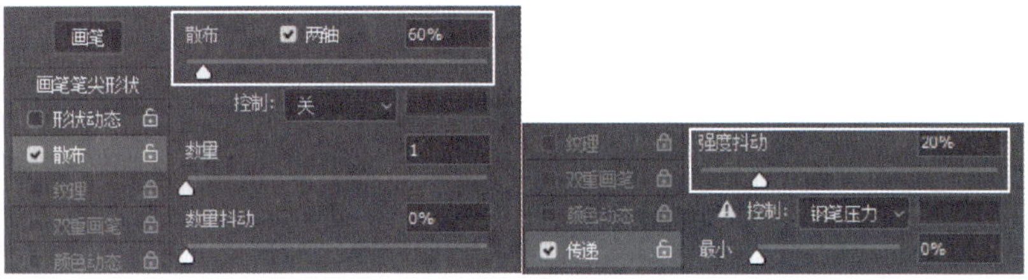

图 6-143　设置笔刷参数示例

Step 06 按【Ctrl+D】组合键取消选区。将“图层1”重命名为吉祥物身体。

3. 绘制吉祥物眼睛

Step 01 使用“椭圆工具”，绘制椭圆形，椭圆形示例如图6-145所示。

图6-144　混合颜色示例

图6-145　椭圆形示例1

Step 02 继续绘制椭圆形，椭圆形示例如图6-146所示。

Step 03 合并两个形状，减去顶层形状，并合并形状组件，得到新形状，将新形状重命名为眼皮。眼皮示例如图6-147所示。

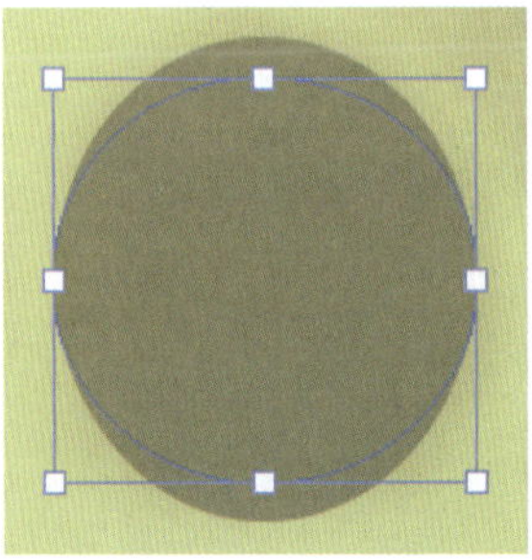

图6-146　椭圆形示例2

图6-147　眼皮示例

Step 04 将眼皮填充为黄色（RGB：201、198、55），并为其添加“投影”和“内阴影”图层样式，图层样式参数及眼皮效果如图6-148所示。

Step 05 使用“椭圆工具”绘制白色圆，将新得到的形状图层重命名为眼白，为其添加“内阴影”和“投影”图层样式。图层样式参数及眼白效果如图6-149所示。

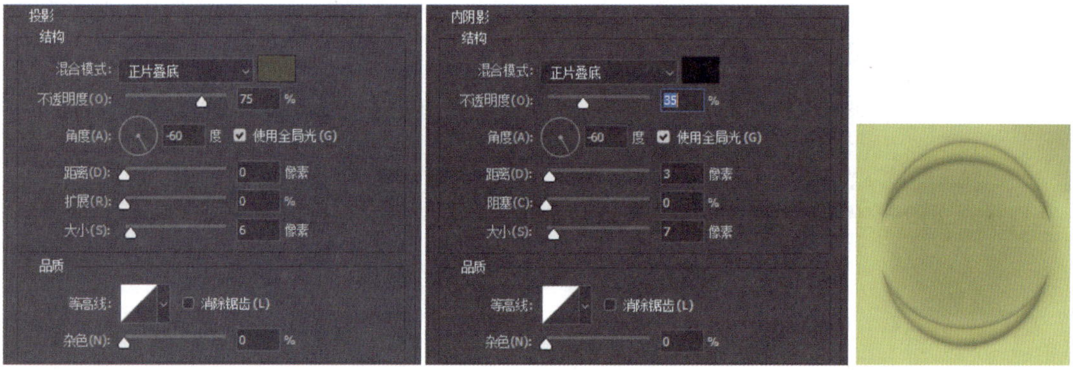

（a）“投影”参数　（b）“内阴影”参数　（c）眼皮效果

图6-148　图层样式参数及眼皮效果

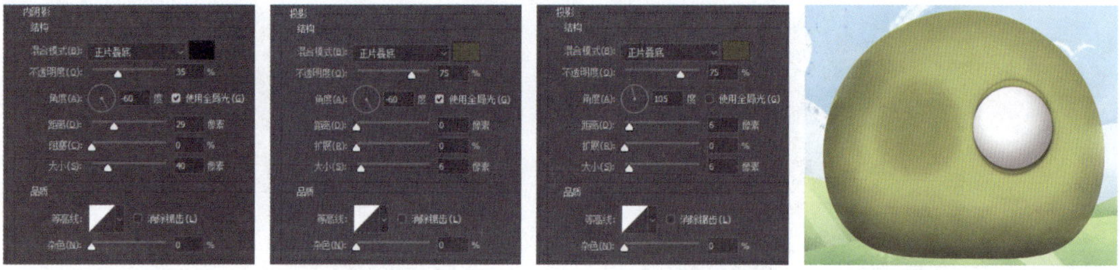

（a）“内阴影”参数　（b）“投影”参数1　（c）“投影”参数2　（d）眼白效果

图6-149　图层样式参数及眼白效果

Step 06 将眼白所在图层放置在眼皮所在图层的下方，眼皮和眼白顺序关系如图6-150所示。

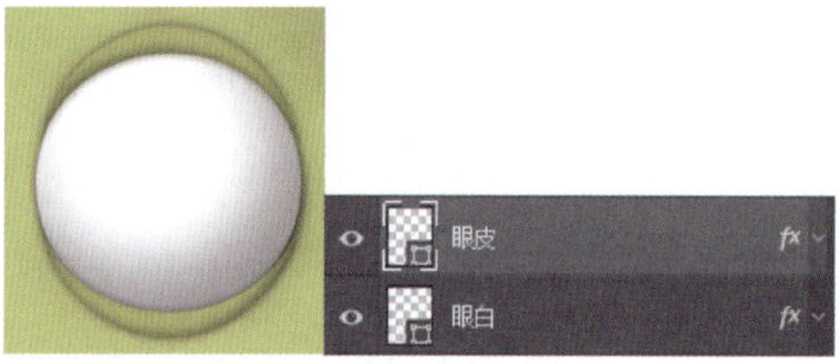

图6-150　眼皮和眼白顺序关系

Step 07 使用“椭圆工具”绘制眼珠，将新绘制的形状图层重命名为眼珠1，为其添加“内阴影”和“渐变叠加”图层样式，图层样式参数及眼珠效果如图6-151所示。

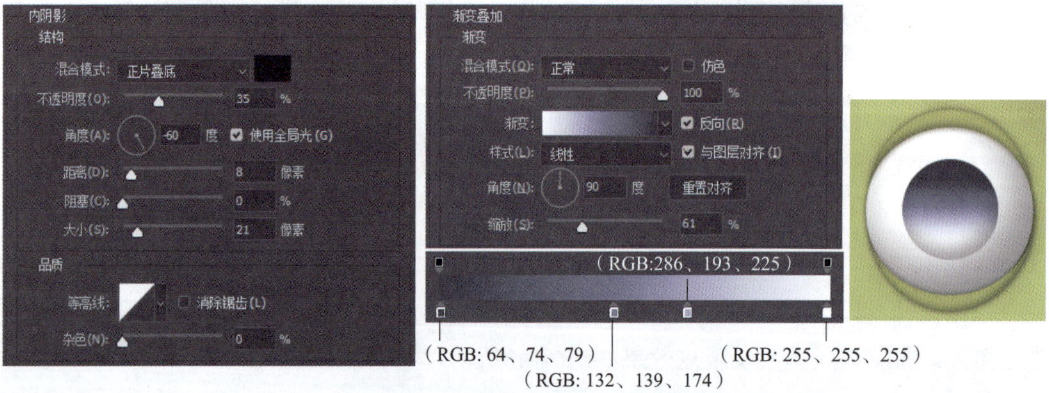

图6-151　图层样式参数及眼珠效果

Step 08 继续绘制圆，将其填充为深灰色（RGB：40、41、47），并将图层重命名为瞳孔。瞳孔示例如图6-152所示。

Step 09 新建图层，将图层重命名为眼睛高光，使用画笔工具绘制高光，眼睛高光示例如图6-153所示。

Step 10 选中所有与吉祥物眼睛相关的图层，将其编组，将组命名为吉祥物右眼。

Step 11 复制“吉祥物右眼”组，将其向左移动，并重命名为吉祥物左眼，吉祥物的左眼和右眼位置示例如图6-154所示。

图6-152　瞳孔示例

图6-153　眼睛高光示例

图6-154　吉祥物的左眼和右眼位置示例

Step 12 选中“吉祥物右眼”和“吉祥物左眼”并编组，将组命名为吉祥物眼睛。

4. 绘制毛发并复制吉祥物

Step 01 复制“吉祥物身体”图层，得到“吉祥物身体 拷贝”图层。

Step 02 选择“涂抹工具”，在其选项栏中设置笔刷为“炭笔14像素”（需要载入旧版笔刷），“强度”为65%，然后在吉祥物身体上进行涂抹，使其产生毛发效果，毛发效果示例如图6-155所示。

Step 03 将吉祥物有关图层编组，将组重命名为绿吉祥物。

Step 04 复制“绿吉祥物”组，将“绿吉祥物”组重命名为红吉祥物。

Step 05 调整两个吉祥物的位置和角度，吉祥物的位置和角度示例如图6-156所示。

图6-155　毛发效果示例

图6-156　吉祥物的位置和角度示例

Step 06 单击“创建调整图层”按钮，在弹出的菜单中选择“色相/饱和度”命令，在“属性”面板中，单击“此调整剪切到此图层”按钮，然后调整“色相”，调整色相示例如图6-157所示。

图6-157　调整色相示例

Step 07 在红吉祥物的下方新建图层，绘制两个吉祥物的投影，投影示例如图6-158所示。

5. 制作文案

Step 01 置入素材“植物.png”，如图6-159所示。

图6-158　投影示例

图6-159　素材“植物.png”

Step 02 为植物所在图层创建“色相/饱和度”调整图层，调整植物的色相，如图6-160所示。

图6-160　调整植物的色相

Step 03 绘制形状，并输入文案“MASCOTS”“功夫毛毛”，以及“百变不平庸，好戏夹缝生”，在“字符”面板中设置字体，形状和文案样式如图6-161所示。

图6-161　形状和文案样式

至此，吉祥物宣传图制作完成。

练一练：卡通娃娃

结合前面所学知识，完成图6-162所示的卡通娃娃。

图6-162　卡通娃娃

小　结

本章首先介绍了调色的方法，包括色相/饱和度、色彩平衡、曲线等。接着，介绍了通道的相关知识，包括通道面板、通道的基本操作等。最后，讲解了修饰图像的相关工具，包括污点修复画笔工具、修补工具、内容感知移动工具等。

通过学习本章内容，读者可以掌握修饰图像的方法，并完成京剧宣传海报、孔雀展宣传海报和吉祥物宣传图三个案例。

第7章 蒙版

学习目标

知识目标

◎ 了解图层蒙版，能够说出蒙版的作用和原理；

◎ 了解剪贴蒙版，能够说出剪贴蒙版的作用和原理；

◎ 了解图框，能够列举图框和剪贴蒙版的优势对比。

能力目标

◎ 掌握图层蒙版的基本操作，能够完成图层蒙版的添加、编辑和删除等操作；

◎ 掌握剪贴蒙版的基本操作，能够完成剪贴蒙版的创建和释放操作；

◎ 掌握图框的基本操作，能够完成图框的获取与转换等操作。

素质目标

◎ 通过设计环保相关的海报，深入理解可持续发展的核心理念；

◎ 增强对环境保护重要性的认识，理解人类活动对自然环境的影响，树立可持续发展的观念；

◎ 鼓励并实践低碳、节能、节水、减少废弃物等绿色生活方式，将环保融入日常生活。

在Photoshop中，蒙版是一种非破坏性的图像编辑方式，使用蒙版可以遮住想隐藏的区域，显示想保留的区域，利用蒙版的这种特性，可以制作一些特殊的融合效果。本章将通过环保海报和环保App引导页两个案例详细讲解蒙版的相关知识。

7.1 【案例7-1】环保海报

保护环境已经成为一项迫切且不可推卸的责任，有助于维持生态系统的平衡，保护各种生物的栖息地，维护生物多样性。这对于地球上所有生物的生存和发展至关重要。本节将利用Photoshop的蒙版功能制作一个环保海报，通过本案例的学习，读者能够掌握图层蒙版的基本操作。环保海报效果如图7-1所示。

图7-1　环保海报效果

7.1.1　知识点讲解

1. 图层蒙版

图层蒙版是在图层上直接建立的蒙版，只包括黑、白、灰三个颜色，蒙版中的白色代表显示图像；灰色代表半透明显示图像；黑色代表隐藏图像。图层蒙版示例如图7-2所示。

（a）蒙版示例　　（b）图像效果

图7-2　图层蒙版示例

在图7-2所示的图层蒙版示例中，“图层1”的图层缩览图右侧即蒙版缩览图，观察蒙版缩览图，可以看出，蒙版包括白色、灰色和黑色。在“图层1”中，白色所对应的区域完全显示；灰色所对应的区域半透明显示；黑色所对应的区域完全隐藏。

2. 图层蒙版的基本操作

在Photoshop中，图层蒙版的基本操作包括添加图层蒙版、编辑图层蒙版、隐藏和显示图层蒙版、链接图层蒙版、停用图层蒙版、删除图层蒙版，以及反向图层蒙版。下面对图层蒙版的基本操作进行讲解。

（1）添加图层蒙版

在“图层”面板中单击“添加图层蒙版”按钮，即可为选中的图层添加一个图层蒙版。添加图层蒙版示例如图7-3所示。

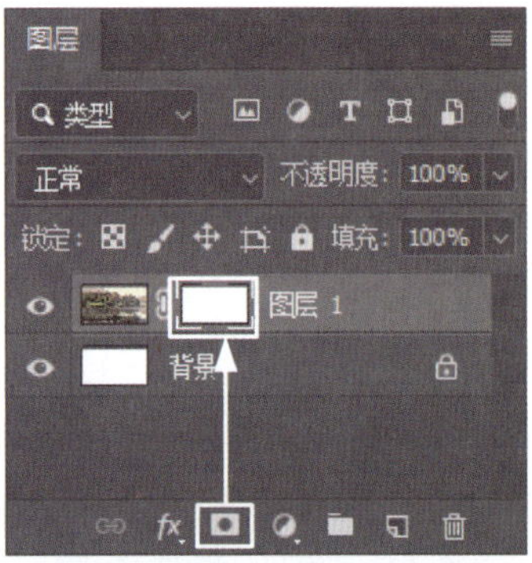

图7-3　添加图层蒙版示例

（2）编辑图层蒙版

在“图层”面板中，单击蒙版缩览图，使用“画笔工具”在图像上进行绘制，编辑图层蒙版的方法如下：

①设置前景色为黑色，使用“画笔工具”在蒙版中绘制，可以隐藏图像中的指定区域。

②设置前景色为白色，使用“画笔工具”在蒙版中绘制，可以显示图像中的指定区域。

③设置前景色为灰色，使用“画笔工具”在蒙版中绘制，可以半透明显示图像中的指定区域。

（3）隐藏和显示图层蒙版

按住【Alt】键，单击“图层”面板中的图层蒙版缩览图，画布中显示蒙版。按住【Alt】键，再次单击图层蒙版缩览图，隐藏画布中的蒙版。显示和隐藏图层蒙版示例如图7-4所示。

（a）显示图层蒙版　　（b）隐藏图层蒙版

图7-4　显示和隐藏图层蒙版示例

（4）链接图层蒙版

在“图层”面板中，图层缩览图和图层蒙版缩览图之间的“链接图标”，用于关联图层和蒙版，具体介绍如下：

①显示“链接图标”时，图层和蒙版锁定，当移动图层时，蒙版会同步移动。

②单击“链接图标”，隐藏“链接图标”，此时图层和蒙版的锁定被解除，可以分别对图层和蒙版进行移动。

（5）停用图层蒙版

停用图层蒙版便于预览添加图层蒙版前后的效果，停用图层蒙版的方法如下：

①选中图层，选择“图层”→“图层蒙版”→“停用”命令，可以停用选中图层的图层蒙版。

②按住【Shift】键不放，单击图层蒙版缩览图，停用该图层蒙版。

停用图层蒙版后，图层蒙版缩览图上会显示红叉样式✕，且图像全部显示。显示全部图像示例如图7-5所示。

图7-5 显示全部图像示例

选择“图层”→“图层蒙版”→“启用”命令，或按住【Shift】键不放，单击图层蒙版缩览图，可以启用图层蒙版。

（6）删除图层蒙版

删除图层蒙版的方法如下：

①选中图层，选择“图层”→“图层蒙版”→“删除”命令，可以删除选中图层的图层蒙版。

②右击图层蒙版缩览图，在弹出的快捷菜单中选择“删除图层蒙版”命令，可以删除该图层蒙版。选择“删除图层蒙版”命令如图7-6所示。

图7-6 选择“删除图层蒙版”命令

（7）反向图层蒙版

选中蒙版后，按【Ctrl+I】组合键，可以将图层蒙版反向。反向图层蒙版前后效果示例如图7-7和图7-8所示。

图7-7 反向图层蒙版前效果示例

图7-8　反向图层蒙版后效果示例

7.1.2　实现步骤

1. 制作海报元素

Step 01 打开素材“叶子.png”，如图7-9所示。

图7-9　素材“叶子.png”

Step 02 使用“横排文字工具” T 输入文字“E”，设置字体为“创艺简标宋”、字号为1 100点，文字位置如图7-10所示。

图7-10　文字位置

Step 03 复制“背景”图层，得到“背景拷贝”图层，隐藏“背景”图层。

Step 04 按住【Ctrl】键单击文字图层的缩览图，载入选区。

Step 05 选中“背景拷贝”图层，单击“添加图层蒙版”按钮，添加图层蒙版，如图7-11所示。

图7-11 添加图层蒙版

Step 06 在“属性”面板中设置“浓度”为38%，如图7-12所示。

图7-12 设置“浓度”为38%

Step 07 选择“画笔工具”，设置前景色为白色，在合适的叶子上涂抹，调整后，将浓度调整为100%，查看叶子效果，如图7-13所示。

Step 08 再次复制“背景”图层，按照Step02~Step07的步骤，完成“P”字的刻画。“P”字效果如图7-14所示。

图7-13　叶子效果

图7-14　“P”字效果

2. 制作海报

Step 01 新建一个600 × 1 286像素的文档。

Step 02 按【Ctrl+S】组合键，以名称“【案例7-1】环保海报.psd”保存文档。

Step 03 使用“渐变工具”绘制一个绿色（RGB：160、224、233）到浅绿色（RGB：210、241、235）的线性渐变，如图7-15所示。

Step 04 置入图7-16所示的素材“风景图.jpg”，并调整素材的大小，如图7-17所示。

图7-15　线性渐变

图7-16　素材“风景图.jpg”

Step 05 为素材所在图层添加图层蒙版，使用黑色画笔在图层上涂抹，隐藏指定区域，如图7-18所示。

图7-17　调整素材的大小

图7-18　隐藏指定区域

Step 06 输入文字，并为文字设置“渐变叠加”图层样式，参数设置如图7-19所示。文字效果如图7-20所示。

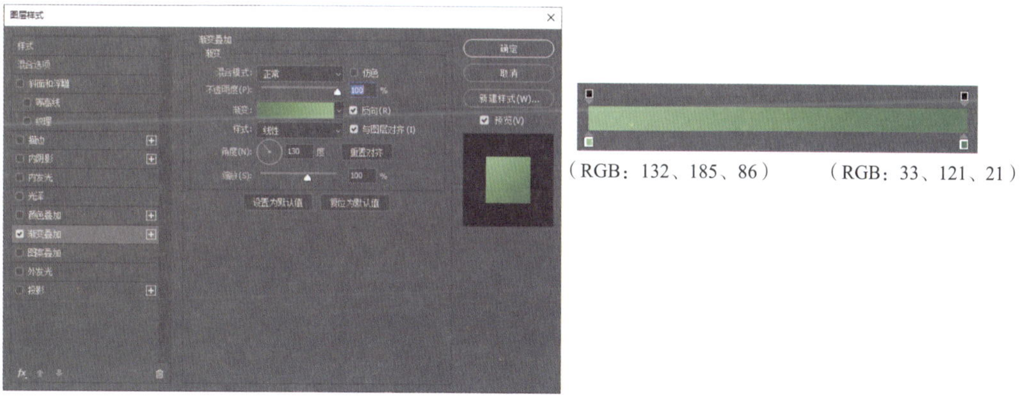

图7-19　参数设置

Step 07 将叶子文档中的“E”“P”两部分均复制到【案例7-1】环保海报中，调整其位置和大小，如图7-21所示。

Step 08 继续输入文字，作为辅助文字。

图7-20　文字效果

Step 09 打开素材“树叶.png”，如图7-22所示。

图7-21　“E”“P”位置和大小

图7-22　素材“树叶.png”

至此，环保海报制作完成。

练一练：人物插画效果

结合前面所学知识，根据提供的素材，制作图7-23所示的人物插画效果。

图7-23　人物插画效果

7.2 【案例7-2】环保App引导页

低碳生活是一种减少二氧化碳排放的生活方式，旨在从日常的衣食住行中减少能源消耗和温室气体排放。随着全球气候变化问题的日益严重，倡导低碳生活已成为全球共识。本节将通过Photoshop制作一款环保App引导页，通过本案例的学习，读者能够掌握剪贴蒙版和图框的基本操作。环保App引导页效果如图7-24所示。

图7-24 环保App引导页效果

7.2.1 知识点讲解

1. 剪贴蒙版

剪贴蒙版是通过下方图层的形状来限制上方图层的显示内容。剪贴蒙版和图层蒙版的最大区别是，剪贴蒙版可以通过一个图层控制多个图层的显示内容，而图层蒙版只能控制一个图层。

在Photoshop中，至少需要两个图层才能创建剪贴蒙版。位于上方的图层称为剪贴层，位于下方的图层称为基底层，剪贴蒙版示例如图7-25所示。

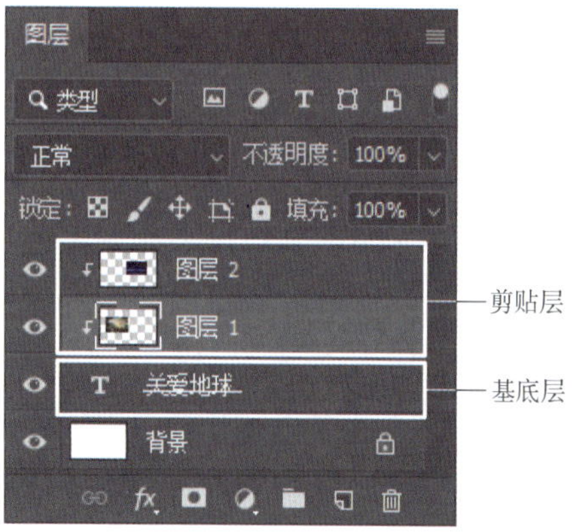

图7-25 剪贴蒙版示例

观察图7-25，可以发现剪贴层的图层缩览图左侧显示图标，而基底层的图层名称下方存在一条下画线，这代表以“关爱地球”文字图层为基底层，以“图层1”和“图层2”为剪贴层的剪贴蒙版创建完成。图7-25所示的剪贴蒙版所对应的效果示例如图7-26所示。

图7-26　剪贴蒙版所对应的效果示例

2. 剪贴蒙版的基本操作

在Photoshop中，剪贴蒙版的基本操作包括创建剪贴蒙版和释放剪贴蒙版，下面对剪贴蒙版的基本操作进行讲解。

（1）创建剪贴蒙版

创建剪贴蒙版的方法有两种，具体介绍如下：

①命令法。选中要作为剪贴层的图层，选择“图层”→“创建剪贴蒙版”命令（或按【Alt+Ctrl+G】组合键），即可用下方相邻的图层作为基底层，创建剪贴蒙版。

②快捷键法。按住【Alt】键不放，将鼠标指针悬停在两个图层中间，当鼠标指针变成形状时单击，即可用下方图层作为基底层、上方图层作为剪贴层，创建剪贴蒙版。创建剪贴蒙版示例如图7-27所示。

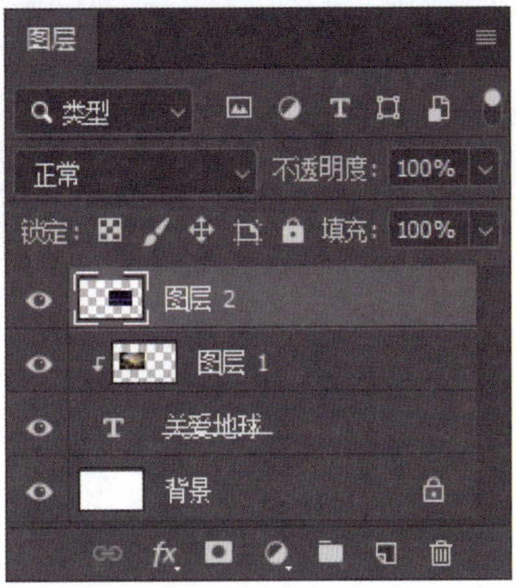

图7-27　创建剪贴蒙版示例

（2）释放剪贴蒙版

①命令法。选择剪贴层或基底层，选择“图层”→“释放剪贴蒙版”命令（或按【Alt+Ctrl+G】组合键），即可释放剪贴蒙版。

②快捷键法。按住【Alt】键不放，将鼠标指针悬停在剪贴层和基底层之间，当鼠标指针变成形状时单击，即可释放剪贴蒙版。

注意：剪贴蒙版虽然可以用一个基底层控制多个剪贴层，但剪贴层必须是相邻且连续的图层。

3. 图框

图框是指起到占位功能的占位符。在设计的过程中，占位符必不可少，尤其是需要图像填充特定位置，呈现当前的设计效果，但还没有足够的图像时，可以先使用占位符进行占位，再使用图像进行填充。

使用图像填充图框后，图框内的图像将被显示，而图框外的图像将被隐藏。图框的这个特性与剪贴蒙版类似，图框和剪贴蒙版的优势对比见表7-1。

表 7-1　图框和剪贴蒙版的优势对比

功　能	优　势
图框	图像大小自适应图框
	图像自动转换为智能对象
剪贴蒙版	可以灵活地调整基底层的形状
	可以为基底层添加图层样式

4. 图框的基本操作

在Photoshop中，图框的基本操作包括获取图框、将图像置于图框中、选择图框和图框中的图像，以及编辑图框中的图像，下面对图框的基本操作进行讲解。

（1）获取图框

获取图框的方法包括绘制图框和转换图框两种，具体介绍如下：

①绘制图框：在Photoshop中，通过“图框工具”可以绘制图框，选择“图框工具”后，显示其选项栏，“图框工具”选项栏如图7-28所示。

在图7-28所示的“图框工具”选项栏提供了矩形图框和椭圆形图框两种类型的图框，选择对应的图框类型，在画布上单击并拖动鼠标，可以绘制不同形状的图框。例如，绘制矩形图框示例如图7-29所示。

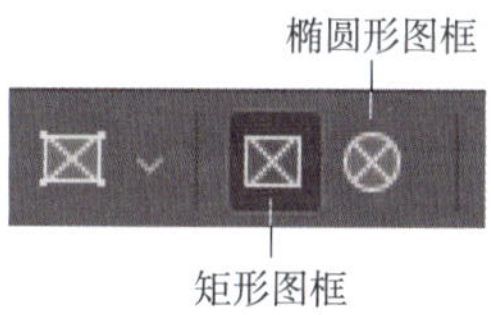

图7-28　“图框工具”选项栏

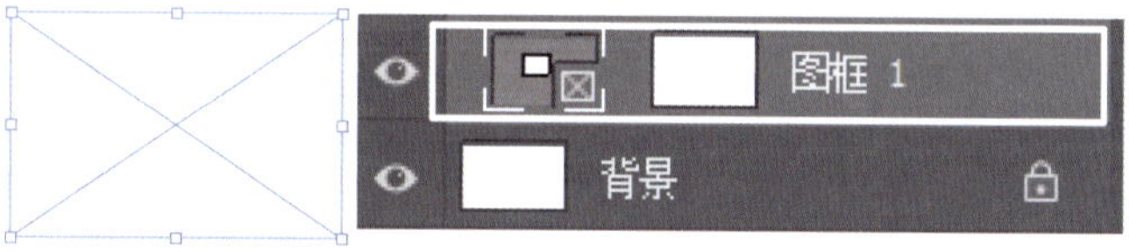

（a）图框　（b）图框层

图7-29　绘制图框示例

由图7-29可以看出，绘制图框后，“图层”面板中会出现图框层，在图框层中，左侧缩览图为图框缩览图，右侧缩览图为图像缩览图。

②转换图框：在Photoshop中，可以将形状或文字转换为图框。接下来以将文字转换为图框为例，讲解转换图框的流程。

- 右击文字图层，在弹出的快捷菜单中选择“转换为图框”命令，如图7-30所示。
- 此时，弹出“新建帧”对话框，如图7-31所示。

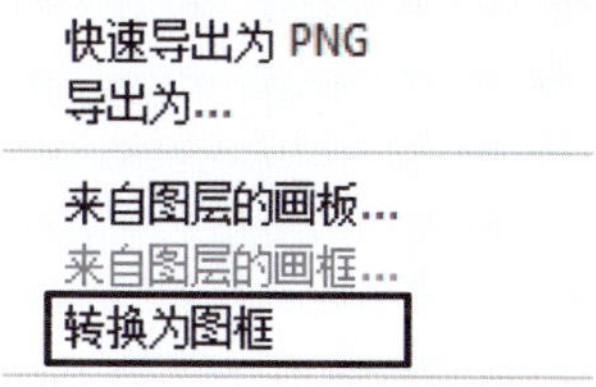

图7-30　选择“转换为图框”命令

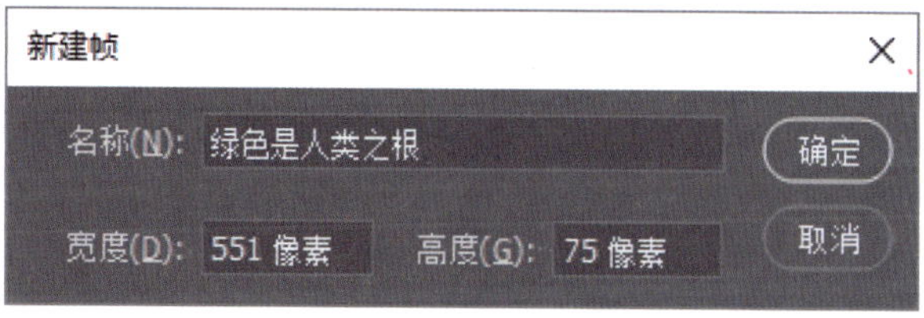

图7-31　“新建帧”对话框

- 在图7-31所示的“新建帧”对话框中，设置图框名称，单击“确定”按钮，完成图框的转换。文字转换图框前后效果示例如图7-32所示。

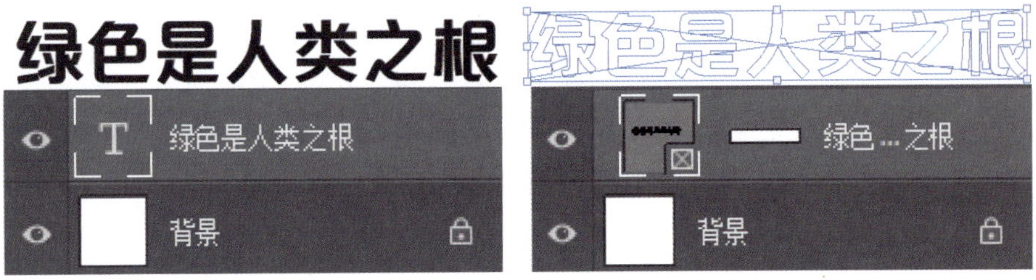

（a）文字转换图框前效果示例　　（b）文字转换图框后效果示例

图7-32　文字转换图框前后效果示例

（2）将图像置于图框中

将图像置于图框中有以下两种方法：

①置入文档外图像。选择文档窗口外的图像，将其拖动到图框内，当鼠标指针变成形状时，释放鼠标，图像会被置入图框中，为图框填充文档外的图像示例如图7-33所示。

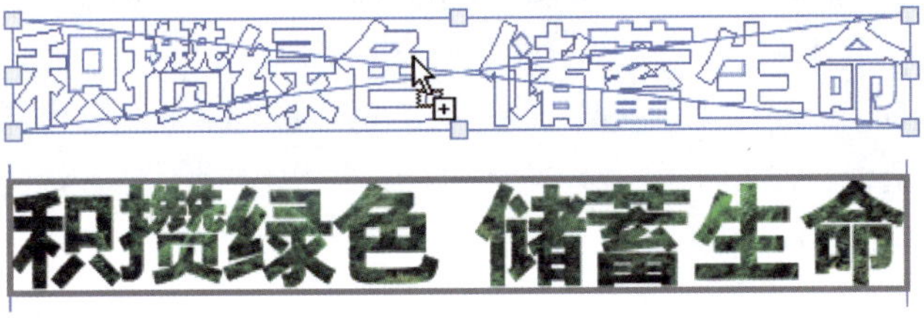

图7-33　为图框填充文档外的图像示例

观察图7-33可以看出，为图框填充图像后，图框边缘会显示灰色描边而不是定界框样式。

②置入文档内图像。在“图层”面板中，拖动图像所在图层至空白图框中，图像会被置入图框中。拖动图像图层至图框层示例如图7-34所示。

图7-34　拖动图像图层至图框层示例

（3）选择图框和图框中的图像

单击图框中的图像或单击图框层，可以同时选中图框和图框中的图像。除此之外，在Photoshop中，还可以单独选择图框或图框中的图像。选择图框和图框中的图像有两种方法，见表7-2。

表 7-2　选择图框和图框中的图像的方法

方　法	选择图框	选择图框中的图像
方法一	单击图框缩览图	单击图像缩览图
方法二	在画布上，单击图框边缘	在画布上，双击图框内图像

选择图框或图框中的图像后，边缘会显示蓝色描边，未选中则显示灰色描边。选择图框和选择图框中的图像示例如图7-35所示。

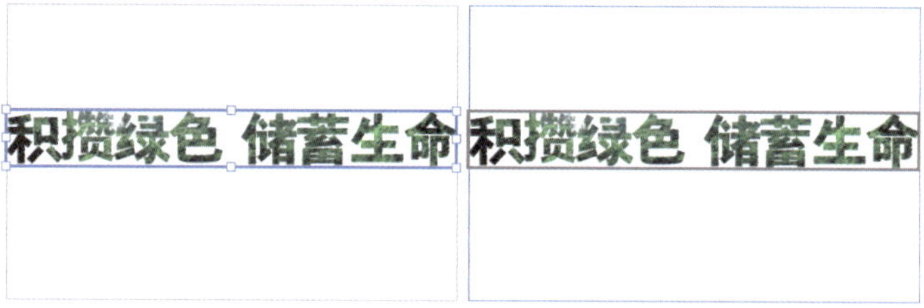

（a）选择图框　　（b）选择图框中的图像

图7-35　选择图框和选择图框中的图像示例

选择图框和图框中的图像后，可以改变图框或图框中图像的位置和大小。

（4）编辑图框中的图像

在Photoshop中，可以编辑图框中的图像，如替换图框中的图像、调整图框中的图像，具体介绍如下：

①替换图框中的图像：将文档外的图像拖动至图框中，可以自动替换图框中原来的图像。

②调整图框中的图像：调整图框中的图像是指改变图像的显示样式。例如，调整图像的颜色、为图像添加图层样式等。调整图框中图像的流程介绍如下：

- 双击图像缩览图，会在新文档窗口中打开图框内的图像。
- 在新文档窗口中对图像进行编辑后，按【Ctrl+S】组合键保存文档。
- 关闭新文档，完成对图框中图像的调整。

5. 标尺和参考线

在Photoshop中，标尺和参考线属于辅助工具，虽然不能直接编辑图像，但可以更好地完成图像的定位、对齐等操作。下面对标尺和参考线进行讲解。

（1）标尺

选择“视图”→“标尺”命令（或按【Ctrl+R】组合键），可以调出或隐藏标尺。标尺示例如图7-36所示。

在图7-36所示的标尺示例中，包括水平标尺和垂直标尺，水平标尺用于测量画布的宽度；垂直标尺用于测量画布的高度。可以根据画布的单位，更改标尺的单位，以便更精确地编辑和处理图像。右击标尺，弹出图7-37所示的快捷菜单。

图7-36　标尺示例

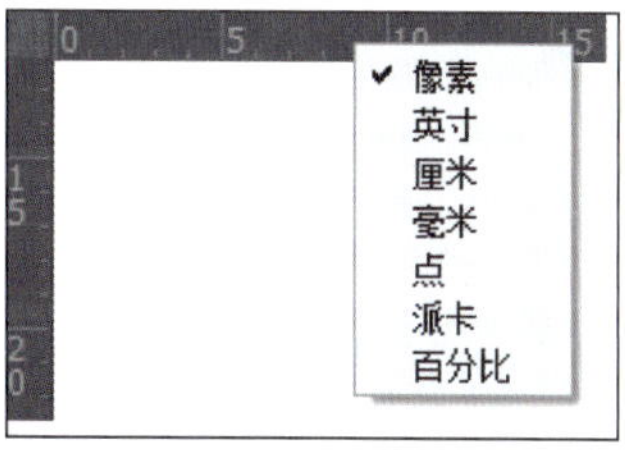

图7-37　快捷菜单

在图7-37所示的快捷菜单中，包括“像素”“英寸”“厘米”等命令，选择其中一个命令，则可以将标尺的单位切换至命令对应的单位。例如，选择“毫米”命令，那么标尺的单位会被更改为毫米，依此类推。

（2）参考线

调出标尺后，可以创建参考线，在Photoshop中，可以创建水平参考线和垂直参考线，参考线的创建方法包括快速创建参考线和精确创建参考线两种。接下来，以创建水平参考线为例，讲解创建参考线的方法。

①快速创建参考线：将鼠标指针定位在水平标尺上，单击并向下拖动，释放鼠标，完成水平参考线的创建，创建水平参考线示例如图7-38所示。

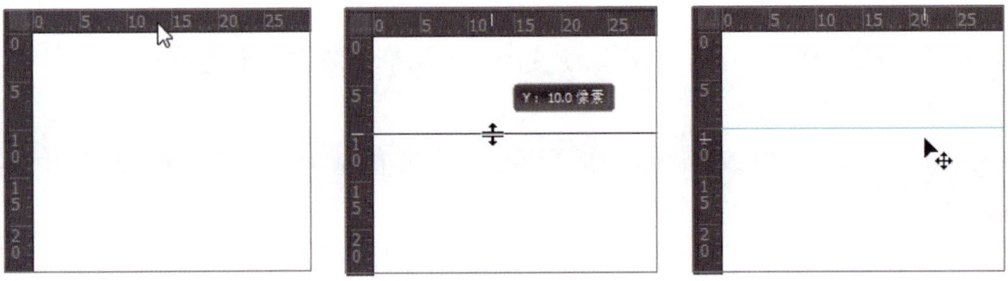

（a）将鼠标指针定位在水平标尺上　（b）单击并向下拖动　（c）释放鼠标

图7-38　创建水平参考线示例

②精确创建参考线：选择“视图”→“新建参考线”命令（或依次按【Alt→V→E】键），弹出“新建参考线”对话框，如图7-39所示。

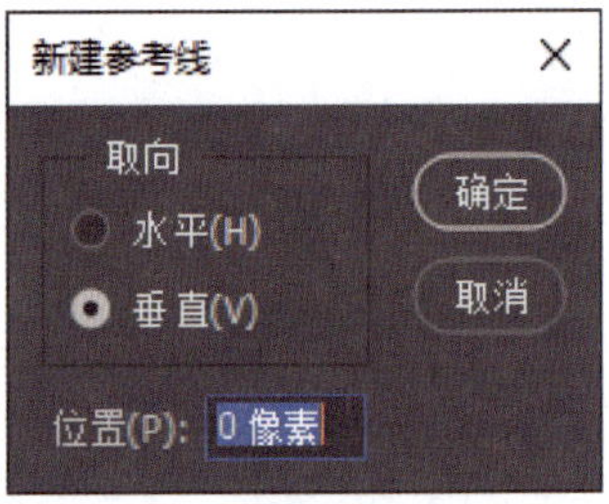

图7-39　“新建参考线”对话框

在图7-39所示的“新建参考线”对话框中，“取向”用于确定参考线的方向，“位置”用于确定参考线在画布中的精确位置。例如，在“新建参考线”对话框中，选择“水平”单选按钮，设置“位置”为10像素，单击“确定”按钮，则可以在画布垂直方向的10像素处创建水平参考线。

在运用参考线时，有一些实用的小技巧，具体如下：

①锁定和解除锁定参考线：选择“视图”→“锁定参考线”命令（或按【Ctrl+Alt+;】组合键）可以锁定参考线；再次选择“视图”→“锁定参考线”命令（或按【Ctrl+Alt+;】组合键）可以解除参考线的锁定。

②清除参考线：选择“视图”→“清除参考线”命令（或依次按【Alt→V→D】键）可以清除参考线。

③显示和隐藏参考线：选择“视图”→“显示”→“参考线”命令（或按【Ctrl+;】组合键），可以显示创建的参考线；再次选择“视图”→“显示”→“参考线”命令（或按【Ctrl+;】组合键），可以隐藏创建的参考线。

④改变参考线的位置：将鼠标指针悬停在参考线上，当鼠标指针变成‡形状时，单击并拖动参考线，在目标位置释放鼠标，即可完成参考线位置的改变。

7.2.2 实现步骤

1. 制作背景

Step 01 新建一个1 170 × 2 532像素的文档。

Step 02 按【Ctrl+S】组合键，以名称“【案例7-2】App引导页.psd”保存文档。

Step 03 绘制一个圆形和一个矩形，将其合并，得到图7-40所示的形状。

Step 04 置入图7-41所示的素材“城市背景.jpg”。调整素材的大小和位置。

图7-40 绘制形状

图7-41 素材“城市背景.jpg”

Step 05 选中城市背景所在素材，按【Alt+Ctrl+G】组合键创建剪贴蒙版，创建剪贴蒙版示例如图7-42所示。

Step 06 置入图7-43所示的素材“绿色地球.png”。调整素材的位置和大小。

Step 07 将地球所在图层放置在城市背景所在图层的下方，以“椭圆 1”图层为基底层，创建剪贴蒙版，创建剪贴蒙版示例如图7-44所示。

Step 08 选中地球所在图层，将其垂直翻转，调整地球的位置。垂直翻转地球示例如图7-45所示。

Step 09 将“椭圆1”图层填充为深绿色（RGB：14、105、55）。

图7-42　创建剪贴蒙版示例1

图7-43　素材“绿色地球.png”

图7-44　创建剪贴蒙版示例2

图7-45　垂直翻转地球示例

Step 10 为“椭圆1”图层添加“内阴影”图层样式，“内阴影”图层样式参数设置如图7-46所示。内阴影效果如图7-47所示。

Step 11 置入图7-48所示的素材“自行车.png”。

Step 12 调整自行车的大小、位置以及倾斜角度，自行车示例如图7-49所示。

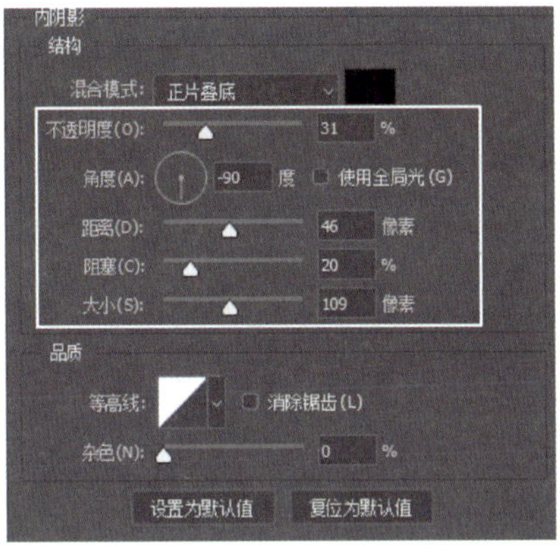

图7-46　“内阴影”图层样式参数设置

图7-47　内阴影效果

图7-48　素材“自行车.png”

图7-49　自行车示例

Step 13 新建图层，得到“图层1”，使用“椭圆选框工具”绘制羽化值为15像素的椭圆选框，并将其填充为绿色（RGB：14、105、55），设置“图层1”的图层混合模式为“正片叠底”，“图层1”示例如图7-50所示。

Step 14 将“图层1”压扁，如图7-51所示。

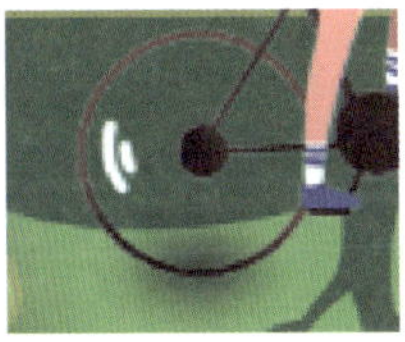

图7-50　“图层1”示例

图7-51　将“图层1”压扁

Step 15 复制三次“图层1”，移动复制的“图层1”至所需位置，作为车轮的投影，车轮投影示例如图7-52所示。

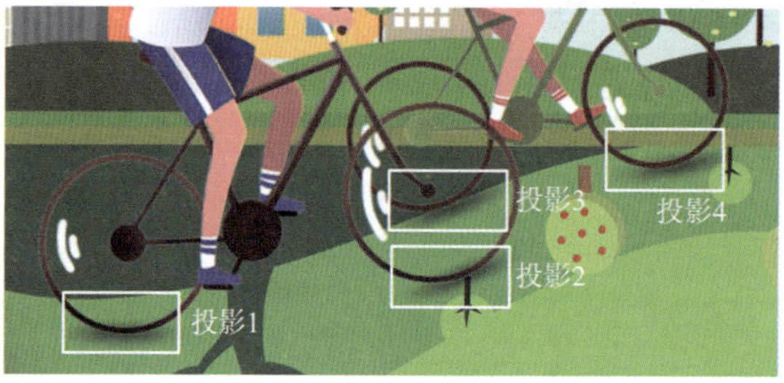

图7-52　车轮投影示例

Step 16 选中车轮投影所在图层，为其编组，并将组命名为车轮投影；选中除背景外的所有图层，为其编组，并将组命名为大背景。

2. 制作文字内容

Step 01 使用“横排文字工具” T 依次输入文字“低”“碳”“生”“活”，设置字体为包图粗朗体。

Step 02 选择“视图”→“标尺”命令（或按【Ctrl+R】组合键）调出标尺，并创建参考线。改变“碳”“生”“活”的字体大小和位置，使其顶部和底部对齐，文字排列样式如图7-53所示。

Step 03 选择“视图”→“显示”→“参考线”命令（或按【Ctrl+；】组合键）隐藏参考线。

Step 04 依次将所有文字所在的图层转换为图框，转换图框示例如图7-54所示。

图7-53　文字排列样式

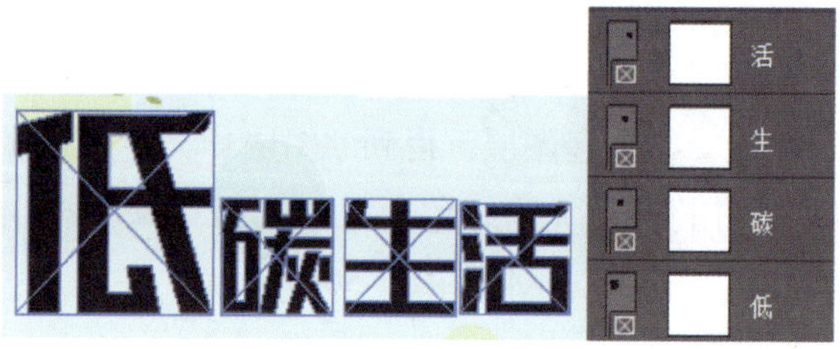

图7-54　转换图框示例

Step 05 将素材“风景.jpg”，依次拖动至图框中，填充图框，并调整素材的位置，填充图框示例如图7-55所示。

Step 06 绘制绿色（RGB：25、126、58）的矩形，并输入文字，矩形和文字示例如图7-56所示。

图7-55 填充图框示例

图7-56 矩形和文字示例

Step 07 绘制绿色（RGB：25、126、58）的圆角矩形，并输入文字，圆角矩形和文字示例如图7-57所示。

Step 08 为所有文字所在图层编组，并将组命名为文字内容。

绘制5个小圆，调整其颜色和位置，为小圆编组，将组命名为小圆点，小圆点示例如图7-58所示。

图7-57 圆角矩形和文字示例

图7-58 小圆点示例

至此，环保App引导页制作完成。

练一练：镂空冰淇淋效果

结合前面所学知识，根据提供的素材，制作图7-59所示的镂空冰淇淋效果。

图7-59 镂空冰淇淋效果

小 结

本章主要讲解了蒙版的应用，包括图层蒙版、剪贴蒙版和图框等基本概念和操作技巧。首先，介绍了图层蒙版的基本用法，如何通过调整蒙版来实现图像的部分显示和隐藏。接着，探讨了剪贴蒙版的使用方法，了解如何将一个图层的内容限制在另一个图层的形状范围内。最后，讲解了图框的应用，学习如何创建和调整图框以适应不同的设计需求。

第8章 时间轴和动作

学习目标

知识目标

◎ 了解什么是帧，能够说出帧的概念及分类；

◎ 熟悉帧模式时间轴面板，能够描述面板中各个按钮的作用；

◎ 熟悉动作面板，能够描述面板中各个按钮的作用。

能力目标

◎ 掌握命令的编辑方法，能够对某个命令重新录制或对命令的参数进行调整；

◎ 掌握指定回放速度的方法，能够设置播放动作的时间；

◎ 掌握批处理的相关知识，能够在Photoshop中对多个图像进行批量处理。

素质目标

◎ 利用图像设计作品，搭建民族文化与世界文化的交流桥梁，促进相互理解和尊重；

◎ 增强对民族文化的认同感，深刻理解并珍视本民族的文化遗产、传统习俗、价值观念等；

◎ 树立强烈的国家荣誉感，关注国家的发展成就和国际地位，为国家的繁荣富强感到骄傲和自豪。

在Photoshop中还提供了时间轴、动作等功能，通过这些功能可以制作gif动画、批量处理图片。本章结合相关案例带领大家认识并掌握时间轴、动作的基本用法。

8.1 【案例8-1】滑雪动画

2022年，北京成功举办冬奥会，这不仅是对中国体育和组织能力的巨大认可，也标志着全球体育发展的重要里程碑。冬奥会涵盖了众多精彩的滑雪项目。为了展示这些项目的魅力，本节将利用Photoshop制作一个滑雪动画。通过本案例的学习，读者能够掌握帧模式时间轴面板的使用方法。滑雪动画截图如图8-1所示。

8.1.1　知识点讲解

1. 什么是帧

当在Photoshop中打开一个动画时，会发现Photoshop已经把动画分解成一张一张的小图像。动画及其对应的效果图像如图8-2所示。

图8-1　滑雪动画截图

图8-2　动画及其对应的效果图像

在图8-2中，存放小图像的区域是“时间轴”面板。在“时间轴”面板中，每张图像都统称为帧。帧是动画中最小单位的单幅影像画面，相当于电影胶片上的每一格镜头。每一帧都是静止的图像，当这些帧被快速、连续地展示便形成了动的假象。在一个动画里，每秒帧数越多，所显示的动作就会越流畅。

帧分为关键帧和过渡帧，关键帧是指物体运动或变化中的关键动作所处的那一帧，包含动画中关键的图像；而过渡帧可以由Photoshop自动生成，形成关键帧之间的过渡效果。通常情况下，两个关键帧的中间可以没有过渡帧，但过渡帧前后会存在关键帧。关键帧和过渡帧示例如图8-3所示。

2. 帧模式时间轴面板

帧模式时间轴面板主要用来制作动画，创建画布后，选择“窗口”→“时间轴”命令，打开“时间轴”面板，如图8-4所示。

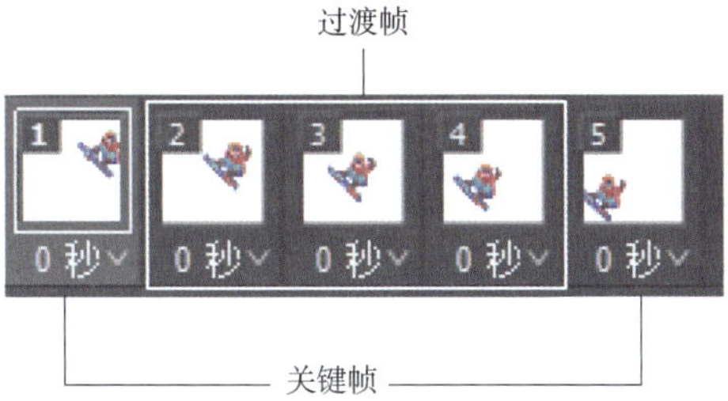

图8-3　关键帧和过渡帧示例

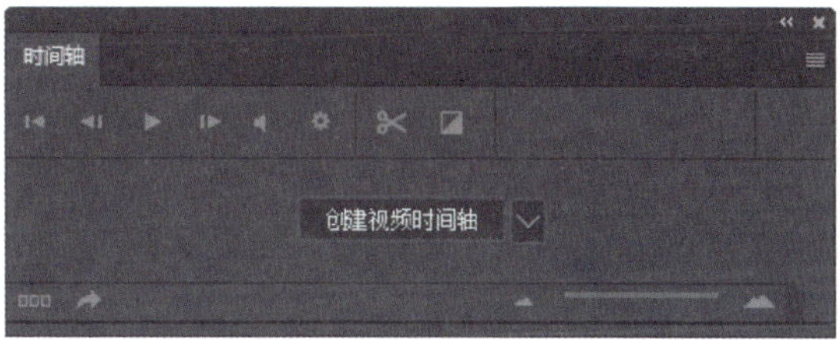

图8-4　“时间轴”面板

单击“创建视频时间轴”按钮

右侧的下拉按钮，在下拉列表中选择“创建帧动画”选项。会打开帧模式时间轴面板，如图8-5所示。

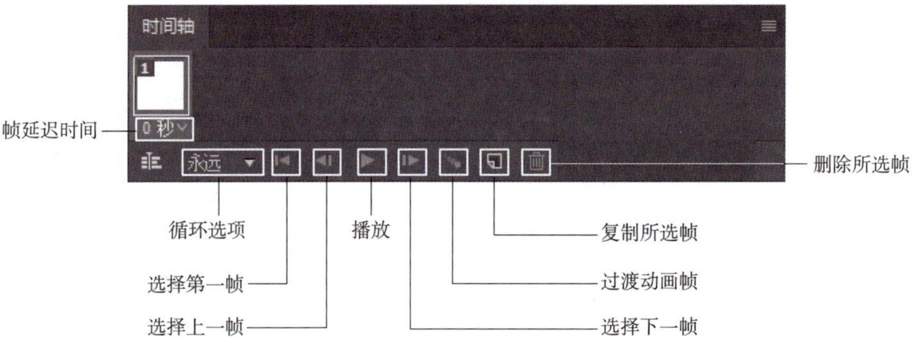

图8-5　帧模式时间轴面板

在图8-5所示的帧模式时间轴面板中，包括“帧延迟时间”和一些工具按钮，对各个工具按钮的具体解释如下：

（1）帧延迟时间

“帧延迟时间”用于设置每帧图像所停留的时间，单击该按钮，弹出“帧延迟时间”下拉列表，如图8-6所示。

在图8-6所示的“帧延迟时间”下拉列表中，包含多个时间选项。例如，设置“帧延迟时间”为0.1秒，那么在播放动画时，该帧的图像就会停留0.1秒。

（2）循环选项

“循环选项”用于设置动画的播放次数，单击该按钮，弹出“循环选项”下拉列表，如图8-7所示。

在图8-7所示的“循环选项”下拉列表中，包括“一次”“3次”“永远”“其他”四个选项。选择“其他”选项，弹出“设置循环次数”对话框，如图8-8所示。

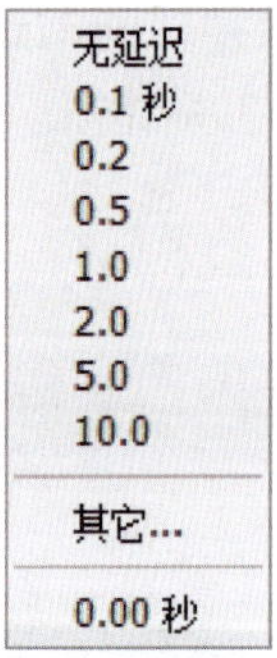

图8-6　“帧延迟时间”下拉列表

图8-7　“循环选项”下拉列表

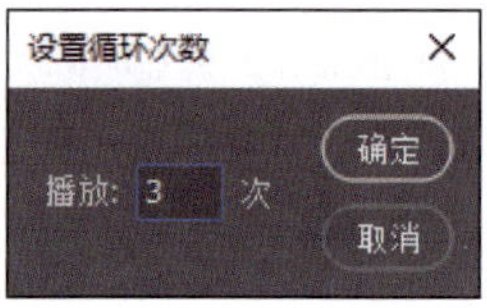

图8-8　“设置循环次数”对话框

在图8-8所示的“设置循环次数”对话框中，输入数值即可自定义动画的循环次数。

（3）选择第一帧

制作动画时，为了方便快速找到第一帧，可以单击“选择第一帧”按钮，单击“选择第一帧”按钮后，系统会自动选中第一个帧。

（4）选择上一帧

“选择上一帧”和“选择第一帧”按钮类似，单击“选择上一帧”按钮后，可自动选择当前帧的前一帧。

（5）播放

单击“播放”按钮可以播放动画。在实际操作中，按空格键也可以播放动画。

（6）选择下一帧

单击“选择下一帧”按钮后，系统会自动选择当前帧的下一帧。

（7）过渡动画帧

“过渡动画帧”用于添加过渡帧，使动画更顺畅。单击“过渡动画帧”按钮后，弹出“过渡”对话框，如图8-9所示。

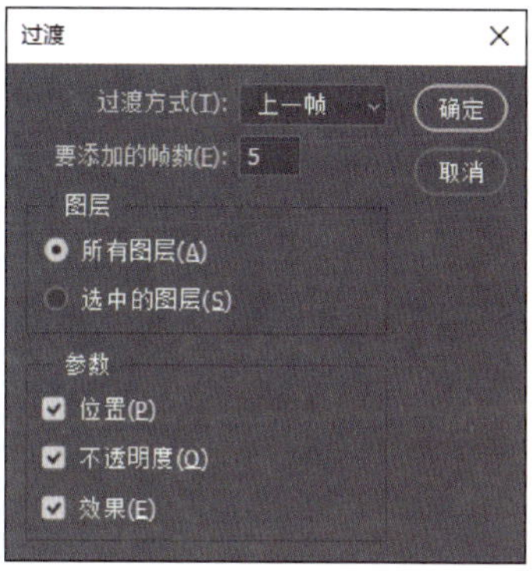

图8-9 “过渡”对话框

在图8-9所示的“过渡”对话框中，可以设置过渡帧的位置和过渡帧的帧数。在“要添加的帧数”右侧的输入框中输入数值，单击“确定”按钮后，系统会在两个选中的关键帧之间添加与数值对应的过渡帧数量。

（8）复制所选帧

单击“复制所选帧”按钮，可以复制当前选中的帧，即在帧模式时间轴面板中添加一帧。

（9）删除所选帧

单击“删除所选帧”按钮可以删除当前选中的帧。

8.1.2 实现步骤

1. 搭建场景

Step 01 新建一个600 × 900像素的文档。

Step 02 按【Ctrl+S】组合键，以名称“【案例8-1】滑雪动画.psd”保存文档。

Step 03 在Photoshop中打开素材“滑雪场背景图.jpg”，如图8-10所示。

图8-10 素材“滑雪场背景图.jpg”

Step 04 复制背景图层，得到“背景拷贝”图层。

Step 05 使用“多边形套索工具”绘制选区，选区示例如图8-11所示。

Step 06 按【Ctrl+J】组合键复制选区内容，得到“图层1”。

Step 07 将“图层1”和“背景拷贝”图层拖动至“【案例8-1】滑雪动画.psd”文档窗口中，并均转换为智能对象。

Step 08 调整“图层1”和“背景拷贝”图层的大小和位置，两个图层的大小和位置示例如图8-12所示。

图8-11 选区示例

图8-12 两个图层的大小和位置示例

Step 09 置入素材“溅起的雪花.png”，如图8-13所示（为了方便展示，将底色设置为黑色，实际为透明）。

Step 10 调整“溅起的雪花”的大小和位置，将“溅起的雪花”图层放置在“图层1”和“背景拷贝”两个图层的中间。雪花的大小和位置示例如图8-14所示。

图8-13 素材“溅起的雪花.png”

图8-14 雪花的大小和位置示例

Step 11 置入素材“滑雪运动员.png”，如图8-15所示。

Step 12 将“滑雪运动员”图层放置在“溅起的雪花”图层下方，调整运动员的角度、大小，运动员示例如图8-16所示。

图8-15 素材“滑雪运动员.png”

图8-16 运动员示例

2. 制作动画

Step 01 选择“窗口”→“时间轴”命令，打开“时间轴”面板，在“时间轴”面板中，单击“创建视频时间轴”按钮 创建视频时间轴 右侧的下拉按钮，在下拉列表中选择“创建帧动画”选项，打开帧模式时间轴面板，如图8-17所示。

图8-17　帧模式时间轴面板

Step 02 选中第1帧，在“图层”面板中，隐藏雪花所在图层。

Step 03 单击帧模式时间轴面板中的“复制所选帧”按钮，复制帧。

Step 04 选中Step03复制的帧，选中“图层1”和“背景拷贝”图层，按住【Shift】键的同时，多次按【→】键，将其向右移动100像素。

Step 05 选中运动员所在图层，移动运动员的位置和角度，运动员位置和角度示例如图8-18所示。

Step 06 按照Step03~Step05的步骤，制作第3帧。第3帧画面效果示例如图8-19所示。

图8-18　运动员位置和角度示例

图8-19　第3帧画面效果示例

Step 07 单击“复制所选帧”按钮，得到第4帧，在第4帧中，按照Step03~Step05的步骤调整画面外，还需要显示并调整雪花所在图层。第4帧画面示例如图8-20所示。

Step 08 选择第1帧和第2帧，单击“过渡帧动画”按钮，弹出“过渡”对话框，设置“要添加的帧数”为3。

Step 09 按照Step08的方法，在第5帧和第6帧之间添加5帧，第11帧和第12帧之间添加5帧。

图8-20　第4帧画面效果示例

Step 10 设置最后一帧的“帧延迟时间”为0.2 s。

Step 11 按【Alt+Shift+Ctrl+S】组合键，将文档保存为gif格式。

至此，滑雪动画制作完成。

练一练：进度条

根据前面所学知识，完成图8-21所示的进度条。

图8-21　进度条

8.2 【案例8-2】批量制作艺术画效果

在日常生活中，经常会做一些重复性动作，例如，一次性把多张图片的分辨率缩小、在多张图像上添加水印、批量更改图像风格等。为了提高工作效率，通常会在Photoshop中，将这些功能命令录制成“动作”，然后通过执行动作中的命令，自动完成图像的处理。本节将批量制作艺术画效果，通过本案例的学习，读者能够掌握在Photoshop中批量处理图像的方法。艺术画效果如图8-22所示。

图8-22　艺术画效果

8.2.1　知识点讲解

1. 动作面板

在Photoshop中，“动作”面板包含了非常重要的一个功能——“动作”。“动作”可以详细记录处理图像的大多数操作，并应用到其他图像中。选择“窗口”→“动作”命令（或按【Alt+F9】组合键），打开“动作”面板，如图8-23所示。

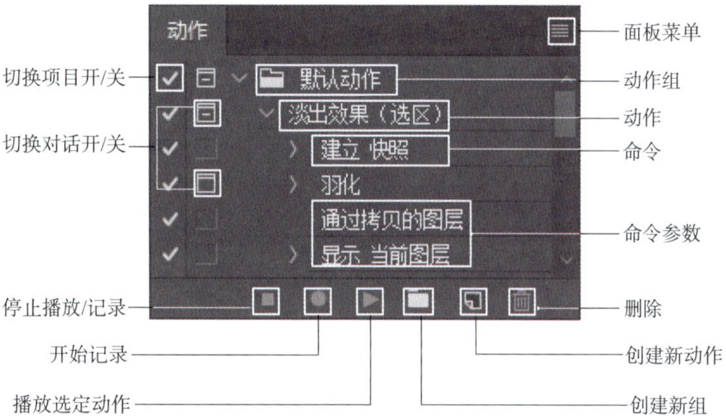

图8-23　“动作”面板

在图8-23所示的“动作”面板中，包括动作组、动作、命令、按钮，以及一些选项。其中动作组是一系列动作的集合，动作是一系列命令的集合，命令是在Photoshop中的每一步操作。在“动作”面板中，可以对动作进行录制、播放、修改和删除等操作，下面对“动作”面板中的各个选项、按钮进行讲解。

（1）面板菜单

面板菜单中包含了Photoshop预设的一些动作和一些操作，单击面板菜单按钮☰，弹出面板菜单，如图8-24所示。

观察图8-24所示的面板菜单，可以发现，在面板菜单中不仅包括“新建动作”“开始记录”“载入动作”等操作命令，还包括“画框”“流星”等动作命令，选择一个动作可以将动作载入“动作”面板中。例如，选择“流星”命令，“动作”面板中即可出现“流星”动作。

（2）切换项目开/关

“切换项目开/关”用于切换动作的执行状态。动作组中可能会包含多个动作，若想执行动作组中指定的动作，可以设置动作组中动作的执行状态。“切换项目开/关”主要包括选中和未选中两种状态。当选中时，动作或命令最左侧会显示☑，代表该动作或命令可以被执行；未选中时，动作或命令最左侧不显示对勾☑，代表该动作或命令不被执行。

注意： 当有些命令最左侧不显示☑，动作最左侧的对勾会变成红色☑，这个红色的对勾代表动作中的命令没有被全部选中，即部分命令会不被执行，若想该动作内所有命令都不被执行，在动作最左侧隐藏☑即可。

（3）切换对话开/关

“切换对话开/关”主要用于设置命令的暂停。在播放动作时，有些操作需要手动进行设置，这时，需要将命令设置为暂停，然后手动设置参数。同“切换项目开/关”类似，“切换对话开/关”也包括选中和未选中两种状态，当选中时，命令的左侧会显示▣，代表系统在执行到该命令时，会自动暂停，进行相应的设置后，系统会自动向下播放动作中的其他命令。

注意： 当在动作前显示▣，代表执行该动作中的每个命令时都会暂停（不能设置暂停的命令除外）；若在部分命令前显示▣，则动作和动作组前方的“切换对话开/关”选项会变成“▣”，简单地说，即在动作组或动作前出现选项“▣”，表示动作组或动作里的部分命令会被暂停。但是在Photoshop中，默认不可编辑的命令前不能设置暂停。

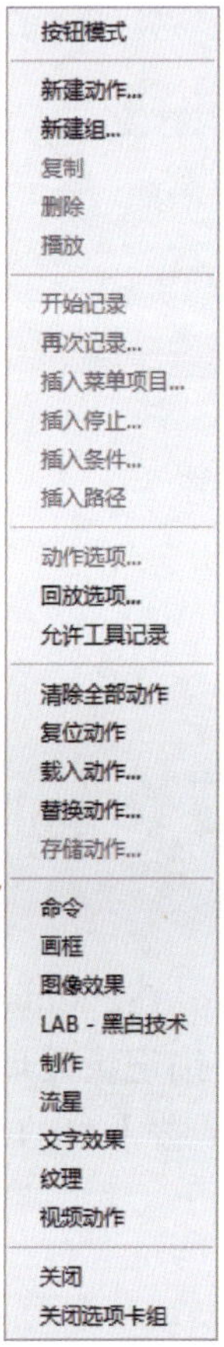

图8-24 面板菜单

若需要在Photoshop中默认为不可编辑的命令设置暂停（例如，设置选区、画笔绘制等），可以利用插入停止的方法设置暂停，具体方法如下：

①选中需要暂停的上一个命令。

②在面板菜单中选择“插入停止”命令，弹出图8-25所示的“记录停止”对话框。

图8-25 “记录停止”对话框

③在弹出的“记录停止”对话框中插入相关信息，信息示例如图8-26所示。

单击图8-25中的“确定”按钮，成功插入停止，当执行到被插入停止的命令处时，会弹出“信息”对话框，显示提示信息。“信息”对话框如图8-27所示。

图8-26　信息示例

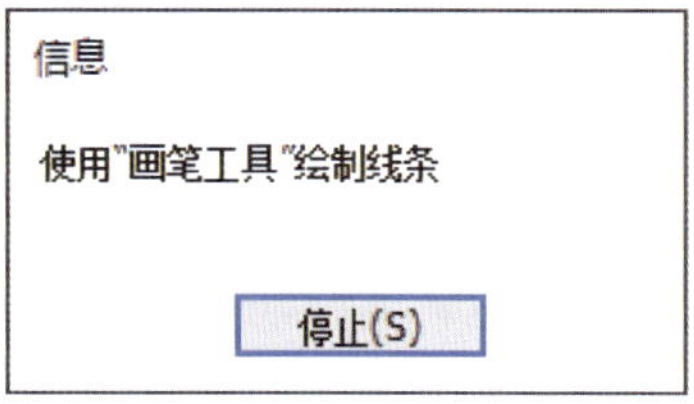

图8-27　“信息”对话框

（4）停止播放/记录

在录制动作时，单击“停止播放/记录”按钮可以停止记录动作；在播放动作时，单击“停止播放/记录”按钮可以停止播放动作。

（5）开始记录

一切准备就绪后，单击“开始记录”按钮正式开始录制动作，此时“开始录制”按钮会变为红色。需要注意的是，单击该按钮后，所使用的工具和执行的命令均会被添加到动作中，直到停止记录。

（6）播放选定动作

选中动作，单击“播放选定动作”按钮，可以执行该动作中的命令。

（7）删除

单击“删除”按钮，可以删除选中的动作组、动作和命令。

（8）创建新组

“创建新组”用于创建动作组。单击“创建新组”按钮，弹出“新建组”对话框，如图8-28所示。

在图8-28所示的“新建组”对话框中，可以设置动作组的名称。设置好动作组的名称后，单击“确定”按钮，完成动作组的创建。

（9）创建新动作

“创建新动作”用于创建动作。单击“创建新动作”按钮，弹出“新建动作”对话框，如图8-29所示。

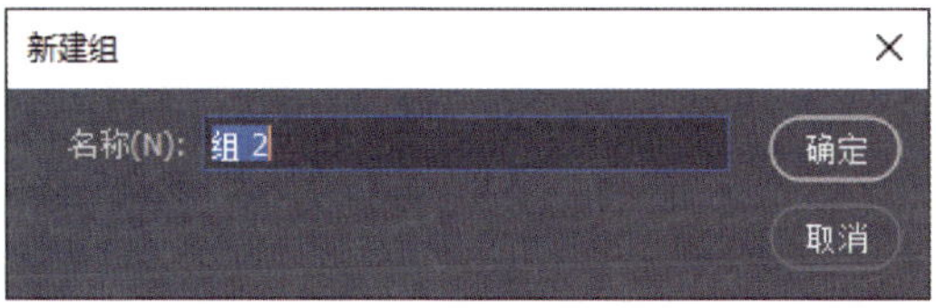

图8-28　“新建组”对话框

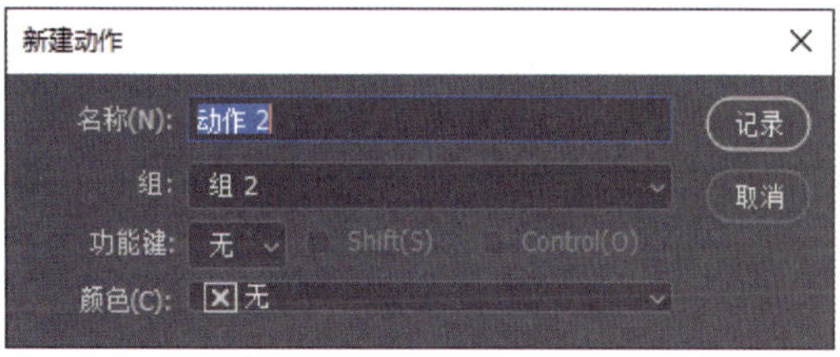

图8-29　“新建动作”对话框

在图8-29所示的“新建动作”对话框中，单击“记录”按钮完成动作的创建，并开始记录动作。值得一提的是，在新建动作时，若“动作”面板中存在动作组，可以在“新建动作”对话框的“组”下拉列表中选择动作组；若没有动作组，则创建动作时系统会自动创建动作组。

注意：当有命令出现错误或者缺少步骤，导致计算机执行不了动作时，会弹出该命令不可执行的对话框，选择继续执行命令后，得到的结果会缺少该命令的相关操作。

2. 命令的编辑

将动作录制完成后，可以对动作中的命令进行编辑。编辑的方法有两种，下面对命令的编辑方法进行讲解。

（1）重新录制法

当发现动作中存在不可更改的错误命令，可以将错误命令删除，再单击“开始录制”按钮重新进行录制。

（2）调整命令法

当动作中存在可修改、可调整的命令时，可以对动作中的命令进行编辑，如修改、重排、复制。命令的编辑方法具体解释如下：

①修改命令：双击命令，可以弹出相应的对话框，在对话框中设置参数即可。例如，调整动作中的“色相/饱和度”命令，双击该命令即可弹出“色相/饱和度”对话框，在“色相/饱和度”对话框中更改命令参数即可。

②重排命令：重排命令和重排图层的方法类似，选中命令，单击并拖动命令至目标位置，当鼠标指针变为形状时，释放鼠标即可完成命令的重排，重排命令实例如图8-30所示。

③复制命令：按住【Alt】键，拖动命令则可以复制该命令。

注意：只有在Photoshop中默认为可编辑的命令才能进行修改。

3. 指定回放速度

计算机在播放动作时，速度非常快，若想观察每一步操作后的效果，则需要指定回放速度。单击“动作”面板的面板菜单按钮，在面板菜单中选择“回放选项”命令，弹出“回放选项”对话框，如图8-31所示。

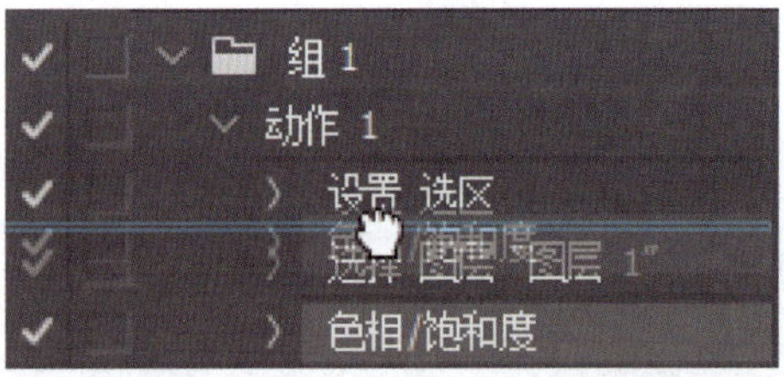

图8-30 重排动作

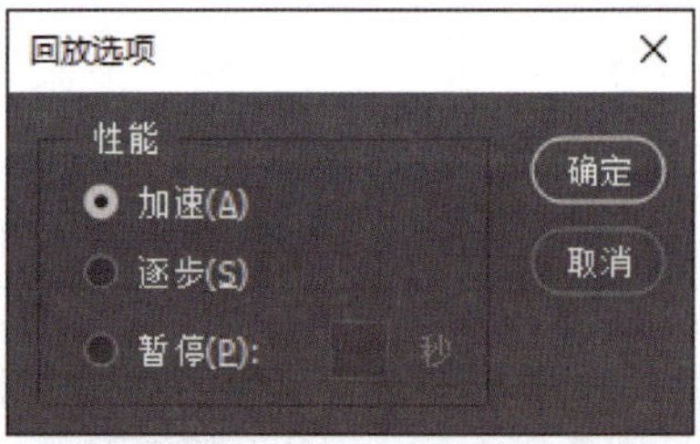

图8-31 “回放选项”对话框

在图8-31所示的“回放选项”对话框中，包括“加速”“逐步”“暂停”三个单选按钮，不同选项所对应的回放速度不同，下面对这三个单选按钮进行说明：

①“加速”：该选项为默认选项，表示快速播放动作。

②“逐步”：选中该单选按钮，表示系统在播放动作时，会显示每个命令的处理结果，然后再继续下一个命令，动作的播放速度较慢。

③“暂停”：选中该单选按钮，并在“暂停”右侧的文本框中设置时间，可以指定播放动作时各个命令的间隔时间。

4. 批处理

“批处理”是指批量处理，主要是将录制好的动作应用于目标文件夹内的所有图像。利用“批处理”命令，可以更快速地完成大量的重复性动作，从而提升效率。选择“文件”→“自动”→“批处理”命令，弹出“批处理”对话框，如图8-32所示。

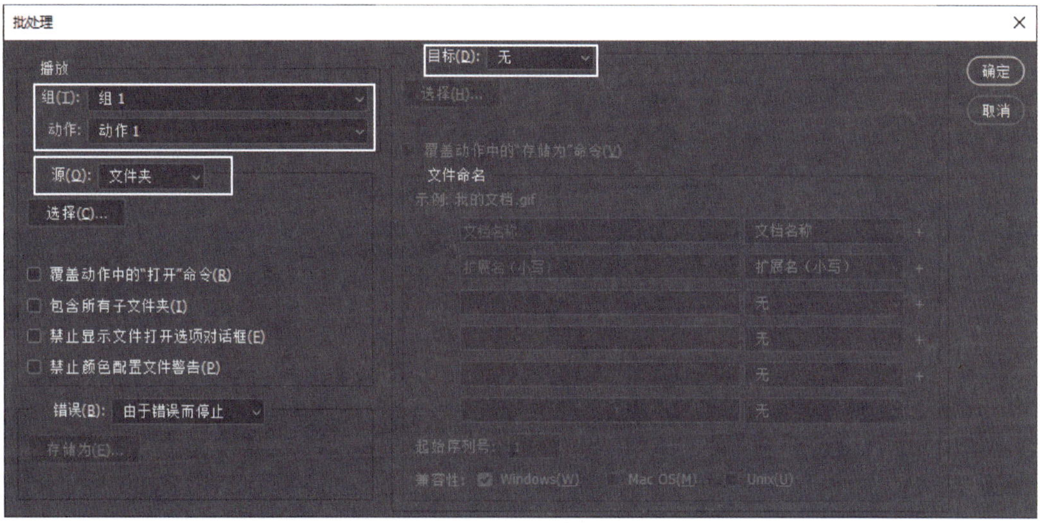

图8-32　“批处理”对话框

在图8-32所示的“批处理”对话框中，包括“播放”“源”“目标”三个常用选项，下面对这三个选项进行说明。

（1）播放

用于选择播放的动作组和动作，单击右侧的下拉按钮，在下拉列表中选择动作组和动作即可。

（2）源

用于指定要处理的文件或文件夹，单击右侧的下拉按钮，展开“源”下拉列表，如图8-33所示。

图8-33所示的“源”下拉列表中，包含了“文件夹”“导入”“打开的文件”“Bridge”四个选项。在实际操作中，通常选择“文件夹”选项。当选择“文件夹”选项时，单击下方的“选择”按钮选择(C)...，弹出“选取批处理文件夹”对话框，选择文件夹即可。

（3）目标

用于选择文件处理后的存储方式，单击右侧的下拉按钮，展开“目标”下拉列表，如图8-34所示。

图8-33 “源”下拉列表

图8-34 “目标”下拉列表

在图8-34所示的“目标”下拉列表中包括“无”“存储并关闭”“文件夹”三个选项。对这三个选项的说明如下：

①“无”：表示不存储文件，文档窗口不关闭。当图像多的情况下，不推荐选择该选项。

②“存储并关闭”：表示将处理后的图像保存在原文件夹中，覆盖原文件，并关闭文档窗口。

③“文件夹”：表示将处理后的图像保存至指定文件夹。

注意：当选择“存储并关闭”和“文件夹”两个选项中的任意一个选项时，若动作中包含“存储为”命令，则需要勾选“目标”下方的“覆盖动作中的‘存储为’命令”复选框。这样，在播放动作时，动作中的“存储为”命令就会引用批处理文件的存储位置，而不是在动作中指定的位置。

在批处理的过程中，虽然支持暂停命令的执行以方便手动操作，却不支持“插入停止”命令的执行。当执行“插入停止”命令时，系统会弹出图8-35所示的提示框。

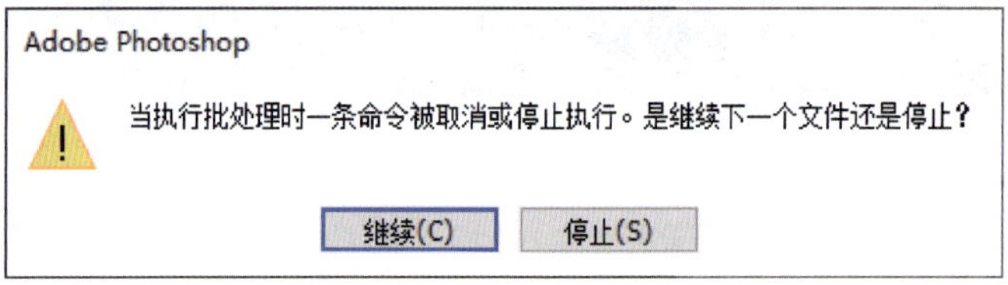

图8-35 提示框

在图8-35所示的提示框中，包括“继续”和“停止”两个按钮，单击“继续”按钮，表示系统会继续处理下一个图像，而当前处理的图像不能继续被处理；单击“停止”按钮，系统会停止对下一张图像的处理，而继续当前图像的处理。

注意：批处理之前，为了避免毁坏原文件，可以提前创建两个文件夹，一个文件夹作为原文件的备份文件夹，另一个文件夹作为图像处理后的存储位置。

多学一招：导出和载入动作

若想将录制好的动作应用到其他计算机上，可以将录制好的动作导出和载入。下面对导出和载入的方法进行讲解。

（1）导出动作

在“动作”面板中，选中想要导出的动作组，选择“动作”面板菜单中的“存储动作”命令，弹出“另存为”对话框，如图8-36所示。

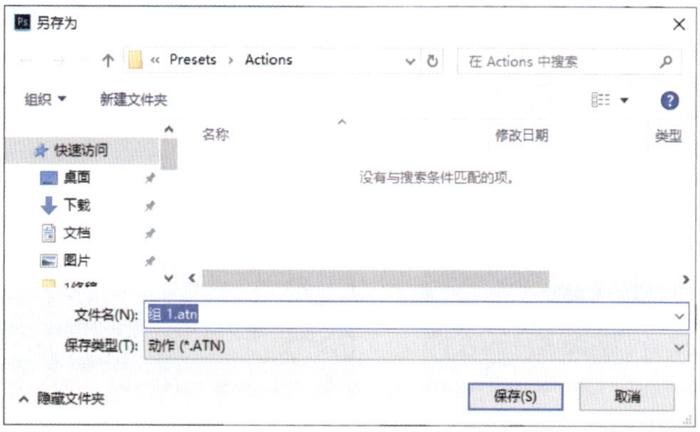

图8-36　“另存为”对话框

在图8-36所示的“另存为”对话框中选择指定位置，单击“保存”按钮即可完成动作的导出。导出后的动作是一个扩展名为“.atn”的文件，如图8-37所示。

图8-37　扩展名为“.atn”的文件

（2）载入动作

在“动作”面板菜单中选择“载入动作”命令，弹出“载入”对话框，如图8-38所示。

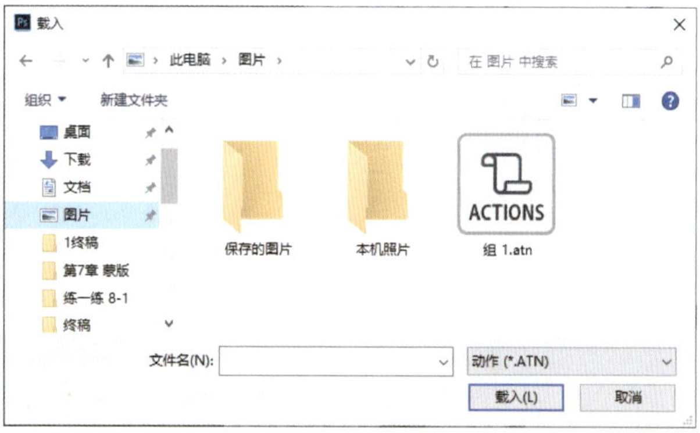

图8-38　“载入”对话框

在“载入”对话框中选择对应的动作，单击“载入”按钮即可将外部动作载入“动作”面板中。

8.2.2　实现步骤

1. 录制动作

Step 01 打开素材“01.jpg”，如图8-39所示。

Step 02 选择“窗口”→“动作”命令（或按【Alt+F9】组合键），打开“动作”面板。

Step 03 单击“动作”面板中的“创建新组”按钮▭，弹出“新建组”对话框，为组命名为“绘制手绘效果”。“新建组”对话框如图8-40所示。

图8-39　素材“01.jpg”

图8-40　“新建组”对话框

Step 04 单击“创建新动作”按钮，弹出“新建动作”对话框，将动作命名为“速写”。“新建动作”对话框如图8-41所示。

Step 05 单击图8-41中的“记录”按钮，开始记录动作。

Step 06 按【Shift+Ctrl+U】组合键，为图像去色，去色效果如图8-42所示。

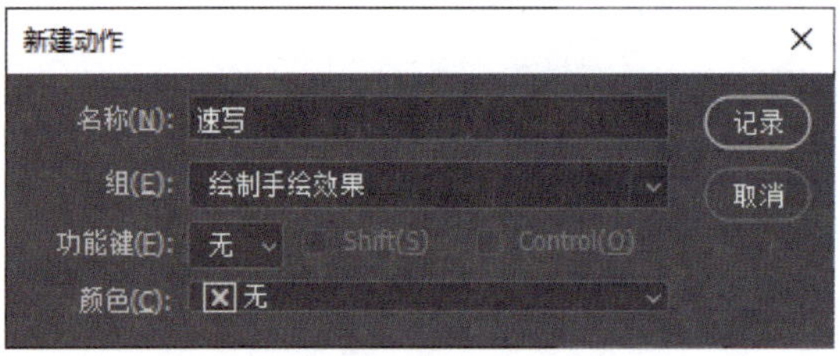

图8-41　“新建动作”对话框

图8-42　去色效果

Step 07 复制背景图层，得到“图层1”，按【Ctrl+I】组合键进行反相，反相效果如图8-43所示。

Step 08 设置“图层1”图层的图层混合模式为“颜色减淡”，设置图层混合模式后，画面会变成纯色，纯色效果如图8-44所示。

图8-43　反相效果

图8-44　纯色效果

Step 09 选择“滤镜”→“模糊”→“高斯模糊”命令，弹出“高斯模糊”对话框，设置“半径”为2像素，高斯模糊后的效果如图8-45所示。

Step 10 按【Shift+Ctrl+S】组合键，将其以jpg格式保存至指定文件夹，并关闭该文档（不保存文档）。

Step 11 单击“动作”面板中的“停止播放/记录”按钮■，动作录制完毕。

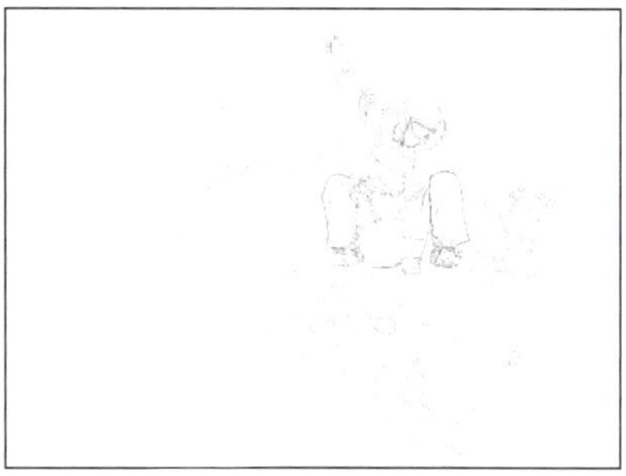

图8-45　高斯模糊后的效果

2. 批处理

Step 01 选择“文件”→“自动”→“批处理”命令，弹出“批处理”对话框，选择“组”和“动作”后，选择需要进行批处理的文件夹，“批处理”对话框如图8-46所示。

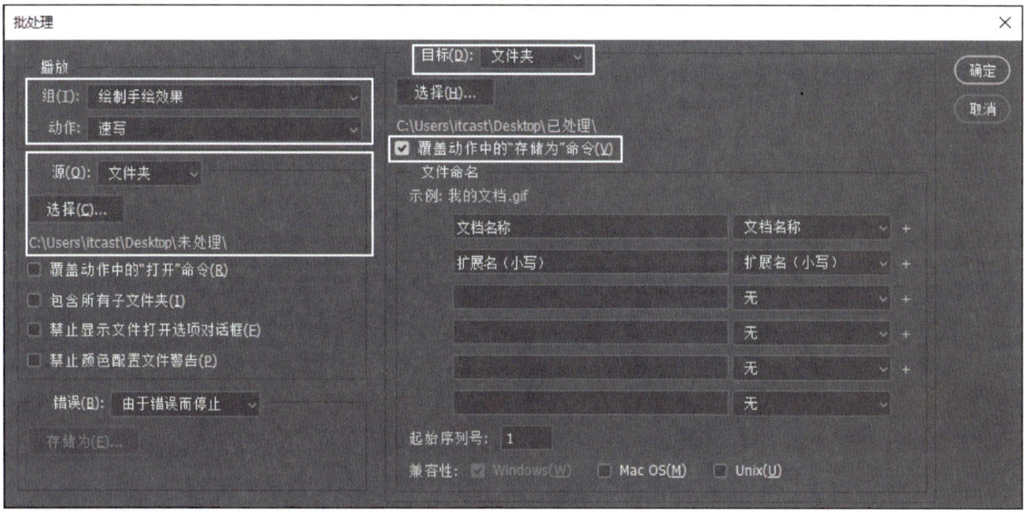

图8-46　“批处理”对话框

Step 02 单击图8-46中的“确定”按钮，完成对文件夹中所有图像的处理。处理前和处理后的图像效果示例如图8-47和图8-48所示。

图8-47　处理前的图像效果示例

图8-48　处理后的图像效果示例

至此，批量制作艺术画效果完成。

练一练：批量为图像添加水印

根据前面所学知识，批量为图像添加水印，添加水印效果如图8-49所示。

图8-49　添加水印效果

小　结

本章首先介绍了动画的相关知识，包括帧和帧模式时间轴面板。然后，介绍了动作的相关知识，包括动作面板、命令的编辑、批处理等。

通过学习本章内容，读者能够掌握动画的基本操作和动作的应用方法，具备创建复杂动画效果的能力，并完成滑雪动画和批量制作艺术画效果两个案例。

第9章 Photoshop设计实操

学习目标

知识目标

◎ 了解网页的结构，能够独立制作网页。

能力目标

◎ 掌握海报设计的基本常识，独立完成海报的设计与制作；

◎ 掌握图标的尺寸规范，能够独立设计并制作图标。

素质目标

◎ 通过实操案例加深对理论知识的理解，形成从理论到实践、再从实践中反思并提升理论的良性循环。

Photoshop被广泛应用于平面设计、UI设计等领域。平面设计泛指各种通过印刷而形成的平面艺术形式，主要以视觉图像作为媒介传递信息，在实际生活中，平面设计通常涉及名片、海报等；UI设计是指在考虑用户体验和交互设计的前提下，对用户界面进行的美化设计，在实际生活中，一个优秀的UI设计师往往兼具图标设计、Logo设计、Banner设计、网站设计等多项技能。本章通过几个不同案例，带领读者了解海报、图标、网页设计的相关知识。

9.1 【实操9-1】护肤品DM设计

DM广告可直接将广告信息传递给消费者，具有较强的选择性和针对性，本节将制作一张护肤品DM，最终效果如图9-1所示。

读者可以扫描二维码查看和DM相关知识点。然后根据前面学过的知识点，完成护肤品DM的制作，具体步骤请扫描二维码进行查看。

图9-1　护肤DM

•知识点讲解•

DM相关知识点

• 实现步骤 •

护肤品DM设计

9.2 【实操9-2】eNote图标设计

在UI设计中，图标作为核心设计的内容之一，是界面中重要的信息传播载体。精美的图标往往起到画龙点睛的作用，从而提高点击率和推广效果。本节将制作一款eNote图标，如图9-2所示。

读者可以扫描二维码查看和图标相关知识点。然后根据前面学过的知识点，完成eNote图标的制作，具体步骤请扫描二维码进行查看。

图9-2　“eNote图标”效果图

•知识点讲解•

图标相关知识点

• 实现步骤 •

eNote图标设计

9.3 【实操9-3】儿童摄影网站首页

网站首页是网站整体形象的浓缩，它直接决定了客户是继续深入访问还是直接跳出。所以在进行网页设计时，不仅要把握好色彩与图片的关系，更要合理安排每个栏目的内容板块。本案例将设计一款儿童摄影网站首页，如图9-3所示。

读者可以扫描二维码查看网页UI相关知识点。然后根据前面学过的知识点，完成儿童摄影网站首页的制作，具体步骤请扫描二维码进行查看。

图9-3　爱儿美儿童摄影网站首页

·知识点讲解·　　·实现步骤·

网页UI相关知识点　　儿童摄影网站首页

小　　结

本章以实操为导向，综合运用前面章节所学的知识点，精心设计了三个项目。通过深入参与并完成这些项目，读者不仅能够巩固所学理论，更能够切实掌握DM设计、图标设计和网站设计的核心技能。每个实操都旨在培养读者的实际操作能力，从设计构思到最终呈现，全方位提升设计素养。在完成这些项目的过程中，读者将深刻体会到设计的魅力，并能够将所学知识转化为实际的设计成果。

第10章

综合项目实战——国潮旗舰店活动页制作

学习目标

知识目标

◎ 熟悉项目前的准备工作，能够策划项目并准备素材。

能力目标

◎ 掌握制作网站活动页的方法，完成国潮旗舰店活动页的制作。

素质目标

◎ 通过活动页的制作传承和弘扬中华优秀传统文化，增强文化自信；

◎ 在项目实施过程中，培养团队协作能力，学会与团队成员有效沟通、分工合作，共同解决问题，确保项目按时按质完成。

10.1 项目介绍

随着国内新一代年轻人对传统文化自信的增强，对“中国风”产品需求日益旺盛，国潮逐渐绽放异彩。特别是2020年至今，各行各业的国潮新品牌迅速崛起，吸引了大量品牌和资本进入，众多传统品牌加速拥抱潮流新趋势。国潮旗舰店运营总监想将店铺做改版升级，将店铺风格改为传统的中国风，且以即将到来的春节为主题。本项目以活动页为例，完成店铺的改版、升级。

10.2 项目准备

项目实施前，要做好充分准备，而不是盲目地直接着手进行设计。在项目实施前，通常需要策划项目，使项目有一个大致思路，为后续项目实施奠定基础；策划好项目后，需要准备项目所需要的素材，完成准备工作之后才能开始着手实施。下面对项目的准备工作进行介绍。

1. 策划项目

了解了网页的相关知识后，接下来可以对国潮旗舰店的活动页进行策划，可以从结构和颜色两方面进行策划。

（1）结构

策划结构时，可以多参考一些同类网站，再结合自身特点对结构进行划分。为了便于读者观察，此处直接将国潮旗舰店活动页的模块进行切分。模块切分示例如图10-1所示。

图10-1　模块切分示例

在图10-2所示的模块切分示例中，可以看到，本项目中策划了导航模块、banner模块、内容区模块和版权信息模块，其中内容区模块包括优惠券模块、热销爆款模块和民俗活动模块。并且设置活动页宽度为1 920像素，版心宽度为1 000像素。

（2）颜色

颜色与人类的生活息息相关，它蕴含着深刻的意义。在生活中，颜色不同，给人的感觉会有很大差异。例如，橙色给人激情、狂热的感觉；蓝色给人冷静、沉稳的感觉。

在网页设计中，颜色是影响人眼视觉最重要的因素。而且，不同的文化历史背景、颜色所蕴含的文化意义也会有所不同。红色是中国的重要代表色，自古以来都有“中国红”的说法。中国红记载着中国人的心路历程，经过世代承启、沉淀、深化和扬弃，逐渐演变为中国文化的底色。中国红象征着热忱、奋进、团结的民族品格，因此采用红色作为主色调，最能体现中国风。

2. 准备项目素材

客户要求国潮旗舰店活动页的风格为中国风，且以中国新年为主题，因此在选取素材时，除了客户提供的一些图像素材外，还应发散思维，联想与中国风相关的元素。

10.3 项目实施

接下来，按照从上到下的顺序制作网站活动页。本项目将按照导航、banner、优惠券、热销爆款、民俗活动和版权信息六个模块，完成项目的制作。实现步骤请扫描下列二维码进行查看。

•实现步骤•	•实现步骤•	•实现步骤•	•实现步骤•	•实现步骤•	•实现步骤•
导航模块	banner模块	优惠券模块	热销爆款模块	民俗活动模块	版权信息模块

小　　结

本章通过一个实战项目，深入学习国潮旗舰店活动页的设计。项目将整体活动页划分为六个模块，涵盖了图层、选区操作、形状绘制、图层样式应用、混合模式设置、文字处理以及滤镜效果等方面。通过完成这一项目，读者不仅能够将理论知识应用于实际操作中，还能显著提升对各类设计元素的理解与掌握。

第11章 拓展篇——AIGC的应用

学习目标

知识目标

◎ 了解AIGC在图形图像中的应用领域，能够说出AIGC能做什么；

◎ 熟悉Photoshop中AIGC的应用，能够使用智能移除和创成式填充功能完成对图像的美化。

技能目标

◎ 熟悉Midjourney的使用方法，能够编写合适的关键词生成图像。

素质目标

◎ 关注社会热点技术，培养社会责任感；

◎ 勇于尝试新事物，敢于打破常规。

生成式人工智能（artificial intelligence generated content, AIGC）是人工智能1.0时代进入2.0时代的重要标志。AIGC是一种强大的工具，能够生成文本、图像、音频甚至视频内容，本章将对AIGC的相关知识进行讲解。

11.1 AIGC在图形图像中的应用

在设计任何作品时，获取素材的重要性不言而喻。然而，互联网上的素材通常需要购买版权，但利用AIGC技术，可以生成图像，来满足设计作品的需要，而无须购买版权。这种方法不仅节省成本，还能快速获取高质量的定制素材，为创作带来更多可能性。此外，使用AIGC还可以根据个人的想法生成图像，从而为设计师和创作者提供灵感。使用AIGC生成的一些图像示例分别如图11-1~图11-6所示。

图11-1　图像1

图11-2　图像2

图11-3　图像3

图11-4　图像4

图11-5　图像5

图11-6　图像6

11.2　Photoshop中AIGC的应用

Photoshop 2024版本引入了AIGC功能，利用人工智能技术辅助用户进行内容生成和编辑。这一功能包括智能移除和创成式填充，极大地提升了图像处理效率和创作灵活性。下面对智能移除和创成式填充两部分功能进行讲解。

1. 移除工具

在Photoshop中，“移除工具”能够轻松去除目标区域而不留痕迹。选择“移除工具”，按住鼠标左键并在目标区域边缘涂抹，释放鼠标后即可快速去除所选范围内的内容。

例如，打开素材“草原.jpg”，如图11-7所示。

要去除图像中的小羊，只需按下列几个步骤即可完成。

图11-7　“草原.jpg”

Step 01 选择“移除工具”。

Step 02 在小羊周围进行涂抹，如图11-8所示。

图11-8　在小羊周围进行涂抹

Step 03 释放鼠标，即可得到去除小羊的效果，如图11-9所示。

图11-9　去除小羊的效果

观察图11-9可以看出，小羊被去除后，图像中没有留下任何痕迹。

2. 智能移除背景

在Photoshop中，智能移除背景是一项非常有用的功能，用户可以利用该功能快速准确地移除图像中的背景，从而将主体与背景分离，为后续编辑或合成创造更多可能性。

选择需要去除背景的图层，此时，在快捷菜单中，可以看到“移除背景”按钮，如图11-10所示。

图11-10　快捷菜单1

单击“移除背景”按钮后，系统会自动识别图像中的主体与背景，并成功去除背景。去除背景前后效果如图11-11所示。

（a）去除背景前　　（b）去除背景后

图11-11　去除背景前后效果

从图11-11可以看出，系统默认将花朵识别为主体，并成功去除了绿色叶子和模糊的部分。然而，周围仍有一些未被去除的区域。当去除背景后，快捷菜单中会显示“从蒙版中去除”

和“添加到蒙版”

两个按钮，如图11-12所示。

图11-12　快捷菜单2

通过这两个选项，可以对当前结果进行微调。例如，单击“从蒙版中减去”按钮，并在多余的背景区域涂抹，即可进一步清除背景。完全清除背景效果如图11-13所示。

图11-13　完全清除背景效果

当然，在去除背景的过程中，如果发现去除的区域过多，可以单击“添加到蒙版”按钮进行恢复。

3. 创成式填充

Photoshop的创成式填充是利用人工智能技术生成图像内容，以填充用户选择的区域。在图像上绘制选区，此时文档窗口中会自动弹出快捷菜单，如图11-14所示。

图11-14　快捷菜单3

在快捷菜单中单击“创成式填充”按钮，快捷菜单中会显示文本框，如图11-15所示。

图11-15　快捷菜单4

在文本框中，输入想要生成的内容，例如，输入“热气球”，然后单击“生成”按钮，即可在选区的位置生成热气球，如图11-16所示。

图11-16　热气球

图像生成完成后，快捷菜单会变成图11-17所示的样式。

图11-17　快捷菜单5

系统通常会同时生成三幅图像供用户选择。如果不满意当前显示的图像，可以在快捷菜单中单击“上一个变体”‹或“下一个变体”›来切换图像，以便保留满意的版本。

此外，在“属性”面板中，可以预览其他图像，如图11-18所示。

图11-18　预览其他图像

单击属性面板中的任意一个图像，可以应用该图像。

11.3　Midjourney应用

Midjourney是一款领先的AI绘画工具，是当前人工智能绘画领域中用户量较大的平台之一。用户只需通过提示词，即可快速获取高品质、风格多样的图像，无须掌握复杂的软件操作。然而，需要注意的是，尽管Midjourney生成的图像通常具有高效且效果丰富的特点，但在细节表达方面可能存在不尽如人意之处。使用Midjourney生成的小男孩如图11-19所示。

图11-19　使用Midjourney生成的小男孩

仔细观察图11-19，可以发现，小男孩的手部存在明显缺陷，为了进一步优化图像，往往需要借助Photoshop进行后续处理。

注意： Midjourney运行在Discord平台上，因此在使用Midjourney之前，需要先注册一个Discord账号，并将其与已经获得会员资格的Midjourney账号绑定，才能正常使用Midjourney。接下来详细讲解Midjourney生成图像以及调整和保存图像的操作步骤。

11.3.1　Midjourney生成图像

在使用Midjourney时，常用的两种图像生成方式包括文生图和图生图，下面对这两种生成图像的方式进行讲解。

1. 文生图

文生成图是指通过提示词生成图像，进行文生图操作前，需要了解提示词规范，以及文生图的方法，具体介绍如下：

（1）了解提示词规范

在使用Midjourney之前，首先要了解提示词的规范，以提高生成图像的效率和质量。

编写提示词时，应按照以下步骤进行。

①描述主体：包括描述需要生成的主体，如人物的外貌特征、动物的种类、风景的元素等。

②描述场景：确定生成图像的具体背景和环境，如时间、地点、天气等情境信息。

③描述风格：指定生成图像的风格或类型，如插画、卡通、写实风格或者特定的文化风格（如国风、西方古典等）。

④描述质量：确定生成图像的质量要求，如超高清、高分辨率等。

提示词一般为英文，读者可以借助翻译软件或翻译网站将中文转换为英文，并按照这些规范编写提示词，从而有效地指导Midjourney生成符合需求的图像，提升创作效率并确保生成内容的质量达到预期水平。

（2）文生图的方法

在Discord界面中，单击“添加服务器”按钮+并命名服务器，随后即可利用Midjourney生成图像。Discord界面如图11-20所示。

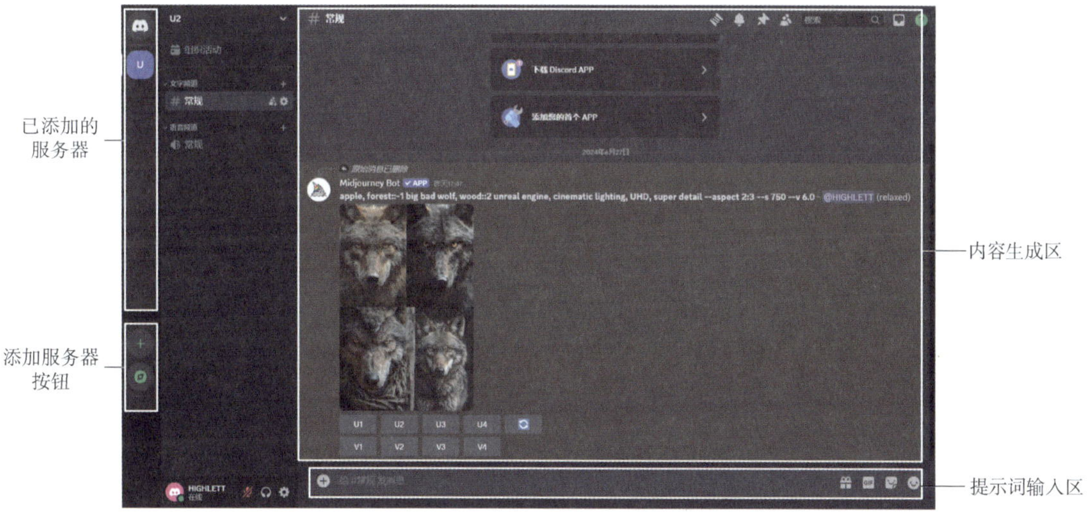

图11-20　Discord界面

在图11-20所示的Discord界面中，最左侧是已添加的服务器，单击其中一个服务器，即可查看在该服务器中所生成的内容。若想添加新的服务器，则需单击“添加服务器”按钮进行添加。在提示词输入区中输入指令和提示词，可以在内容生成区中查看Midjourney生成的内容。下面对生成图像的具体步骤进行讲解。

①输入指令和提示词。指令是一种用于控制计算机硬件执行特定操作或任务的命令或代码。在Discord 中，通过指令能够告知Midjourney需要生成的内容。Midjourney主要利用imagine功能，结合提示词生成图像输出。在提示词输入区中输入“/imagine”，在弹出的菜单中选择第一个选项，如图11-21所示。

输入“/imagine”指令后，输入提示词，通常情况下，需要输入英文的提示词，并且每个提示词中间要添加一个逗号，例如，输入提示词“A gray kitten with white-rimmed glasses，Sit on the sofa and watch TV，Photography，super detail（一只戴着白框眼镜的灰色小猫，坐在沙发上看电视，摄影，非常详细）”，如图11-22所示。

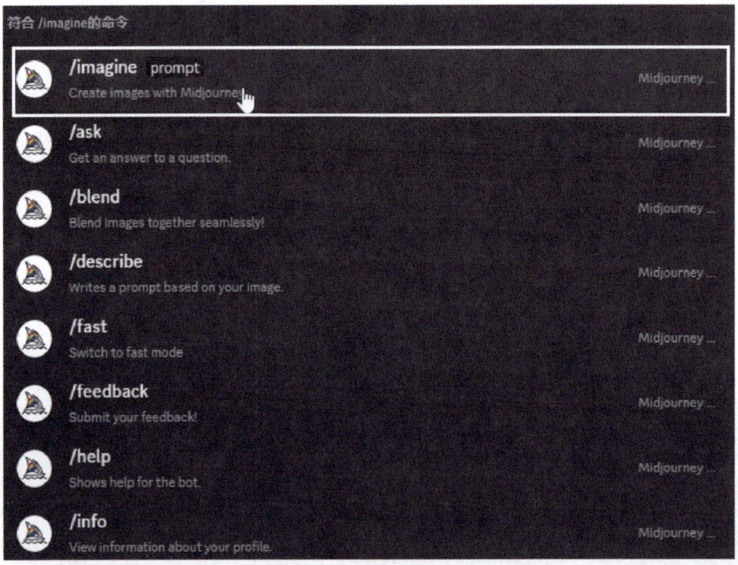

图11-21　选择第一个选项

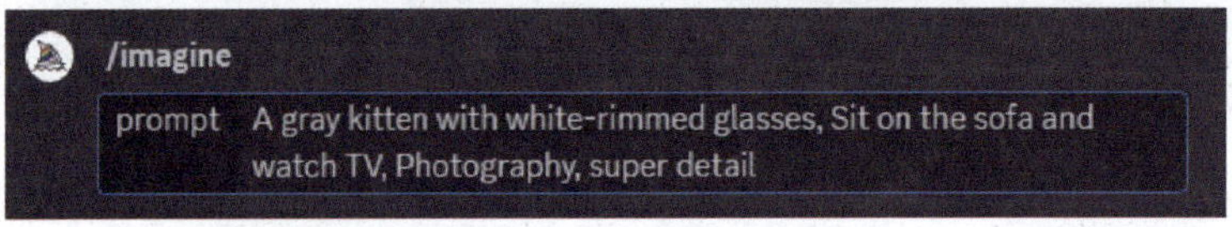

图11-22　输入提示词

②生成图像。输入提示词后，按【Enter】键发送，即可看到Midjourney开始工作，并显示出图进度，如图11-23所示。

图11-23　显示出图进度

稍等片刻后，Midjourney即会出图，如图11-24所示。

生成图像后，可以看到图像下方有四个U系列和四个V系列选项，以及一个“刷新”按钮。U系列用于放大特定图像；V系列则依据某图像为模板重新生成新图像；“刷新”按钮则可重新生成图像。

此外，使用Midjourney生成图像时，由于其强大的随机性，即使使用相同的提示词，每次生成的结果也会有所不同，这可能导致出现各种意外错误。例如，输入提示词“A little Chinese girl，Run，Pink clothes，Lawn，build，River，photography（一个中国女孩，跑，粉色衣服，草坪，建筑，小河，摄影）”，使用Midjourney生成的小女孩如图11-25所示。

图11-24　Midjourney出图

图11-25　使用Midjourney生成的小女孩

观察图11-25，可以发现，Midjourney生成了4幅图像，分别是图1、图2、图3和图4。符合提示词的只有图2，其他图像均有一些错误，例如图1和图3无建筑，图4无小河。出现这种情况，读者不需要调整提示词，因为这并不是提示词的问题。

2. 图生图

图生图类似于文生图，不同之处在于文生图仅使用文字生成图片，而图生图可以利用现有的图像生成类似的新图像，这样得到的结果更加准确。虽然图生图是基于图像生成新图像，但它同样需要提示词的指导。因此，在学习图生图的技术之前，首先需要掌握文生图的技术。对图生图的步骤讲解如下：

①上传图像。单击Midjourney提示词输入区中的“添加”按钮，在弹出的菜单中选

择“上传文件”命令，如图11-26所示。

图11-26　选择“上传文件”命令

此时会弹出“打开”对话框，如图11-27所示。

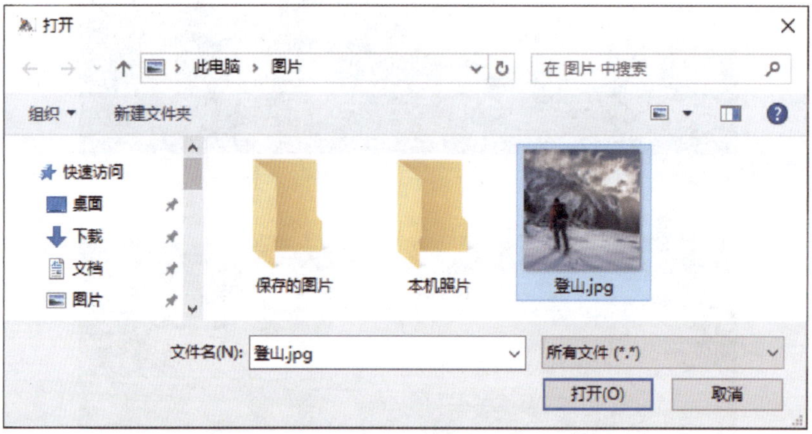

图11-27　“打开”对话框

在对话框中选择指定的图像后，单击“打开”对话框中的“打开”按钮，在Midjourney中打开图像，如图11-28所示。

图11-28　打开图像

打开图像后，按【Enter】键发送给Midjourney。

②输入指令。在提示词输入区中，输入指令“/imagine”，在弹出的菜单中选择“/imagine”，将发送给Midjourney的图像拖动至提示词输入区内，此时提示词输入区中会显示网址，如图11-29所示。

图11-29　显示网址

③在网址后面输入提示词。例如，针对发送给Midjourney的图像，其提示词可以是“A mountaineer，Snow Mountain，Snow land，The blue sky and white clouds，Commercial photography，UHD（一个登山者，雪山，雪地，蓝天白云，商业摄影，超高清）”。

④输入参数。输入提示词后，可以根据需求添加参数，例如--ar、--q等。值得一提的是，在图生图的过程中，有一个可以设置参考图像权重的参数——--iw，其取值为0.5~2，数值越高，得到的新图像越接近参考图像。例如，设置--iw的值为2，所得到的图像如图11-30所示。

图11-30　设置--iw的值为2

观察图11-30可以看出，图像已经非常接近参考图像。

使用Midjourney时，除了使用--iw参数设置参考图像权重外，还会使用一些其他常用的参数，使图像更加符合要求，例如，控制图像的比例、质量、风格和差异化，常用参数及描述见表11-1。

表11-1　常用参数及描述

参　数	描　述
--aspect/--ar	用于控制图像的比例，如4：3、16：9等
--iw	用于控制参考图像的权重，参数值为0.5~2，数值越大，生成的新图像越接近参考图像
--quality/--q	用于控制图像的质量，后面的数值越高，Midjourney所生成的图像其细节越多，但数值并不是越高越好，这样会消耗更多的订阅会员的时间量
--stylize/--s	用于控制图像的风格化，数值越大，艺术性越强，数值越小，越接近提示词的描述，范围一般是100~1 000
--chaos/--c	用于控制四幅图像的差异化，数值越大，四幅图像的差异化越大，范围一般是0~100

11.3.2　Midjourney调整和保存图像

使用Midjourney生成图像的目的是获得符合要求的图像。如果生成的图像不理想，可能需要多次重新生成，直到获得满意的结果为止。生成图像后，通常需要将符合要求的图像单独保存下来。接下来将详细讲解重新生成图像、放大单个图像和保存图像的步骤。

1. 重新生成图像

当Midjourney生成的图像不理想时，可以点击图像下方的“刷新”按钮，重新随机生成四幅不同的图像。重新生成图像前后示例如图11-31和图11-32所示。

图11-31　重新生成图像前示例

图11-32　重新生成图像后示例

观察图11-31和11-32可以看出，重新生成前后的效果会有所不同。

如果想针对四幅图像中的某一幅图像的样式为模板，重新生成四幅图像，则需要单击V系列中的V1~V4按钮进行生成，其中V1代表左上角图像，V2代表右上角图像，V3代表左下角图像，V4代表右下角图像。

例如，在Midjourney的提示词输入区中输入提示词“A little Chinese girl，Cover your ears with both hands，Spring Festival in China，Lively，Set off firecrackers，Photography，UHD --ar 9：16”，得到四幅图像，如图11-33所示。

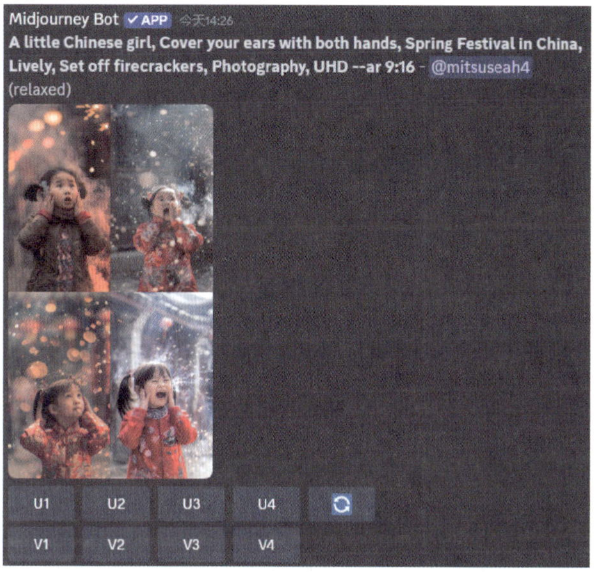

图11-33　四幅图像

此时，单击V系列中的V4，即可以右下角的图像作为模板，重新生成四幅图像，如图11-34所示。

图11-34　重新生成四幅图像

2. 放大单个图像

如果对四幅图像中的某幅图像感到满意，可以单击U系列中的U1~U4按钮进行放大，并更加精细的刻画。

3. 保存图像

通过Midjourney生成满意的图像后，可以将其保存到本地，便于编辑。单击图像生成区的图像，然后单击“在浏览器中打开”按钮，如图11-35所示。

图11-35 单击“在浏览器中打开”按钮

打开浏览器后，会在浏览器中显示图像。单击图像可放大查看，确认满意后，右击图像，在弹出的快捷菜单中选择“图片另存为”命令，然后将图像保存到指定文件夹中。

小　结

本章主要探讨了AIGC在设计领域的应用，重点介绍了两大实践平台：Photoshop中的AIGC应用及Midjourney的使用技巧。

首先介绍了Photoshop中的AI功能，包括移除工具、智能移除背景和创成式填充。接着，讲述了Midjourney的应用，探索如何通过这款AI图像生成工具实现独特的视觉创作。通过学习本章内容，读者将全面了解AIGC在现代设计中的重要性与应用潜力，掌握多种AI工具的操作技巧，能够灵活运用这些技术创造出富有创意和吸引力的设计作品。